JN059159

第2版

初学者のための

数学概論

竹内　　司
水澤 篤彦　共著
宮崎 直哉

学術図書出版社

本書のサポートサイト

https://www.gakujutsu.co.jp/text/isbn978-4-7806-1222-6/

本書のサポート情報や正誤情報を掲載します．

本書に関するお問い合わせ

https://www.gakujutsu.co.jp/inquiry/

本書に関するお問い合わせはこちらからお願いいたします．

第2版へのまえがき

　本書の第2版を出版することとなりました．そのような機会を得て，本書をより良いものとするため以下の点を変更しました．

1. 第1版の第I部で扱っていた極限や微分法と第II部で扱っていた微分法の応用から偏微分までを，第2版ではまとめて第II部としました．

2. 第1版の第II部の後半で扱っていた1変数関数及び多変数関数の積分を第III部で取り扱いました．

3. 第1版の第II部では取り扱わなかったラグランジュ未定乗数法を第II部の13章で取り扱いました．物理学や経済学では制約を付けて極値問題（最適化問題）を扱うことが多いので，こういった題材にも触れました．

4. 第1版の第III部で扱っていたベクトルや行列の基礎的内容に固有値と固有空間に関する章を加えて第IV章としました．

5. 基礎数学，微分積分，線型代数(ベクトルと行列)などを勉強する際に学習者が陥りやすい間違いをいくつかピックアップしてコラム欄に紹介しました．筆者たちの経験上これらの点に注意しながら勉強を進めていくとつまずきが少なくて済むと思います．またコラム欄には知っておくと後々有用な話題も取り上げました．

題材の取り扱い方や大学での微分積分・線型代数の理解に必要となりそうな知識をなるべく網羅するように心がけたことは第1版と変わりありません．また本書全体を通し，基礎的な概念については直感的な理解を伴うよう，またそれらを使った議論は論理的にできるようになるよう心掛けました．さら，数式の取り扱いや計算を正確にできるように例題や演習問題についても配慮しました．また，我々のこれまでの教育経験で学習途上で陥りやすい曲がり角をコラム欄で取り上げ，どのようなところに注意を払えば計算のミスを減らせるか読者と一緒に考えてみることにしました．稿を改めるにあたり読者からご指摘いただいた間違いや，コメントを取り入れましたが，これらについては本書を用いた講義に出席していただき，ご意見を寄せてくださった慶應義塾大学の学生の皆さんにこの場を借りて感謝します．第2版についても至らない点があるかと思いますが，読者からのご意見をいただければ幸いです．今回も小林愼一郎氏並びに学術図書出版社高橋秀治氏には作業全体にわたって多大なご尽力をいただきました．この場をお借りしてお礼を申し上げます．

2024年3月

著者一同

まえがき

　本書は高校数学に苦手意識をもっておられる方，あるいは高校数学を学んでから時間が経ちその内容を忘れてしまった方などを想定して，大学教養レベルの数学を理解するために必要な高校数学の復習と，微分積分の基礎，行列の取り扱いの初歩が理解できるように企画されたものです．

　本書は第Ⅰ部〜第Ⅲ部から成り立っていますが，早速内容を概観してみましょう．第Ⅰ部では主に高校数学の復習と，極限や1変数微分法の初歩の解説に充てられています．微分積分や線型代数の勉強をしようと思って本を開いても，そのとたん知識の不足を感じ高校の教科書などを開かざるを得なくなり，それが面倒で勉強すること自体をあきらめてしまう方も案外多いのではないかと考え，第Ⅱ部以降で必要そうなことはなるべく漏らさず第Ⅰ部で説明することにしました．第Ⅰ部に書かれていることに慣れている方は第Ⅰ部の終わりの数章に目を通して直ぐに第Ⅱ部に進むことができます．第Ⅱ部では極限や1変数微分法の復習に続いて，多変数の微分法を扱っています．また，1変数ならびに多変数の積分法にも触れています．そういった意味で第Ⅱ部は本書の中核をなしているとも考えられるでしょう．第Ⅲ部はベクトルと行列などの基礎事項についての解説に充てられています．ベクトルと行列は線型代数の中心的対象ですが，多変数微分積分などにおいても欠くことのできない重要な考え方と計算技術を提供してくれます．また行列の連立1次方程式などへの応用など，線型代数固有の話題も含まれているので是非一度は学習しておいてもらいたいと考えます．

　こういった内容で第Ⅰ部から第Ⅲ部までの原稿を書いてきましたが，紙数と著者らの浅学非才により触れることのできなかった話題も多々あります．微分積分についていえば，通常数学科・数理科学科などで講義されるイプシロン・デルタ論法とそれに関連する論理，特殊関数，常微分方程式の初歩などについては触れることができませんでした．また線型代数に関して言えば，固有値・固有ベクトル，グラム・シュミットの直交化法，対称行列の対角化，ジョルダン標準形，線型空間や線型写像，双対空間，テンソル代数，リー代数など第Ⅲ部に続く話題には触れることができませんでした．これらの話題に興味のある読者はぜひ巻末に挙げた参考文献をご覧いただければと思います．

　以上のような意図のもと原稿を準備してきたものの，その目的がどれほど達成されているか甚だ心許ない限りです．願わくばこの小さな本が読者の高校数学の

復習や，大学教養の微分積分そして線形代数などへの導入の一助となれば筆者ら
にとっては望外の喜びであります．

　最後に，本書執筆を勧めてくださった慶應義塾大学の河備浩司氏，本書をより
良いものとするため様々な指摘や質問をしてくださった工学院大学の中村友哉氏
にお礼を申し上げます．また，学術図書出版の小林愼一郎氏には本書の内容につ
いて繰り返しご助言を頂いたり，編集作業すべてにわたり大変お世話になりまし
た．この場を借りて皆様に感謝の意を表します．

2023 年 1 月

著者一同

目　次

コラム一覧

ギリシャ文字，ドイツ文字とその読み方

表1　ギリシャ文字とその読み方

大文字	小文字	読み方
A	α	アルファ
B	β	ベータ
Γ	γ	ガンマ
Δ	δ	デルタ
E	ε	イプシロン
Z	ζ	ゼータ
H	η	エータ
Θ	θ	シータ
I	ι	イオタ
K	κ	カッパ
Λ	λ	ラムダ
M	μ	ミュー
N	ν	ニュー
Ξ	ξ	クシー
O	o	オミクロン
Π	π	パイ
P	ρ	ロー
Σ	σ	シグマ
T	τ	タウ
Υ	υ	ユプシロン
Φ	ϕ	ファイ
X	χ	カイ
Ψ	ψ	プサイ
Ω	ω	オメガ

表2　ドイツ花文字とその読み方

大文字	小文字	読み方
𝔄	𝔞	アー
𝔅	𝔟	ベー
ℭ	𝔠	ツェー
𝔇	𝔡	デー
𝔈	𝔢	エー
𝔉	𝔣	エフ
𝔊	𝔤	ゲー
ℌ	𝔥	ハー
ℑ	𝔦	イー
𝔍	𝔧	ヨット，ヤット
𝔎	𝔨	カー
𝔏	𝔩	エル
𝔐	𝔪	エム
𝔑	𝔫	エヌ
𝔒	𝔬	オー
𝔓	𝔭	ペー
𝔔	𝔮	クー
ℜ	𝔯	エール
𝔖	𝔰	エス
𝔗	𝔱	テー
𝔘	𝔲	ウー
𝔙	𝔳	ファウ
𝔚	𝔴	ヴェー
𝔛	𝔵	イクス
𝔜	𝔶	エプシロン
ℨ	𝔷	ツェット

第Ⅰ部

基礎数学の復習

1 数と文字式の計算 (1)

1.1 数の計算と整式

$1, 2 = 1+1, 3 = 2+1 = 1+1+1, \ldots$ のように，1から順に1を次々加えて得られる数を**自然数**という．自然数と0および0から1を繰り返し引いて得られる $0, -1 = 0-1, -2 = 0-1-1, -3 = 0-1-1-1\ldots$ 等の数を**整数**という．整数と自然数の比，すなわち分数の形で表される数を**有理数**という．有理数は小数でも表せるが，小数であって整数と自然数の比の形で表現できない数を**無理数**という．有理数または無理数を総じて**実数**という．2つの実数 a, b と**虚数単位** $i = \sqrt{-1}$ を用いて $a + bi$ の形で表される数を**複素数**という．実数全体は便宜上直線として表現されることが多くこれを数直線という．このとき自然数，整数，有理数などは数直線上の点とみなされる．複素数は平面上の点として表現することができる．それぞれの数全体のなす**集合**を記号で表すと，自然数全体の集合は $\mathbb{N}$, 整数全体の集合は $\mathbb{Z}$, 有理数全体の集合は $\mathbb{Q}$, 実数全体の集合は $\mathbb{R}$, 複素数全体の集合は $\mathbb{C}$ となる．

次に，集合に関する記法・演算についてまとめておく．$a \in A$ という記号は対象 a が集合 A の要素 (**元**) であることを意味しており「a は A に属す」などと読む．また，似たような記号であるが集合 A, B に対して $A \subset B$ とは A に属する元はすべて B に属している ($x \in A \Rightarrow x \in B$) という意味であり「集合 A は集合 B の**部分集合**である」と読む．そして，「集合 A, B が**等しい**」を記号で表すと $A = B$ であり，これは $A \subset B$ かつ $B \subset A$ のことである．

また，$A \cap B$ は集合 A, B いずれにも属する元の集まり，つまり $\{x \mid x \in A$ かつ $x \in B\}$ のことであり「A, B の**共通部分**」という．さらに $A \cup B$ は集合 A, B いずれかに属する元の集まり，つまり $\{x \mid x \in A$ または $x \in B\}$ のことであり「A, B の**和集合**」という．また，全体集合とよばれる議論の対象になる最も大きな集合 X を固定しておくとき，$A \subset X$ に

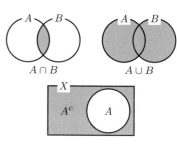

図 1.1 ベン図

対して $A^c = \{x \mid x \in X$ かつ $x \notin A\}$ と定め，「A の (X における) **補集合**」とい
う．特に，要素を 1 つも持たない特別な集合を**空集合**とよび，$\emptyset$ と表す．

例 1.1

(1)　$1, 2, 3 \in \mathbb{N}$

(2)　$\mathbb{Z} = \{0, \pm 1, \pm 2, \pm 3, \dots\}$

(3)　$\mathbb{Q} = \left\{\dfrac{a}{b} \mid a, b \in \mathbb{Z},\ b \neq 0\right\}$

(4)　$3i \notin \mathbb{R},\ 3i \in \mathbb{C}$

　　例 **1.1** (2) のような表現を**外延的記法**といい，例 **1.1** (3) のような表現を**内包的
記法**という．例えば，**空集合** $\emptyset$ は外延的記法を用いると $\{\ \}$ と表される．

　　集合に関する記法 (以降これらを集合に施す演算と考えることにしよう) につい
て以下のような公式が成立する[※1]：

集合算

A, B, C が集合であるとき

(1)　$A \cap B = B \cap A,\ \ A \cup B = B \cup A$

(2)　$(A \cap B) \cap C = A \cap (B \cap C),\ \ (A \cup B) \cup C = A \cup (B \cup C)$

(3)　$A \cap (B \cup C) = (A \cap B) \cup (A \cap C),\ \ (A \cup B) \cap C = (A \cap C) \cup (B \cap C)$

(4)　$A \cup (B \cap C) = (A \cup B) \cap (A \cup C),\ \ (A \cap B) \cup C = (A \cup C) \cap (B \cup C)$

(5)　$(A \cap B)^c = A^c \cup B^c,\ \ (A \cup B)^c = A^c \cap B^c,\ \ (A^c)^c = A$

　　さて，次に数式や文字式の話に移ろう．文字式についてはこれまでに習ってき
たように，和や文字式の計算は累乗，乗法と除法，加法と減法の順に行う．ただ
し，( ) や { } などの括弧内の計算は，内側から先に計算する．また，計算順序
の順位が同じものは左側から計算する．

例 1.2

(1)　$(-3)^2 \times \{7 - (-2)^2\} - 12 \div (-6) = 9 \times (7 - 4) - (-2) = 9 \times 3 - (-2)$
$= 27 + 2 = 29.$

(2)　$\dfrac{3}{5} - \left(-\dfrac{2}{3}\right) \div \dfrac{5}{6} \times \left(-\dfrac{1}{8}\right) = \dfrac{3}{5} - \left(-\dfrac{2}{3}\right) \times \dfrac{6}{5} \times \left(-\dfrac{1}{8}\right)$
$= \dfrac{3}{5} - \dfrac{2 \times 6 \times 1}{3 \times 5 \times 8} = \dfrac{3}{5} - \dfrac{1}{10} = \dfrac{6}{10} - \dfrac{1}{10} = \dfrac{5}{10} = \dfrac{1}{2}.$

[※1] 集合に関するこれらの公式を最初の段階で理解できなくても，この本を読みながらだんだん
に理解できればそれで十分である．ベン図 (図 1.1) と呼ばれる図を通してみると集合の世
界で使われる記号の意味がはっきりしてくると思う．また，本書を通して文章（ステートメ
ント）の論理的な取り扱いにも慣れていってほしい．

いくつかの数と文字を掛け合わせて得られる式を**単項式**という．例えば，$2a^2b$，$5x^3y^2$，$-abx^3$ などがある．単項式を掛け合わせた文字の個数をその**次数**といい，文字以外の部分をその係数という．また，複数の単項式の和で表された式を**多項式**といい，単項式と多項式を合わせて**整式**という．

整式の各項の次数のうち最も高いものを整式の**次数**といい，次数が n の整式を **n 次式**という．整式のなかに着目した文字を含まない項があれば，これを**定数項**という．

整式を着目した文字について整理して，次数の高い順から低い順に並べることを**降べきの順**に整理するといい，逆に次数の低い順から高い順に並べることを**昇べきの順**に整理するという．整式の加法や乗法について，数と同様に計算法則が成立する．すなわち，次のことが成立する．

整式の計算法則

A, B, C が整式であるとき
(1)　$A + B = B + A, \quad AB = BA$
(2)　$(A + B) + C = A + (B + C), \quad (AB)C = A(BC)$
(3)　$A(B + C) = AB + AC, \quad (A + B)C = AC + BC$

上記の (1) を**交換法則**，(2) を**結合法則**，(3) を**分配法則**という．

1.2　2 次式と 3 次式の展開と因数分解

展開と因数分解

(1)　$(a + b)^2 = a^2 + 2ab + b^2$　　　(2)　$(a - b)^2 = a^2 - 2ab + b^2$
(3)　$(a + b)(a - b) = a^2 - b^2$
(4)　$(x + a)(x + b) = x^2 + (a + b)x + ab$
(5)　$(ax + b)(cx + d) = acx^2 + (ad + bc)x + bd$
(6)　$(a + b + c)^2 = a^2 + b^2 + c^2 + 2(bc + ca + ab)$
(7)　$(a + b)^3 = a^3 + 3a^2b + 3ab^2 + b^3$
(8)　$(a - b)^3 = a^3 - 3a^2b + 3ab^2 - b^3$
(9)　$(a + b)(a^2 - ab + b^2) = a^3 + b^3$
(10)　$(a - b)(a^2 + ab + b^2) = a^3 - b^3$

これらの公式は分配法則により得られる．それぞれ左辺から右辺への変形を**展開**するといい，右辺から左辺への変形を**因数分解**するという．

上記の (1) と (2)，(7) と (8)，(9) と (10) はそれぞれ**複号**と呼ばれる記号 $\pm$, $\mp$ を用いて次のように表現できる．

$$(a \pm b)^2 = a^2 \pm 2ab + b^2, \qquad (a \pm b)^3 = a^3 \pm 3a^2 b + 3ab^2 \pm b^3,$$
$$(a \pm b)(a^2 \mp ab + b^2) = a^3 \pm b^3 \quad (\text{複号同順})$$

複号 $\pm$, $\mp$ を用いるときは，上記のように最後に「(複号同順)」と書かれている場合や，(複合任意) で用いられる場合があるので注意すること．

例 1.3

(1)　$(3x + 5y)(2x - 3y) = 6x^2 - 9xy + 10xy - 15y^2 = 6x^2 + xy - 15y^2.$

(2)　$(x - y + 3z)^2 = x^2 + (-y)^2 + (3z)^2 + 2\{(-y)(3z) + (3z)x + x(-y)\}$
$= x^2 + y^2 + 9z^2 - 6yz + 6zx - 2xy.$

(3)　$(x + 2y)^3 = x^3 + 3x^2(2y) + 3x(2y)^2 + (2y)^3 = x^3 + 6x^2 y + 12xy^2 + 8y^3.$

(4)　$9x^2 - 4y^2 = (3x)^2 - (2y)^2 = (3x + 2y)(3x - 2y).$

(5)　$8x^3 + 27y^3 = (2x)^3 + (3y)^3 = (2x + 3y)\{(2x)^2 - (2x)(3y) + (3y)^2\}$
$= (2x + 3y)(4x^2 - 6xy + 9y^2).$

1.3　順列・組合せと二項定理

異なる n 個のものから異なる r 個を取り出して順番を付けて 1 列に並べる並べ方の総数を，n 個から r 個とる**順列**といい，その値は

$$_n\mathrm{P}_r = n(n-1)(n-2)\cdots(n-r+1)$$

で表される．特に，$r = n$ ならば，1 から n までのすべての自然数の積が得られる．これを n の**階乗**といい，$n!$ で表す．すなわち，次のように定める．

$$n! = {}_n\mathrm{P}_n = n(n-1)(n-2)\cdots 2 \cdot 1$$

例 1.4

(1)　$_5\mathrm{P}_1 = 5.$ 　　　　　　　(2)　$_7\mathrm{P}_2 = 7 \cdot 6 = 42.$

(3)　$_{10}\mathrm{P}_3 = 10 \cdot 9 \cdot 8 = 720.$ 　　(4)　$3! = 3 \cdot 2 \cdot 1 = 6.$

階乗の記号を用いると，n 個から r 個とる順列の総数は

$$_n\mathrm{P}_r = n(n-1)(n-2)\cdots(n-r+1) \cdot \frac{(n-r)(n-r-1)\cdots 2 \cdot 1}{(n-r)(n-r-1)\cdots 2 \cdot 1} = \frac{n!}{(n-r)!}$$

である．ここで，$0! = 1$ と定めることとする．また，異なる n 個のものから異なる

r 個を取り出して 1 組にしたものを, n 個から r 個とる**組合せ**といい, その総数は

$$_n\mathrm{C}_r = \frac{_n\mathrm{P}_r}{r!} = \frac{n(n-1)(n-2)\cdots(n-r+1)}{r(r-1)(r-2)\cdots 2 \cdot 1} = \frac{n!}{(n-r)!\,r!}$$

で表される. このとき, 順列の定義により $_n\mathrm{C}_0 = 1$ である. 組み合わせを $_n\mathrm{C}_r = \begin{pmatrix} n \\ r \end{pmatrix}$ という記号で表すこともある.

例 1.5

(1)　$_8\mathrm{C}_2 = \dfrac{8 \cdot 7}{2 \cdot 1} = 28.$ 　　　　　　　　(2)　$_8\mathrm{C}_3 = \dfrac{8 \cdot 7 \cdot 6}{3 \cdot 2 \cdot 1} = 56.$

(3)　$_3\mathrm{P}_0 = \dfrac{3!}{(3-0)!} = 1.$ 　　　　　　　(4)　$_n\mathrm{C}_n = \dfrac{n!}{(n-n)!\,n!} = 1.$

　n が自然数のとき, $(a+b)^n$ の展開について考える. 既に学んだように, 次の等式が成立する.

$$(a+b)^1 = a + b, \qquad\qquad (a+b)^2 = a^2 + 2ab + b^2,$$
$$(a+b)^3 = a^3 + 3a^2b + 3ab^2 + b^3.$$

ここで, $_3\mathrm{C}_0 = 1, \ _3\mathrm{C}_1 = 3, \ _3\mathrm{C}_2 = 3, \ _3\mathrm{C}_3 = 1$ より

$$(a+b)^3 = {_3\mathrm{C}_0}\,a^3 + {_3\mathrm{C}_1}\,a^2b + {_3\mathrm{C}_2}\,ab^2 + {_3\mathrm{C}_3}\,b^3$$

と表すことができる. また,

$$(a+b)^4 = (a+b)^3(a+b) = a^4 + 4a^3b + 6a^2b^2 + 4ab^3 + b^4$$

であり, $_4\mathrm{C}_0 = 1, \ _4\mathrm{C}_1 = 4, \ _4\mathrm{C}_2 = 6, \ _4\mathrm{C}_3 = 4, \ _4\mathrm{C}_4 = 1$ より

$$(a+b)^4 = {_4\mathrm{C}_0}\,a^4 + {_4\mathrm{C}_1}\,a^3b + {_4\mathrm{C}_2}\,a^2b^2 + {_4\mathrm{C}_3}\,ab^3 + {_4\mathrm{C}_4}\,b^4$$

と表すことができる. これらと同様にして, 一般に次の公式が得られる.

二項定理

$$(a+b)^n = {_n\mathrm{C}_0}\,a^n + {_n\mathrm{C}_1}\,a^{n-1}b + {_n\mathrm{C}_2}\,a^{n-2}b^2 + \cdots$$
$$+ {_n\mathrm{C}_k}\,a^{n-k}b^k + \cdots + {_n\mathrm{C}_{n-1}}\,a^1 b^{n-1} + {_n\mathrm{C}_n}\,b^n.$$

二項定理の右辺の係数 $_n\mathrm{C}_k$ を**二項係数**という. また, 図 1.2 を**パスカルの三角形**という.

例 1.6

$$(a - 3b)^5 = {}_5\mathrm{C}_0\, a^5 + {}_5\mathrm{C}_1\, a^4(-3b) + {}_5\mathrm{C}_2\, a^3(-3b)^2 + {}_5\mathrm{C}_3\, a^2(-3b)^3$$

$$+ {}_5\mathrm{C}_4\, a^1(-3b)^4 + {}_5\mathrm{C}_5\, (-3b)^5$$

$$= 1 \cdot a^5 + 5 \cdot a^4 \cdot (-3b) + 10 \cdot a^3 \cdot 9b^2 + 10 \cdot a^2 \cdot (-27b^3)$$

$$+ 5 \cdot a \cdot 81b^4 + 1 \cdot (-243b^5)$$

$$= a^5 - 15a^4b + 90a^3b^2 - 270a^2b^3 + 405ab^4 - 243b^5$$

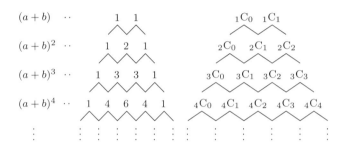

図 1.2 パスカルの三角形

演習問題

1.1 次の計算をせよ.

(1) $8x^2 + 3x - 6 - x^2 + 5x + 3$

(2) $3x^2 - x^2y^2 - 2y^2 + 4x^2y^2 - 3y^2 - x^2$

(3) $(x^3 + x + 10) \div (x + 2)$ (4) $-\dfrac{3}{2} \div (-3) + \left(-\dfrac{6}{25}\right) \times \dfrac{5}{3}$

(5) $1 - \dfrac{1 - \frac{1}{5}}{1 - \frac{1}{1-\frac{1}{5}}}$

1.2 $A = 5x^3 - 2x^2 + 3x - 6,\ B = 4x^3 + 2x^2 - 6$ であるとき, $A + B$ と $A - B$ を計算せよ.

1.3 次の整式を展開せよ.

(1) $3x(3x^2 - 5x + 4)$ (2) $(2x + 3)(5x + 4)$

(3) $(2x + 3y)^2$ (4) $(x - 3)(x^2 + 3x + 9)$

(5) $(x + y + 3)(x + y - 1)$ (6) $(x - 1)(x + 1)(x^2 + 1)(x^4 + 1)$

1.4　次の整式を因数分解せよ.

(1)　$x^2 + 10x + 25$ (2)　$x^2 - 5x + 6$

(3)　$2x^2 - 7xy - 15y^2$ (4)　$\dfrac{1}{2}x^2 + \dfrac{5}{3}x - \dfrac{4}{3}$

(5)　$xy - yz + zx - y^2$ (6)　$x^2 - y^2 - 2y - 1$

1.5　定義に基づいて以下の式の計算をせよ.

(1)　${}_5\mathrm{P}_2$ (2)　${}_6\mathrm{P}_5$ (3)　${}_n\mathrm{P}_2$

(4)　${}_9\mathrm{C}_2$ (5)　${}_{12}\mathrm{C}_3$ (6)　${}_n\mathrm{C}_3$

1.6　次の等式を証明せよ.

(1)　${}_n\mathrm{C}_r = {}_n\mathrm{C}_{n-r}$ (2)　${}_n\mathrm{C}_r = {}_{n-1}\mathrm{C}_r + {}_{n-1}\mathrm{C}_{r-1}$

(3)　$r\,{}_n\mathrm{C}_r = (n - r + 1)\,{}_n\mathrm{C}_{r-1}$

2 数と文字式の計算 (2)

2.1 整式の除法

2 つの整式 $A(x)$, $B(x)$ について，$A(x)$ を $B(x)$ で割ったときの**商**を $Q(x)$，**余り**を $R(x)$ とすると

$$A(x) = B(x)Q(x) + R(x)$$

の形で表現できる．このとき，$R(x) = 0$ ならば $A(x)$ は $B(x)$ で**割り切れる**といい，$A(x) = B(x)Q(x)$ となる．

例 2.1 $A(x) = 6x^3 + x^2 - 9x + 7$, $B(x) = 2x^2 + 3x - 1$ のとき，割られる式と割る式の最高次の係数を比較しながら次のような筆算を行うことが多い．

$$
\begin{array}{r}
3x - 4 \\
2x^2 + 3x - 1 \overline{) 6x^3 + x^2 - 9x + 7} \\
\underline{6x^3 + 9x^2 - 3x} \\
-8x^2 - 6x + 7 \\
\underline{-8x^2 - 12x + 4} \\
6x + 3
\end{array}
$$

よって，$A(x) = B(x) \times (3x - 4) + 6x + 3$. すなわち，整式 $A(x)$ を $B(x)$ で割ったとき商は $3x - 4$，余りは $6x + 3$.

上記において，余り $6x + 3$ の次数は割る式 $B(x)$ の次数より小さいことに注意する．もし次数が同じか大きいならばさらに割り算ができてしまう．

2.2 剰余の定理と因数定理

剰余の定理

整式 $P(x)$ を 1 次式 $x - k$ で割ったときの余りは，$P(k)$.

証明 整式 $P(x)$ を 1 次式 $x - k$ で割ったときの商を $Q(x)$，余りを R とすれば，

R は定数であり

$$P(x) = (x - k)Q(x) + R$$

この式の両辺に $x = k$ を代入すれば

$$P(k) = (k - k)Q(k) + R$$

よって，$R = P(k)$.

例題 2.1

(1)　整式 $P(x) = x^3 - 3x^2 + 2x - 5$ を $x - 4$ で割った余り R を求めよ．

(2)　整式 $P(x) = x^2 - 3x - 10$ を $x + 2$ で割った余り R を求めよ．

解

(1)　$R = P(4) = 4^3 - 3 \cdot 4^2 + 2 \cdot 4 - 5 = (4 - 3) \cdot 4^2 + 8 - 5 = 19$.

(2)　$R = P(-2) = (-2)^2 - 3 \cdot (-2) - 10 = 4 + 6 - 10 = 0$.

　上記の定理を用いると，整式 $P(x)$ を 1 次式 $ax+b$ で割ったときの余りは $P\left(-\dfrac{b}{a}\right)$ であることが分かる．また，整式 $A(x)$ を因数分解して $A(x) = B(x)C(x)$ と表されるとき，整式 $B(x)$, $C(x)$ を $A(x)$ の**因数**という．

　ここで，2 つの条件 p, q について，p ならば q かつ q ならば p であるとき $p \Longleftrightarrow q$ と表す．このとき，p と q は互いに同値であるともいう．

　さて，剰余の定理を利用すると以下の因数定理が得られる．

因数定理

1 次式 $x - k$ は整式 $P(x)$ の因数 $\Longleftrightarrow$ $P(k) = 0$

証明　剰余の定理により，次のことが成立する．

整式 $P(x)$ が $x - k$ で割り切れる　$\Longleftrightarrow$　$P(k) = 0$

したがって，$P(k) = 0$ のとき，$P(x) = (x - k)Q(x)$ の形に表される．

例 2.2　$P(x) = x^2 - 3x - 10$ のとき，$P(-2) = 0$ より $P(x) = (x + 2)(x - 5)$.

2.3 分数式の計算

A が整式，B が 0 でない整式であるとき，$\dfrac{A}{B}$ を**分数式**または**有理式**という．特に，A と B が 1 以外に公約数をもたない，すなわち，**互いに素**である分数式を**既約分数式**という．

例題 2.2 次の式を既約分数式として表せ．

(1) $\dfrac{x^2 - 4x}{x^2 - 5x + 6} \cdot \dfrac{x-3}{x-4}$ (2) $\dfrac{36x^4 y^3 z^4}{8x^3 y^2 z^5}$

(3) $\dfrac{5}{x+2} - \dfrac{4}{x+3}$

解

(1) $\dfrac{x^2 - 4x}{x^2 - 5x + 6} \cdot \dfrac{x-3}{x-4} = \dfrac{x(x-4)}{(x-2)(x-3)} \cdot \dfrac{x-3}{x-4} = \dfrac{x}{x-2}$.

(2) $\dfrac{36x^4 y^3 z^4}{8x^3 y^2 z^5} = \dfrac{4 \cdot 9}{2 \cdot 4} x^{4-3} y^{3-2} z^{4-5} = \dfrac{9}{2} xyz^{-1} = \dfrac{9xy}{2z}$.

(3) $\dfrac{5}{x+2} - \dfrac{4}{x+3} = \dfrac{5(x+3) - 4(x+2)}{(x+2)(x+3)} = \dfrac{x+7}{(x+2)(x+3)}$.

例題 2.3 分数式 $\dfrac{x+7}{(x+2)(x+3)}$ を $\dfrac{a}{x+2} + \dfrac{b}{x+3}$ の形で表せ．

解 $\dfrac{x+7}{(x+2)(x+3)} = \dfrac{a}{x+2} + \dfrac{b}{x+3}$ とおくと

$$x + 7 = a(x+3) + b(x+2) = (a+b)x + (3a+2b).$$

これより，$a + b = 1 \cdots$ ①，$3a + 2b = 7 \cdots$ ②．② $-$ ① $\times 2$ より $a = 5$．① より $b = -4$．したがって，$\dfrac{x+7}{(x+2)(x+3)} = \dfrac{5}{x+2} - \dfrac{4}{x+3}$.

例題 2.3 のように**例題 2.2**(3) を逆に計算して，$\dfrac{x+7}{(x+2)(x+3)}$ を $\dfrac{5}{x+2} - \dfrac{4}{x+3}$ の形へ変形することを**部分分数分解**という．部分分数分解は，数列の和や積分を求めるときなどに利用することができる．

2.4　平方根の計算

まず，数 a の**絶対値**を次のように定義する．$a \geqq 0$ ならば $|a| = a$，$a < 0$ ならば $|a| = -a$．このとき，以下のような性質がわかる．

絶対値の性質

(1)　任意の実数 a について $|a| \geqq 0$．

(2)　$a = 0 \iff |a| = 0$．

(3)　$|a - b|$ は数直線上の 2 点 a, b 間の線分の長さを表す．

以降では，不等号 $\geqq$ を $\geq$ で表すことが多くある．例えば，「$m \geqq n$」と「$m \geq n$」は同じ意味である．

平方根の性質

$a \geq 0$，$b > 0$，k は定数であるとき

(1)　$\sqrt{a}\sqrt{b} = \sqrt{ab}$

(2)　$\sqrt{\dfrac{a}{b}} = \dfrac{\sqrt{a}}{\sqrt{b}} \left(= \dfrac{\sqrt{ab}}{b} \right)$

(3)　$\sqrt{k^2 a} = |k|\sqrt{a}$

分母に根号を含む式を分母に根号を含まない式へと変形することを**分母の有理化**という．分母の有理化をしたことで分数式が複雑になる場合は，有理化をしなくてもよい．

例 2.3

(1)　$\sqrt{18} = \sqrt{3^2 \times 2} = 3\sqrt{2}$．

(2)　$\sqrt{\dfrac{2}{3}} = \sqrt{\dfrac{2 \times 3}{3 \times 3}} = \dfrac{\sqrt{6}}{3}$．

(3)　$\dfrac{\sqrt{5} - \sqrt{3}}{\sqrt{5} + \sqrt{3}} = \dfrac{\sqrt{5} - \sqrt{3}}{\sqrt{5} + \sqrt{3}} \cdot \dfrac{\sqrt{5} - \sqrt{3}}{\sqrt{5} - \sqrt{3}} = \dfrac{(\sqrt{5})^2 - 2\sqrt{5}\sqrt{3} + (\sqrt{3})^2}{(\sqrt{5})^2 - (\sqrt{3})^2}$

$= \dfrac{5 - 2\sqrt{15} + 3}{5 - 3} = \dfrac{8 - 2\sqrt{15}}{2} = 4 - \sqrt{15}$．

(4)　$\dfrac{1}{x + \sqrt{1 + x^2}} \left(1 + \dfrac{x}{\sqrt{1 + x^2}} \right) = \dfrac{1}{x + \sqrt{1 + x^2}} \cdot \dfrac{\sqrt{1 + x^2} + x}{\sqrt{1 + x^2}}$

$= \dfrac{1}{\sqrt{1 + x^2}}$．

2.5   2 重根号

根号のなかに根号を含むものを **2 重根号**という.

---
2 重根号のはずし方

(1) $a \geq 0, b \geq 0$ のとき $\sqrt{a+b+2\sqrt{ab}} = \sqrt{a} + \sqrt{b}$

(2) $a \geq b \geq 0$ のとき $\sqrt{a+b-2\sqrt{ab}} = \sqrt{a} - \sqrt{b}$

上記のように，左辺から右辺に変形する操作を 2 重根号をはずすという.

証明 (1) $(\sqrt{a} + \sqrt{b})^2 = a + 2\sqrt{a}\sqrt{b} + b = a + b + 2\sqrt{a}\sqrt{b}$. よって，$\sqrt{a} + \sqrt{b} > 0$ より $\sqrt{a+b+2\sqrt{ab}} = \sqrt{a} + \sqrt{b}$.

(2) $(\sqrt{a} - \sqrt{b})^2 = a - 2\sqrt{a}\sqrt{b} + b = a + b - 2\sqrt{a}\sqrt{b}$. よって，$a > b > 0$ より $\sqrt{a} > \sqrt{b}$ すなわち $\sqrt{a} - \sqrt{b} > 0$ であるから $\sqrt{a+b-2\sqrt{ab}} = \sqrt{a} - \sqrt{b}$. ∎

例 2.4

(1) $\sqrt{7+2\sqrt{10}} = \sqrt{5+2+2\sqrt{5 \cdot 2}} = \sqrt{5} + \sqrt{2}$.

(2) $\sqrt{3-\sqrt{5}} = \sqrt{\dfrac{6-2\sqrt{5}}{2}} = \sqrt{\dfrac{5+1-2\sqrt{5 \cdot 1}}{2}} = \dfrac{\sqrt{5+1-2\sqrt{5 \cdot 1}}}{\sqrt{2}}$

$= \dfrac{\sqrt{5}-1}{\sqrt{2}} = \dfrac{\sqrt{10}-\sqrt{2}}{2}$.

2.6   比例式と連比

数または整式 a, b, c, d (ただし，$b, d \neq 0$) が等式 $\dfrac{a}{b} = \dfrac{c}{d}$ を満たすとき,

$$\frac{a}{b} = \frac{c}{d} \iff ad = bc \iff a:b = c:d$$

と変形することができる. このような式を**比例式**という. また，$\dfrac{a}{b} = \dfrac{c}{d} = \dfrac{e}{f}$ もしくは $a:b = c:d = e:f$ ($a:b:c = d:e:f$ と表すこともある) のように，3 つ以上の比が等式で結ばれたものを**連比**という.

例題 2.4 $\dfrac{a}{b} = \dfrac{c}{d}$ であるとき，等式 $\dfrac{a+b}{b} = \dfrac{c+d}{d}$ が成立することを証明せよ.

14 第 I 部 第 2 章 数と文字式の計算 (2)

解 $\dfrac{a}{b} = \dfrac{c}{d} = k$ とおくと, $a = kb$, $c = kd$ より,

$$\frac{a+b}{b} = \frac{(k+1)b}{b} = k+1 = \frac{(k+1)d}{d} = \frac{c+d}{d}$$

例題 2.5 $abc \neq 0$, $\dfrac{a+b}{3} = \dfrac{b+c}{4} = \dfrac{c+a}{5}$ のとき, $\dfrac{a^3 + 2b^3 + c^3}{abc}$ の値を求めよ.

解 $\dfrac{a+b}{3} = \dfrac{b+c}{4} = \dfrac{c+a}{5} = k\,(\neq 0)$ とおくと

$\quad a + b = 3k \;\cdots\; ①,\; b + c = 4k \;\cdots\; ②,\; c + a = 5k \;\cdots\; ③$

① + ② + ③ より $2(a+b+c) = 12k \iff a + b + c = 6k \;\cdots\; ④$

よって, ④ − ②, ④ − ③, ④ − ① より $a = 2k,\; b = k,\; c = 3k$.

したがって,

$$\frac{a^3 + 2b^3 + c^3}{abc} = \frac{(2k)^3 + 2k^3 + (3k)^3}{2k \cdot k \cdot 3k} = \frac{8k^3 + 2k^3 + 27k^3}{6k^3}$$

$$= \frac{37k^3}{6k^3} = \frac{37}{6}.$$

演習問題

2.1　整式 $A(x) = 2x^3 - 12x + 9$, $B(x) = x^2 - 3x + 2$ について，$A(x)$ を $B(x)$ で割った商と余りを求めよ．

2.2　整式 $2x^3 + 3ax^2 - 12x + 4$ が 1 次式 $x + 2$ で割り切れるように，定数 a を定めよ．

2.3　次の分数式 (1), (2), (3) は既約分数にせよ．(4) は分母を有理化せよ．

(1)　$\dfrac{3}{x+2} - \dfrac{2}{x-1}$

(2)　$\dfrac{x^2 - 3x - 4}{x^2 - x} \times \dfrac{x-1}{x^2 - 16}$

(3)　$\dfrac{\frac{2}{x+3} - \frac{1}{x+1}}{\frac{5}{x+4} - \frac{2}{x+1}}$

(4)　$\dfrac{1 + \sqrt{x}}{1 - \sqrt{x}} - \dfrac{1 - \sqrt{x}}{1 + \sqrt{x}}$

2.4　次の式を計算せよ．

(1)　$(\sqrt{11} - \sqrt{3})(\sqrt{11} + \sqrt{3})$

(2)　$(2\sqrt{2} - \sqrt{27})^2$

(3)　$3\sqrt{75} - \sqrt{27} - 5\sqrt{12}$

(4)　$(2\sqrt{3} - \sqrt{2})(\sqrt{3} + \sqrt{2})$

(5)　$(\sqrt{2} - 1)^3$

2.5　次の分数式を部分分数分解せよ．

(1)　$\dfrac{x-7}{(x+2)(x-1)}$

(2)　$\dfrac{1}{(x-2)(x-5)}$

2.6　次の 2 重根号をはずせ．

(1)　$\sqrt{5 + 2\sqrt{6}}$

(2)　$\sqrt{7 - 4\sqrt{3}}$

(3)　$\sqrt{13 + 2\sqrt{30}}$

(4)　$\sqrt{17 - 12\sqrt{2}}$

(5)　$\sqrt{7 + 3\sqrt{5}}$

2.7　$\dfrac{a}{b} = \dfrac{c}{d} \neq 1$ $(b, d \neq 0)$ であるとき，次の等式を証明せよ．

$$\frac{a+b}{a-b} = \frac{c+d}{c-d}$$

2.8　$3x - 4y = 0$ $(x, y \neq 0)$ のとき，次の式の値を求めよ．

(1)　$\dfrac{(x-y)^2}{x^2 + y^2}$

(2)　$\dfrac{y}{x + \frac{y^2}{x}} + \dfrac{x}{y + \frac{x^2}{y}}$

3 　1次式と1次関数，2次式と 2次関数，グラフ

3.1　関数とグラフ

2つの変数 x, y に対して，x の値が定まるとそれに対応して y の値がただ1つに定まるとき，この対応のことを**写像**といい，y は x の**関数**であるという．これを，

$$y = f(x) \qquad または \qquad f : x \longmapsto y$$

などで表し，x を**独立変数**，y を**従属変数**という．また，x の関数を単に関数 $f(x)$ ともいい，$x = a$ に対応する y の値を $f(a)$ で表す．

座標軸で分けられた**座標平面**の部分をそれぞれ右図のように第1象限，第2象限，第3象限，第4象限という．ただし，座標軸上の点はどの**象限**にも属さない．右図の $(+, +)$ などは各象限に属する点の x 座標，y 座標の符号を表す．

	y	
第2象限 $(-, +)$		第1象限 $(+, +)$
	O　　　　x	
第3象限 $(-, -)$		第4象限 $(+, -)$

関数 $y = f(x)$ において，変数 x のとる値の範囲をこの関数の**定義域**という．また，x に対応する $f(x)$ のとる値の範囲を，この関数の**値域**という．

一般に関数を表すとき，その定義域を ( ) で示し，$y = f(x) \ (a \le x \le b)$ のように表す．ただし，$f(x)$ の値が意味をもつような x 全体を定義域とするときは，定義域を省略する．関数の値域に最大 (または最小) の値があるとき，これをこの関数の**最大値** (または**最小値**) という．

例 3.1

(1) 関数 $y = x + 1$ において，定義域は実数全体 (すべての実数)，値域は実数全体であるから最大値・最小値はともに存在しない．

(2) 関数 $y = x^2$ において，定義域は実数全体，値域は $y \ge 0$，$x = 0$ で最小値 0 で，最大値は存在しない．

3.2 1 次関数

x の 1 次式で表される関数を, x の 1 次関数という. 1 次関数のグラフは次のような特徴をもつことが知られている.

---
1 次関数 (直線の方程式) のグラフ

- **傾き**が a, **y 切片**が b の**直線** ($a > 0$ のときは右上がり, $a < 0$ のときは右下がり)

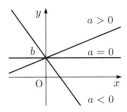

- $y = b \cdots$ 点 $(0, b)$ を通り, x 軸に**平行な直線**
- $x = c \cdots$ 点 $(c, 0)$ を通り, x 軸に**垂直な直線**

も上のグラフのように直線を表すことに注意する.

例題 3.1 次の関数のグラフをかけ.

(1) $y = 2x - 1$ (2) $2x + 3y = 5$

(3) $y = -1$ (4) $x = 2$

解

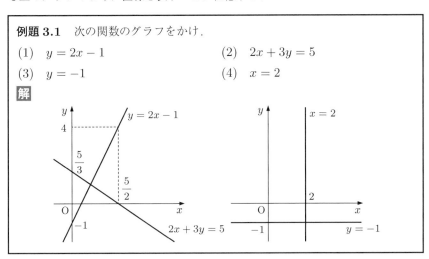

上記の**例題 3.1** のように, 軸とグラフの交点の値 (または座標) は明記することに注意する. また, (3) や (4) のように, x (または y) の値に関係なく常に y (または x) の値が一定になる関数を**定数関数**という.

3.3　2 次関数

x の 2 次式で表される関数を，x の **2 次関数**という．一般に，2 次関数は，$a\,(\neq 0)$，b，c を定数として，

$$y = ax^2 + bx + c$$

のように表される．2 次関数のグラフの形を**放物線**という．放物線は対称となる**軸**をもち，軸と放物線の交点をその放物線の**頂点**という．放物線の軸と頂点は平方完成することにより，次のように与えられる．

---

2 次関数 $y = ax^2 + bx + c$ **(放物線の方程式) の軸と頂点**

軸は直線 $x = -\dfrac{b}{2a}$，頂点は点 $\left(-\dfrac{b}{2a},\ -\dfrac{b^2 - 4ac}{4a}\right)$．

この軸と頂点は関数 $y = ax^2$ のグラフを平行移動したものと考えることができる．ここで，平行移動する前後のグラフの特徴は以下の通りである．

---

2 次関数 $y = ax^2$ **のグラフ**

- 軸は y 軸，頂点は原点である．
- $a > 0$ のとき**下に凸**，$a < 0$ のとき**上に凸**である．
- a の絶対値 $|a|$ が大きくなるとグラフの開きは小さくなる．

---

2 次関数 $y = a(x - p)^2 + q$ **のグラフ**

- $y = ax^2$ のグラフを x 軸方向に p，y 軸方向に q だけ**平行移動**したグラフである．
- 軸は直線 $x = p$，頂点は点 (p, q) である．

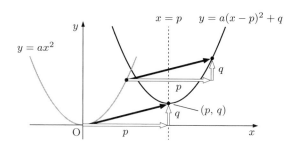

例 3.2

(1) $y = 2x^2 - 12x + 13 = 2(x^2 - 6x) + 13 = 2(x^2 - 6x + 9 - 9) + 13$
$= 2(x - 3)^2 - 5$

軸：直線 $x = 3$, 頂点：点 $(3, -5)$, 最大値なし, $x = 3$ のとき最小値 -5.

(2) $y = -3x^2 - 6x + 1 \quad (-2 \leq x \leq 0)$

$y = -3(x^2 + 2x) + 1 = -3(x^2 + 2x + 1 - 1) + 1 = -3(x + 1)^2 + 4$

軸：直線 $x = -1$, 頂点：点 $(-1, 4)$ $x = -1$ のとき最大値 4, $x = -2, 0$ のとき最小値 1.

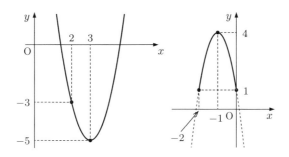

3.4　複素数の計算

2 乗して -1 になる数の 1 つを i で表し，これを**虚数単位**という．すなわち，$i^2 = -1$ とする．実数 a, b を用いた $z = a + bi$ の形の数を**複素数**といい，a を**実部** (real part), b を**虚部** (imaginary part) という．このとき，実部を $\mathrm{Re}(z)$, 虚部を $\mathrm{Im}(z)$ で表すことがある．また，$b \neq 0$ のとき，$a + bi$ を**虚数**ともいう．$a = 0, b \neq 0$ のとき，$0 + bi$ を bi と表し，これを**純虚数**という．

$k > 0$ のとき，負の数 $-k$ の平方根は $\sqrt{k}\, i$ と $-\sqrt{k}\, i$ である．ここで，記号 $\sqrt{k}\, i$ の意味を次のように定める．

$$k > 0 \text{ のとき} \quad \sqrt{-k} = \sqrt{k}\, i \qquad \text{特に} \quad \sqrt{-1} = i$$

例 3.3　(1) $\sqrt{-2} = \sqrt{2}\, i$.　(2) $\sqrt{-4} = 2i$.

複素数 $a + bi$ に対して，$a - bi$ を $a + bi$ と**共役な複素数**または**複素共役**という．また，$a + bi$ と $a - bi$ は**互いに共役**であるという．$z = a + bi$ のとき，z の複素共役を $\overline{z}\, (= \overline{a + bi}) = a - bi$ と表す．

分母に虚数単位 i があるときは，以下の例のように，分母と共役な複素数を分母と分子に掛けて計算すれば分母が実数になる．複素数の四則演算は i を変数

と見なして i についての文字式として計算し，i^2 を -1 で置き換えて整頓すれば
よい．

例 3.4

(1) $(4 - 3i)^2 = 4^2 - 2 \cdot 4 \cdot 3i + (3i)^2 = 16 - 24i + (-9) = 7 - 24i.$

(2) $\dfrac{1 + \sqrt{3}i}{1 - \sqrt{3}i} = \dfrac{(1 + \sqrt{3}i)^2}{(1 - \sqrt{3}i)(1 + \sqrt{3}i)} = \dfrac{1 + 2\sqrt{3}i + (\sqrt{3}i)^2}{1 - (\sqrt{3}i)^2}$

$\qquad = \dfrac{1 + 2\sqrt{3}i + (-3)}{1 - (-3)} = \dfrac{-2 + 2\sqrt{3}i}{4} = \dfrac{-1 + \sqrt{3}i}{2}.$

(3) $\dfrac{1}{1 + i} + \dfrac{2}{1 - i} = \dfrac{1 \cdot (1 - i) + 2(1 + i)}{(1 + i)(1 - i)} = \dfrac{1 - i + 2 + 2i}{1 - i^2}$

$\qquad = \dfrac{3 + i}{1 - (-1)} = \dfrac{3 + i}{2}.$

(4) $(a + bi)\overline{(a + bi)} = (a + bi)(a - bi) = a^2 - (bi)^2 = a^2 - (-b^2) = a^2 + b^2.$

演習問題

3.1 次の関数のグラフをかけ．

(1) $y = -3x + 5$ (2) $2y + 1 = 0$ (3) $y = |-3x + 5|$

3.2 次の関数のグラフの軸と頂点を求めよ．

(1) $y = -x^2 + 4$ (2) $y = -(x + 3)^2$

(3) $y = 3(x - 2)^2 - 3$ (4) $y = -2x^2 + 5x - 2$

3.3 次の問に答えよ．

(1) 2 次関数 $y = -x^2 + 2x - 3$ $\cdots$ ① のグラフは，どのように平行移動すると 2 次関数 $y = -x^2 - 4x - 5$ $\cdots$ ② のグラフに重なるか．

(2) 放物線 $y = x^2 - 5x + 2$ を x 軸方向に 2，y 軸方向に -1 だけ平行移動して得られる放物線の方程式を求めよ．

3.4 次の関数の最大値と最小値を求めよ．

(1) $y = 3x^2 + 4x - 1$ (2) $y = -2x^2 + x$

3.5 次の式を $a + bi$ (ただし a, b は実数) の形にせよ．

(1) $(7 + 3i) + (3 - 4i)$ (2) $(5 - 3i) - (3 - 2i)$ (3) $(1 - 3i)^2$

(4) $(2 + \sqrt{-5})\overline{(3 + \sqrt{-5})}$ (5) i^3

(6) $\dfrac{2 - 3i}{3 + 2i}$

4 2次式，3次以上の式と因数定理，不等式

4.1 2次方程式

$a\,(\neq 0),\ b,\ c$ は実数とする．2次方程式 $ax^2 + bx + c = 0$ は**平方完成**することにより，次のように変形できる．

$$\left(x + \frac{b}{2a}\right)^2 = \frac{b^2 - 4ac}{4a^2}$$

ここで，数の範囲を複素数にまで広げて考えると，$b^2 - 4ac < 0$ の場合でも平方根が求められる．これより，実数を係数とするすべての2次方程式は，複素数の範囲で常に解をもつ．よって，次の解の公式が成立する．

解の公式

2次方程式 $ax^2 + bx + c = 0$ の解は，$x = \dfrac{-b \pm \sqrt{b^2 - 4ac}}{2a}$.

例題 4.1 次の2次方程式を解け．

(1) $3x^2 + 5x - 1 = 0$. (2) $5x^2 + 3x + 1 = 0$.

解

(1) $x = \dfrac{-5 \pm \sqrt{5^2 - 4 \cdot 3 \cdot (-1)}}{2 \cdot 3} = \dfrac{-5 \pm \sqrt{37}}{6}$.

(2) $x = \dfrac{-3 \pm \sqrt{3^2 - 4 \cdot 5 \cdot 1}}{2 \cdot 5} = \dfrac{-3 \pm \sqrt{-11}}{10} = \dfrac{-3 \pm \sqrt{11}\,i}{10}$.

方程式の解のうち，実数であるものを**実数解**といい，虚数であるものを**虚数解**という．2次方程式 $ax^2 + bx + c = 0$ の解の種類は，解の公式の根号の中の式，すなわち，**判別式** $D = b^2 - 4ac$ の符号で判別できる．したがって，次のことが得られる．

2 次方程式の解の種類の判別

実数を係数とする 2 次方程式 $ax^2 + bx + c = 0$ の解と，その判別式
$D = b^2 - 4ac$ について，次が成立する．

(1) $D > 0$ $\iff$ **異なる 2 つの実数解をもつ.**

(2) $D = 0$ $\iff$ **重解** (1 つの実数解) **をもつ.**

(3) $D < 0$ $\iff$ **異なる 2 つの虚数解をもつ.**

2 次方程式 $ax^2 + 2b'x + c = 0$ において，$D = 4(b'^2 - ac)$ であるから，
$\dfrac{D}{4} = b'^2 - ac$ により解の種類を判別できる．また，重解も実数であるため，
"$D \geq 0$ $\iff$ 実数解をもつ"(実数係数 2 次方程式が実数解をもつためには，
$D \geq 0$ であることが必要かつ十分である) となる．異なる 2 つの虚数解は，互い
に共役な複素数である．

例題 4.2　次の 2 次方程式の解の種類を判別せよ．

(1) $2x^2 - 3x - 1 = 0$　　　　　　(2) $2x^2 - 2\sqrt{2}x + 1 = 0$

(3) $2x^2 + x + 1 = 0$

解

(1) $D = (-3)^2 - 4 \cdot 2 \cdot (-1) = 17 > 0$ より，異なる 2 つの実数解をもつ.

(2) $D = (-2\sqrt{2})^2 - 4 \cdot 2 \cdot 1 = 0$ より，重解をもつ.

(3) $D = 1^2 - 4 \cdot 2 \cdot 1 = -7 < 0$ より，異なる 2 つの虚数解をもつ.

例題 4.3　m を定数とする．2 次方程式 $x^2 - mx + 4 = 0$ の解の種類を判別
せよ．

解　この 2 次方程式の判別式を D とすると

$$D = (-m)^2 - 4 \cdot 1 \cdot 4 = (m - 4)(m + 4).$$

よって，

$D > 0$ すなわち，$m < -4, 4 < m$ のとき異なる 2 つの実数解をもつ.

$D = 0$ すなわち，$m = \pm 4$ のとき重解をもつ.

$D < 0$ すなわち，$-4 < m < 4$ のとき異なる 2 つの虚数解をもつ.

2次方程式 $ax^2 + bx + c = 0$ の2つの解を α, β とすると,

$$\alpha + \beta = \frac{-b + \sqrt{b^2 - 4ac}}{2a} + \frac{-b - \sqrt{b^2 - 4ac}}{2a} = \frac{-2b}{2a} = -\frac{b}{a},$$

$$\alpha\beta = \frac{-b + \sqrt{b^2 - 4ac}}{2a} \cdot \frac{-b - \sqrt{b^2 - 4ac}}{2a} = \frac{(-b)^2 - (b^2 - 4ac)}{4a^2}$$

$$= \frac{4ac}{4a^2} = \frac{c}{a}$$

であり, 2つの解の和と積はその係数を用いて表すことができる. これを2次方程式の**解と係数の関係**という.

解と係数の関係

2次方程式 $ax^2 + bx + c = 0$ の2つの解を α, β とすると,

$$\alpha + \beta = -\frac{b}{a}, \quad \alpha\beta = \frac{c}{a}.$$

例 4.1 2次方程式 $3x^2 + 9x + 5 = 0$ の2つの解を α, β とすると, 解と係数の関係から $\alpha + \beta = -\frac{9}{3} = -3, \quad \alpha\beta = \frac{5}{3}$.

4.2 3次方程式

因数定理と**組立て除法**を用いることで, **3次方程式**が簡単に解けることがある. 組立て除法とは, 下記のような筆算のことであり, 整式を1次式で割ったときの商や余りを求めるときに利用できる.

例題 4.4 3次方程式 $x^3 - 2x^2 - 7x - 4 = 0$ を解け.

解 $P(x) = x^3 - 2x^2 - 7x - 4$ とおくと, $P(-1) = (-1)^3 - 2(-1)^2 - 7(-1) - 4 = 0$. これより,

よって，

$$x^3 - 2x^2 - 7x - 4 = (x+1)(x^2 - 3x - 4) = (x+1)(x+1)(x-4) = (x+1)^2(x-4).$$

したがって，$x = 4, -1$ (重解).

　x の整式 $P(x)$ が n 次式のとき，方程式 $P(x) = 0$ を **n 次方程式**という．また，3 次以上の方程式を**高次方程式**という．定数項の約数 k が $P(k) = 0$ を満たすとき，上記の例と同様に，因数定理を用いて容易に解くことができる．

　3 次方程式 $ax^3 + bx^2 + cx + d = 0$ の 3 つの解を α, β, γ とすると，因数定理により

$$ax^3 + bx^2 + cx + d = a(x - \alpha)(x - \beta)(x - \gamma)$$
$$= a\{x^2 - (\alpha + \beta)x + \alpha\beta\}(x - \gamma)$$
$$= a\{x^3 - (\alpha + \beta)x^2 + \alpha\beta x - \gamma x^2 + (\alpha + \beta)\gamma x - \alpha\beta\gamma\}$$
$$= ax^3 - a(\alpha + \beta + \gamma)x^2 + a(\alpha\beta + \beta\gamma + \gamma\alpha)x - a\alpha\beta\gamma$$

となる．この等式は x についての**恒等式**である．よって，係数を比較すると次のことが成立する．

---

3 次方程式の解と係数の関係

3 次方程式 $ax^3 + bx^2 + cx + d = 0$ の 3 つの解を α, β, γ とすると，

$$\alpha + \beta + \gamma = -\frac{b}{a}, \quad \alpha\beta + \beta\gamma + \gamma\alpha = \frac{c}{a}, \quad \alpha\beta\gamma = -\frac{d}{a}.$$

例 4.2　3 次方程式 $x^3 - 3x + 5 = 0$ の 3 つの解を α, β, γ とすると，

$$\alpha + \beta + \gamma = 0, \quad \alpha\beta + \beta\gamma + \gamma\alpha = -3, \quad \alpha\beta\gamma = -5.$$

4.3　2 次不等式と 3 次不等式

　2 次方程式または 3 次方程式を用いることで，**2 次不等式**と **3 次不等式**を解くことができる．

---

2 次不等式の解法

a, b, c を実数とする.

(I)　$ax^2 + bx + c = 0$ について $a > 0$, $D > 0$, 異なる 2 つの実数解
を $\alpha, \beta\ (\alpha < \beta)$ とすると,

(1)　$ax^2 + bx + c > 0$　の解は,　　$x < \alpha,\ \beta < x$.

(2)　$ax^2 + bx + c < 0$　の解は,　　$\alpha < x < \beta$.

(II)　$D = b^2 - 4ac = 0$, $a > 0$ ならば, $ax^2 + bx + c = a(x - \alpha)^2$ と
なり,

(3)　$ax^2 + bx + c > 0$　の解は,　　$x \neq \alpha$.

(4)　$ax^2 + bx + c < 0$　の解は,　　なし.

(III)　$D = b^2 - 4ac < 0$, $a > 0$ ならば,

(5)　$ax^2 + bx + c > 0$　の解は,　　実数全体.

(6)　$ax^2 + bx + c < 0$　の解は,　　なし.

上記の (1) ～ (6) において等号を含む場合は,その境界が含まれる.

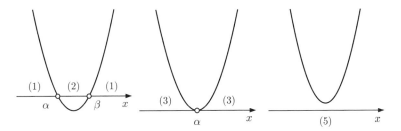

---

3 次不等式とグラフ

3 次関数 $f(x) = ax^3 + bx^2 + cx + d$ について,そのグラフの概形は下図の
ように表される.図において,関数 $f(x)$ と x 軸がどこで交わるかによっ
て $ax^3 + bx^2 + cx + d > 0$ の解が定まる.

例題 4.5　不等式 $x^3 + x^2 - 14x - 24 \leqq 0$ を解け.

解　$P(x) = x^3 + x^2 - 14x - 24$ とおくと $P(-2) = 0$ より

$$x^3 + x^2 - 14x - 24 = (x + 2)(x^2 - x - 12) = (x + 2)(x + 3)(x - 4).$$

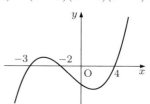

$x \leqq -3$ のとき $P(x) \leqq 0$,

$-3 < x < -2$ のとき $P(x) > 0$,

$-2 \leqq x \leqq 4$ のとき $P(x) \leqq 0$,

$4 < x$ のとき $P(x) > 0$.

よって，$x \leqq -3$, $-2 \leqq x \leqq 4$.

例題 4.6　不等式 $x^3 - 3x^2 + 5x - 3 > 0$ を解け.

解　$x^3 - 3x^2 + 5x - 3 = (x - 1)(x^2 - 2x + 3)$ より $(x - 1)(x^2 - 2x + 3) > 0$. ここで，$x^2 - 2x + 3 = (x - 1)^2 + 2 > 0$ であるから $x - 1 > 0$. したがって，$x > 1$.

4.4　不等式の証明

任意の 2 つの実数 a, b について

$$a > b, \quad a = b, \quad a < b$$

のうち，どれか 1 つの関係だけが成立する. また，実数の大小関係について，次のことが成立する.

実数の大小関係の基本性質

(1)　$a > b$, $b > c$ $\implies$ $a > c$

(2)　$a > b$ $\implies$ $a + c > b + c$, $a - c > b - c$

(3)　$a > b$, $c > 0$ $\implies$ $ac > bc$, $\dfrac{a}{c} > \dfrac{b}{c}$

(4)　$a > b$, $c < 0$ $\implies$ $ac < bc$, $\dfrac{a}{c} < \dfrac{b}{c}$

(5)　$a > b$ $\iff$ $a - b > 0$

(6)　$a < b$ $\iff$ $a - b < 0$

例題 4.7 $x > 1$, $y > 1$ のとき, 不等式 $xy + 1 > x + y$ が成立することを証明せよ.

解 $x > 1$, $y > 1$ より $x - 1 > 0$, $y - 1 > 0$ であるから, $(x-1)(y-1) > 0$.
ここで, $(x - 1)(y - 1) = xy - x - y + 1 = (xy + 1) - (x + y)$.
よって, $(xy + 1) - (x + y) > 0$ すなわち $xy + 1 > x + y$.

実数 a, b について $\dfrac{a+b}{2}$ を a と b の **相加平均** という. また, $a \geq 0$, $b \geq 0$ のとき, $\sqrt{ab}$ を a と b の **相乗平均** という. この 2 つの平均には, 以下のような大小関係がある.

相加平均と相乗平均の大小関係

$a \geq 0$, $b \geq 0$ のとき, $\dfrac{a+b}{2} \geq \sqrt{ab}$ であり, 等号が成立するのは $a = b$ のときである.

証明 $a \geq 0$, $b \geq 0$ のとき, $a = (\sqrt{a})^2$, $b = (\sqrt{b})^2$, $\sqrt{ab} = \sqrt{a}\sqrt{b}$ より

$$\frac{a+b}{2} - \sqrt{ab} = \frac{1}{2}\left\{(\sqrt{a})^2 - 2\sqrt{a}\sqrt{b} + (\sqrt{b})^2\right\}$$

$$= \frac{1}{2}\left(\sqrt{a} - \sqrt{b}\right)^2 \geq 0 \tag{I.4.1}$$

したがって, $\dfrac{a+b}{2} \geq \sqrt{ab}$. 等号が成立するのは, (I.4.1) より, $\sqrt{a} = \sqrt{b}$ すなわち $a = b$ のときである.

例題 4.8 $x > 0$ のとき, 不等式 $x + \dfrac{1}{x} \geq 2$ が成立することを証明せよ. また, 等号が成立するのはどのようなときか.

解 $x > 0$, $\dfrac{1}{x} > 0$ であるから, 相加平均と相乗平均の大小関係より

$$x + \frac{1}{x} \geq 2 \cdot \sqrt{x \cdot \frac{1}{x}} = 2.$$

等号が成立するのは, $x = \dfrac{1}{x}$ かつ $x > 0$, すなわち $x = 1$ のときである.

演習問題

4.1 次の方程式を解け.

(1) $2x^2 + 5x + 4 = 0$

(2) $3x^2 - 7x + 5 = 0$

(3) $x^3 + 4x^2 - 8 = 0$

(4) $x^4 - 2x^2 - 3 = 0$

4.2 次の 2 次方程式の解の種類を判別せよ.

(1) $2x^2 - 2\sqrt{6}x + 3 = 0$

(2) $3x^2 - x + 2 = 0$

(3) $x^2 - 5x + 5 = 0$

4.3 次の 2 次方程式の 2 つの解を α, β とする. 解の和 $\alpha + \beta$ と積 $\alpha\beta$ を求めよ.

(1) $x^2 - 2x + 3 = 0$

(2) $2x^2 - 5x + 7 = 0$

(3) $-3x^2 + 7x - 4 = 0$

4.4 次の不等式を解け.

(1) $2x^2 + x - 3 < 0$

(2) $-x^2 + 3x - 2 \geq 0$

(3) $x^3 + 3x^2 - 4 > 0$

4.5 次の不等式を証明せよ. ただし，$a > 0$ とする.

(1) $a^2 > 4(a - 2)$

(2) $\dfrac{a}{2} + \dfrac{2}{a} \geq 2$

5 分数関数と無理関数

5.1 数の体系とその集合

第1章で触れたが，自然数，整数，有理数，実数，複素数全体の集合をそれぞれ以下のように表した．

自然数全体の集合：$\mathbb{N}$，　　整数全体の集合：$\mathbb{Z}$，　　有理数全体の集合：$\mathbb{Q}$，

実数全体の集合：$\mathbb{R}$，　　複素数全体の集合：$\mathbb{C}$

例 5.1　$1, 2, 3 \in \mathbb{N}, 0, -2, -4 \in \mathbb{Z}, -\dfrac{2}{5} \in \mathbb{Q}, \pi \notin \mathbb{Q}, \pi \in \mathbb{R}, 2i \notin \mathbb{R}, 2i \in \mathbb{C}.$

集合 A から集合 B の要素を除いた集合を $A - B$（または $A \setminus B$）で表すことがある．

例 5.2　(1) $2i \in \mathbb{C} - \mathbb{R}$.

(2) $A = \{1, 2, 3, 4\}$, $B = \{2, 4\}$ のとき，$A - B = \{1, 3\}$.

(3) $\mathbb{Z} - \mathbb{N} = \{0, -1, -2, \dots\}$.

5.2 分数関数

変数 x の分数式で表された関数を**分数関数**という．分数関数の定義域は，分母を 0 とする x の値を除いた実数全体である．関数上の点が原点から遠ざかるにつれて 1 つの直線に限りなく近づくとき，この直線を**漸近線**という．分数関数は**有理関数**ともいう．

分数関数 $y = \dfrac{k}{x}$ のグラフ

- $k > 0$ ならば第 1, 3 象限，$k < 0$ ならば第 2, 4 象限に存在する．
- 原点に関して対称で，漸近線は x 軸，y 軸である．

分数関数 $y = \dfrac{k}{x-p} + q$ のグラフ

- $y = \dfrac{k}{x}$ のグラフを x 軸方向に p, y 軸方向に q だけ平行移動したグラフである.
- 漸近線は直線 $x = p$, $y = q$ である.

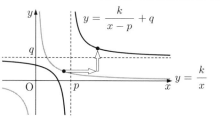

上記のグラフのように, 2 つの漸近線が直交している双曲線を**直角双曲線**という.

例題 5.1　関数 $y = \dfrac{2x+1}{x+1}$ のグラフと漸近線, 定義域を求めよ.

解　$y = \dfrac{2x+1}{x+1} = \dfrac{2(x+1)-1}{x+1} = -\dfrac{1}{x+1} + 2$ よりこのグラフは $y = -\dfrac{1}{x}$ を x 軸方向へ -1, y 軸方向へ 2 だけ平行移動したものである. よって, 漸近線は直線 $x = -1$, $y = 2$. 定義域は $\mathbb{R} - \{-1\}$. (-1 以外の実数全体)

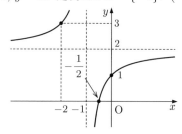

例題 5.2　関数 $y = \dfrac{2x+1}{x+1}$ と $y = -x+1$ の共有点の座標を求めよ.

解　$\dfrac{2x+1}{x+1} = -x+1$ より

$(x+1)(-x+1) = 2x+1$.

すなわち, $x^2 + 2x = 0$. よって, $x = 0, -2$. $x = 0$ のとき $y = 1$. $x = -2$ のとき $y = 3$. したがって, 共有点の座標は $(0, 1)$, $(-2, 3)$.

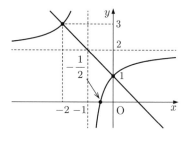

5.3 無理関数

根号のなかに文字を含む式を**無理式**といい，変数 x の無理式で表される関数を**無理関数**という[1]．無理関数の定義域は，根号のなかが正または 0 になるような x の範囲である．例えば，無理関数 $y = \sqrt{2x-8}+3$ の定義域は $x \geq 4$，値域は $y \geq 3$ である．

ここで，最も簡単な無理関数

$$y = \sqrt{x}$$

について考える．関数の定義域は $x \geq 0$，値域は $y \geq 0$ であり，グラフは原点と第 1 象限にある．ここで，$y = \sqrt{x}$ の両辺を 2 乗すれば

$$y^2 = x$$

となる．この式において，y を独立変数，x を従属変数とすれば，そのグラフは軸が x 軸で頂点が原点の放物線である．よって，無理関数 $y = \sqrt{x}$ のグラフは図 5.1 のように放物線 $y^2 = x$ の x 軸よりも上の部分にあり，原点を含む．

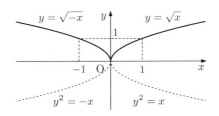

図 5.1 無理関数 $y = \sqrt{x}, y = \sqrt{-x}$ のグラフ

同様に，無理関数 $y = \sqrt{-x}$ のグラフは図 5.1 の左側のように，放物線 $y^2 = -x$ の x 軸よりも上の部分にあり，原点を含む．2 つの放物線 $y^2 = x$, $y^2 = -x$ は y 軸に関して対称であるから，無理関数 $y = \sqrt{x}, y = \sqrt{-x}$ のグラフは y 軸に関して対称である．以上により，次のことが成立する．

$y = \sqrt{ax}\ (a \neq 0)$ のグラフ

- 放物線 $y^2 = ax$ のうち $x \geq 0$ の部分で
- $a > 0$ ならば原点と第 1 象限，$a < 0$ ならば原点と第 2 象限に存在する．

---

[1] $\sqrt{4}$ は無理数のように思えるが $\sqrt{4} = 2$ なので無理数ではない．同じように $\sqrt{x^4} = x^2$ も無理関数ではない．

- $y = \sqrt{-ax}$ のグラフと y 軸に関して対称である.
- $y = -\sqrt{ax}$ のグラフと x 軸に関して対称である.

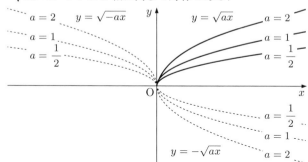

例題 5.3　関数 $y = \sqrt{2x-4} + 1$ のグラフと定義域, 値域を求めよ.

解　$y = \sqrt{2x-4} + 1 = \sqrt{2(x-2)} + 1$ よりこのグラフは $y = \sqrt{2x}$ のグラフを x 軸方向へ 2, y 軸方向へ 1 だけ平行移動したものである. よって, 定義域は $x \geq 2$, 値域は $y \geq 1$.

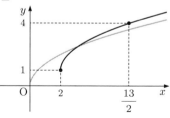

例題 5.3 の解法により, 関数 $y = \sqrt{ax+b} + c$ のグラフは, $y = \sqrt{ax}$ のグラフを x 軸方向に $-\dfrac{b}{a}$, y 軸方向に c だけ平行移動して得られることが分かる.

例題 5.4　関数 $y = \sqrt{x+3}$ と直線 $y = 2x$ の共有点の座標を求めよ.

解　$\sqrt{x+3} = 2x$ より $x+3 = 4x^2$ すなわち $(x-1)(4x+3) = 0$. よって, $x = 1, -\dfrac{3}{4}$.

$x = -\dfrac{3}{4}$ のとき $\sqrt{-\dfrac{3}{4}+3} = \sqrt{\dfrac{9}{4}} = \dfrac{3}{2}$, $2\left(-\dfrac{3}{4}\right) = -\dfrac{3}{2}$ より不適.

$x = 1$ のとき $\sqrt{1+3} = \sqrt{4} = 2$, $2 \cdot 1 = 2$ より適する.

したがって, 共有点の座標は $(1, 2)$.

上記の**例題 5.4** において，不適となる解 $x = -\dfrac{3}{4}$ を**無縁解**という．これを $y = 2x$ に代入すれば $y = -\dfrac{3}{2}$ が得られる．よって，下図 5.2 のように，点 $\left(-\dfrac{3}{4}, -\dfrac{3}{2}\right)$ は無理関数 $y = -\sqrt{x+3}$ と直線 $y = 2x$ の共有点の座標である．このように考えれば，無縁解の存在についての幾何学 (図形) 的な意味が分かる．

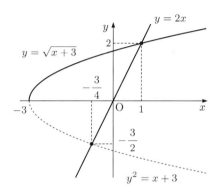

図 5.2 例題 5.4 の無縁解の幾何学的意味

演習問題

5.1 関数 $y = \dfrac{2x-3}{x-2}$ の漸近線を求め，グラフをかけ．

5.2 次の関数の定義域を求めよ．

(1) $y = \dfrac{1}{x(x-9)}$ (2) $y = \dfrac{9}{x^2 - 4x + 5}$ (3) $y = \dfrac{4}{x^2 - x - 2}$

5.3 方程式 $\dfrac{2}{x+3} = x + 4$ を解け．

5.4 関数 $y = \dfrac{ax+b}{x+c}$ のグラフが，2 直線 $x = 3$, $y = 1$ を漸近線として点 $(2, 2)$ を通るとき，定数 a, b, c の値を求めよ．

5.5 関数 $y = \sqrt{-2x+4} - 2$ について，次の問に答えよ．

(1) 定義域を求め，グラフをかけ．

(2) 定義域が $-\dfrac{5}{2} \leq x \leq 0$ のとき，値域を求めよ．

5.6 2 つの関数 $y = -\sqrt{x+1} + 3$, $y = -x + 4$ の共有点の座標を求めよ．

6 逆関数と合成関数

6.1 逆関数

関数 $y = f(x)$ において，値域内のすべての y に対して $y = f(x)$ となる x の値がただ 1 つ定まるとき，f は**逆関数**をもつという．このとき，上記の対応を f の逆関数といい，$f^{-1}(x)$ で表す．ここで，f^{-1} は f の逆の対応であるから

$$x = f^{-1}(y) \iff y = f(x) \tag{I.6.1}$$

である．また，f^{-1} の定義域は f の値域，f^{-1} の値域は f の定義域である．

例題 6.1 次の関数の逆関数を求めよ．また，そのグラフをかき，定義域を求めよ．

(1) $y = 2x - 3$ (2) $y = \dfrac{1}{x-1}$

(3) $y = x^2 \ (x \geq 0)$ (4) $y = -\sqrt{x+2}$

解

(1) $2x = y + 3$ より $x = \dfrac{1}{2}(y+3)$. よって，逆関数は $y = \dfrac{1}{2}(x+3)$.

(2) 両辺の逆数をとると，$\dfrac{1}{y} = x - 1$ より $x = \dfrac{1}{y} + 1$. よって，逆関数は $y = \dfrac{1}{x} + 1$.

(3) $y \geq 0,\ x^2 = y$ より $x = \sqrt{y}$. よって，逆関数は $y = \sqrt{x}$.

(4) $y \leq 0,\ y^2 = x+2$ より $x = y^2 - 2$. よって，逆関数は $y = x^2 - 2\ (x \leq 0)$.

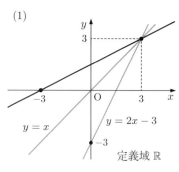

(1) 定義域 $\mathbb{R}$

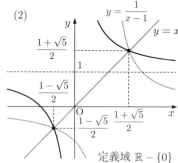

(2) 定義域 $\mathbb{R} - \{0\}$

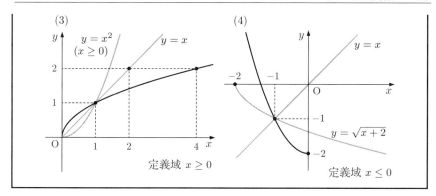

(3) 定義域 $x \geq 0$

(4) 定義域 $x \leq 0$

ここで，点 $\mathrm{P}(a, b)$ が関数 $y = f(x)$ のグラフ上にあれば，$b = f(a)$ が成立し，(I.6.1) より $a = f^{-1}(b)$ が成立するから，点 $\mathrm{Q}(b, a)$ は関数 $y = f^{-1}(x)$ のグラフ上にある．上記の**例題 6.1** から分かるように，2 点 $\mathrm{P}(a, b)$, $\mathrm{Q}(b, a)$ は直線 $y = x$ に関して対称である．したがって，関数 $y = f(x)$ のグラフと関数 $y = f^{-1}(x)$ のグラフは，直線 $y = x$ に関して対称である[※1]．

また，**例題 6.1** (3) では，定義域を $x \geq 0$ のように制限しなければ，値 y_0 に対して $x_0{}^2 = y_0$ となる値 x_0 が 1 つに定まらないため，逆関数は存在しない．

6.2　合成関数

2 つの関数 f, g について，f の値域が g の定義域に含まれるとき，f の定義域の数 x に対して値 $g(f(x))$ が意味をもつ．このとき得られる関数 $g(f(x))$ を f と g の**合成関数**または単に**合成**といい，記号 $(g \circ f)(x)$ で表す．すなわち，

$$(g \circ f)(x) = g(f(x))$$

である．また，x を省略して $g \circ f$ と表すこともある．関数を (線型) **写像**や**作用素**ということがある．合成関数は x や y という文字に依存しているのではなく，どの関数の変数の代わりにどの関数を代入するか着目したものである．よって，両方の関数とも変数を x としたとき，次のように表現される．

- $f(x)$ と $g(x)$ の合成関数は $(g \circ f)(x) = g(f(x))$.

[※1] 逆関数を求めるということは「$y = f(x)$ という式を x について解いた式 $x = f^{-1}(y)$ において，変数 x, y の役割 (より正確には定義域と値域の役割) を入れ替えた式 $y = f^{-1}(x)$ を求める」ということである．変数 x, y (定義域と値域) の役割をかえることにより元のグラフから見て逆関数のグラフが直線 $y = x$ に関して対称となる．$x = f^{-1}(y)$ という式に変形できるかどうかは状況によって異なり，できない場合もある．またその式を既に知っている式を使って具体的に書き下せるかどうかなども実際には問題になる．

- $g(x)$ と $f(x)$ の合成関数は $(f \circ g)(x) = f(g(x))$.

例題 6.2　関数 $f(x) = x^2 - 2x + 3$, $g(x) = \dfrac{1}{x}$ について，合成関数 $g(f(x))$ とその値域を求めよ．

解　求める合成関数は，$g(f(x)) = \dfrac{1}{f(x)} = \dfrac{1}{x^2 - 2x + 3} = \dfrac{1}{(x-1)^2 + 2}$.

これより，$y = g(f(x))$ の定義域は $\mathbb{R}$.

ここで，一般に，$A \geq B > 0$ のとき，$0 < \dfrac{1}{A} \leq \dfrac{1}{B}$ であるから，

$(x-1)^2 + 2 \geq 2$ より $0 < \dfrac{1}{(x-1)^2 + 2} \leq \dfrac{1}{2}$．よって，値域は $0 < y \leq \dfrac{1}{2}$.

3つ以上の関数についても 2 つの場合と同様に合成関数を考えることができる．ただし，括弧内から先に合成することに注意する．

例題 6.3　関数 $f(x) = x - 1$, $g(x) = -2x + 3$, $h(x) = 2x^2 + 1$ について，合成関数 $(f \circ (g \circ h))(x)$ を求めよ．

解　$(f \circ (g \circ h))(x) = f((g \circ h)(x))$ より $k(x) = (g \circ h)(x)$ とおくと

$$(f \circ (g \circ h))(x) = f(k(x)).$$

よって，

$k(x) = (g \circ h)(x) = g(h(x)) = -2h(x) + 3 = -2(2x^2 + 1) + 3 = -4x^2 + 1$

より $(f \circ (g \circ h))(x) = f(k(x)) = (-4x^2 + 1) - 1 = -4x^2$.

関数の合成において交換法則は一般に成立しない．実際，**例題 6.3** で用いた関数 g, h について，

$$(h \circ g)(x) = h(g(x)) = 2(-2x + 3)^2 + 1 = 2(4x^2 - 12x + 9) + 1$$

$$\neq -4x^2 + 1 = (g \circ h)(x)$$

となる．一方で，

$$(f \circ g)(x) = f(g(x)) = (-2x + 3) - 1 = -2x + 2$$

より $((f \circ g) \circ h)(x) = -2(2x^2 + 1) + 2 = -4x^2$ であるから $f \circ (g \circ h) = (f \circ g) \circ h$ となる．一般に合成関数の交換法則は成立しないが結合法則は成立する．

例題 6.4 $f(x) = \dfrac{x-2}{6}$, $g(x) = 6x + 2$ のとき，$(f \circ g)(x)$ と $(g \circ f)(y)$ を求めよ．

解
$$(f \circ g)(x) = f(g(x)) = f(6x+2) = \dfrac{(6x+2)-2}{6} = x.$$
$$(g \circ f)(y) = g(f(y)) = g\left(\dfrac{y-2}{6}\right) = 6\left(\dfrac{y-2}{6}\right) + 2 = y.$$
したがって，$(f \circ g)(x) = x$, $(g \circ f)(y) = y$.

例題 6.4 のように，関数 f に逆関数が存在するとき，$y = f(x) \iff x = f^{-1}(y)$ であるから

$(f^{-1} \circ f)(x) = f^{-1}(f(x)) = f^{-1}(y) = x$ すなわち $(f^{-1} \circ f)(x) = x$.

このように，変数 x に x 自身を対応させる関数を**恒等関数**という．同様に，$(f \circ f^{-1})(y) = f(f^{-1}(y)) = f(x) = y$ であるから，次が得られる．

$$(f^{-1} \circ f)(x) = x, \quad (f \circ f^{-1})(y) = y.$$

演習問題

6.1 次の関数の逆関数を求めよ．また，そのグラフをかけ．

(1) $y = \dfrac{3x-5}{x-1}$ $(x < 1)$ 　　　　(2) $y = -\dfrac{1}{2}(x^2-1)$ $(x \geq 0)$

(3) $y = -\sqrt{2x-5}$

6.2 次の $f(x)$, $g(x)$ に対し，合成関数 $f(g(x))$ と $g(f(x))$ を求めよ．

(1) $f(x) = 2x - 1$, $g(x) = -7x + 5$

(2) $f(x) = (x-2)^2$, $g(x) = -2x + 1$

(3) $f(x) = \dfrac{3}{x+4}$, $g(x) = \dfrac{1}{2}x + 1$

6.3 $f(x) = x - 1$, $g(x) = -2x + 3$, $h(x) = 2x^2 + 1$ について，次のものを求めよ．

(1) $(f \circ g)(x)$ 　　　　(2) $(g \circ f)(x)$ 　　　　(3) $(g \circ g)(x)$

(4) $(h \circ g)(x)$ 　　　　(5) $((h \circ g) \circ f)(x)$

6.4 $f(x) = \dfrac{2}{x-1}$ のとき，$f(f^{-1}(x)) = x$ が成立することを確認せよ．

6.5 関数 $f(x) = x^2 - 2x$, $g(x) = -x^2 + 4x$ について，合成関数 $y = (g \circ f)(x)$ の定義域と値域を求めよ．

7 指数関数と対数関数

7.1 指数の拡張

同じ数 a を m 個掛け合わせたものを a の m 乗といい，a^m と表す．また，m を**指数**という．$a^1, a^2, a^3, \ldots, a^n, \ldots$ をまとめて a の**累乗**という．ここで，$a \neq 0$, $b \neq 0$ とし，m, n を正の整数とすると，以下の**指数法則**が成立する．

(I) $a^m a^n = a^{m+n}$　　　(II) $(a^m)^n = a^{mn}$　　　(III) $(ab)^n = a^n b^n$

例 7.1　上記の (I) が整数の指数について成立すると仮定すると，$m = 3, n = 0$ のとき，$a^3 a^0 = a^{3+0} = a^3 = a^3 \cdot 1$ より $a^0 = 1$．また，$m = 3, n = -3$ のとき，$a^3 a^{-3} = a^{3-3} = a^0 = 1$ より $a^{-3} = \dfrac{1}{a^3}$．

上記の**例 7.1** の結果が一般の整数についても常に成立するように，0 や負の整数を指数にもつ累乗を次のように定める．

$$a \neq 0 \text{ で，} n \text{ が正の整数のとき} \qquad a^0 = 1, \quad a^{-n} = \frac{1}{a^n}.$$

以上により，0 や負の整数にまで拡張された指数について次の公式が成立する．

指数法則の拡張

$a \neq 0$, $b \neq 0$ とし，m, n が整数のとき

(1) $a^m a^n = a^{m+n}$, $\quad \dfrac{a^m}{a^n} = a^{m-n}$

(2) $(a^m)^n = a^{mn}$

(3) $(ab)^n = a^n b^n$, $\quad \left(\dfrac{a}{b}\right)^n = \dfrac{a^n}{b^n}$

例 7.2

(1) $a^{-4} a^5 = a^{-4+5} = a$.

(2) $(a^{-2})^{-3} = a^{-2 \times (-3)} = a^6$.

(3) $(a^{-1} b)^2 = a^{-2} b^2 = \dfrac{b^2}{a^2}$.

(4) $a^2 \div a^5 = a^{2-5} = a^{-3} = \dfrac{1}{a^3}$.

(5) $(ab^2)^3 (b^{-3})^2 = (a^3 b^6) b^{-6} = a^3 b^{6-6} = a^3$.

　数 a において，n 乗すれば a になる数を a の **n 乗根**という．a の平方根 (2乗根)，立方根 (3乗根)，…，n 乗根，… をまとめて a の**累乗根**という．特に，a が正の数ならば，$x^n = a$ を満たす正の数 x がただ 1 つ定まる．これを $\sqrt[n]{a}$ で表す．一方，n が正の奇数で，a が負の数ならば，$x^n = a$ を満たす負の数 x がただ 1 つ定まる．これを $\sqrt[n]{a}$ で表す．

例 7.3

(1)　$2^4 = 16$ より 2 は 16 の 4 乗根．($\sqrt[4]{16} = 2$)

(2)　$(-3)^5 = -243$ より -3 は -243 の 5 乗根．($\sqrt[5]{(-243)} = \sqrt[5]{(-3)^5} = -3$)

　これまでに学んだように，たとえば，1 の 3 乗根すなわち $x^3 = 1$ の解には複素数が含まれていた．以降では，実数になる累乗根についてのみ考えることにする．

　ここで，数 a の n 乗根は方程式 $x^n = a$ の実数解である．そこで，関数 $y = x^n$ のグラフを用いて，方程式 $x^n = a$ の実数解について調べると以下のことが得られる．

---

n が偶数のときの $y = x^n$ のグラフ

関数 $y = x^n$ について

$x = a$ のとき $y = a^n$，$x = -a$ のとき $y = (-a)^n = a^n$．

よって，関数 $y = x^n$ のグラフは y 軸に関して対称．

---

n が奇数のときの $y = x^n$ のグラフ

関数 $y = x^n$ について

$x = a$ のとき $y = a^n$，$x = -a$ のとき $y = -a^n$．

よって，関数 $y = x^n$ のグラフは原点に関して対称．

　任意の x について，$f(-x) = f(x)$ を満たす関数 $f(x)$ を**偶関数**，$g(-x) = -g(x)$ を満たす関数 $g(x)$ を**奇関数**という．偶関数 $y = f(x)$ のグラフは y 軸に関して対称であり，奇関数 $y = g(x)$ のグラフは原点に関して対称である．これより，上記の $y = x^n$ について，n が偶数ならば偶関数，n が奇数ならば奇関数である．偶関数と奇関数に関する代表的な例として，三角関数 $y = \sin x$, $y = \cos x$, $y = \tan x$ などがよく知られている．

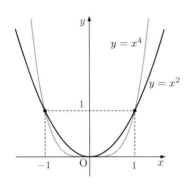

図 7.1　n が偶数のときの $y = x^n$　　　**図 7.2**　n が奇数のときの $y = x^n$

　関数 $y = x^n$ のグラフより，正の数 a の n 乗根で正のものは n の偶奇に関わらずただ 1 つ存在し，$\sqrt[n]{a}$ である．これより，平方根の積と商についての公式を累乗根にまで拡張したものや n 乗根の累乗について，次のことが成立する．

累乗根の性質

$a > 0,\ b > 0$ とし，$m,\ n,\ p$ が正の整数のとき

(1)　$\sqrt[n]{a}\,\sqrt[n]{b} = \sqrt[n]{ab}$　　　　　(2)　$\dfrac{\sqrt[n]{a}}{\sqrt[n]{b}} = \sqrt[n]{\dfrac{a}{b}}$

(3)　$(\sqrt[n]{a})^m = \sqrt[n]{a^m}$　　　　　(4)　$\sqrt[m]{\sqrt[n]{a}} = \sqrt[mn]{a}$

(5)　$\sqrt[n]{a^m} = \sqrt[np]{a^{mp}}$

証明　(1)　$(\sqrt[n]{a}\,\sqrt[n]{b})^n = (\sqrt[n]{a})^n(\sqrt[n]{b})^n = ab$ であり，$\sqrt[n]{a} > 0,\ \sqrt[n]{b} > 0$ より $\sqrt[n]{a}\,\sqrt[n]{b} > 0$．よって，$\sqrt[n]{a}\,\sqrt[n]{b} = \sqrt[n]{ab}$．

(2) ～ (5) についても，指数法則により証明できる．(各自で確認すること．)

例 7.4

(1)　$\sqrt[3]{6} \times \sqrt[3]{12} = \sqrt[3]{6 \times 12} = \sqrt[3]{2^3 \times 3^2} = \sqrt[3]{2^3}\sqrt[3]{3^2} = 2\sqrt[3]{9}$.

(2)　$\dfrac{\sqrt[3]{250}}{\sqrt[3]{2}} = \sqrt[3]{\dfrac{250}{2}} = \sqrt[3]{125} = \sqrt[3]{5^3} = 5$.

(3)　$(\sqrt[3]{4})^2 = \sqrt[3]{2^3 \times 2} = 2\sqrt[3]{2}$.

(4)　$\sqrt{\sqrt[3]{64}} = \sqrt[2 \times 3]{2^6} = \sqrt[6]{2^6} = 2$.

(5)　$\sqrt[6]{27} = \sqrt[6]{3^3} = \sqrt[2 \times 3]{3^{1 \times 3}} = \sqrt{3}$.

指数が有理数である累乗について次のように定めると，前に述べた指数法則の拡張が有理数のときにも成立する．

$a > 0$ で，m, n が正の整数，r が正の有理数のとき

$$a^{\frac{m}{n}} = \sqrt[n]{a^m}, \quad a^{-r} = \frac{1}{a^r}.$$

これまでのことをまとめれば，一般に次の指数法則が成立する．

指数法則

$a > 0$, $b > 0$ とし，r, s が有理数のとき

(1) $a^r a^s = a^{r+s}$, $\dfrac{a^r}{a^s} = a^{r-s}$ (2) $(a^r)^s = a^{rs}$

(3) $(ab)^r = a^r b^r$, $\left(\dfrac{a}{b}\right)^r = \dfrac{a^r}{b^r}$

例 7.5

(1) $\sqrt[3]{2} \times \sqrt[6]{16} = \sqrt[3]{2} \times \sqrt[6]{2^4} = 2^{\frac{1}{3}} \times 2^{\frac{4}{6}} = 2^{\frac{1}{3}+\frac{2}{3}} = 2^1 = 2.$

(2) $\left\{\left(\dfrac{16}{9}\right)^{-\frac{3}{4}}\right\}^{\frac{2}{3}} = \left(\dfrac{16}{9}\right)^{-\frac{3}{4}\times\frac{2}{3}} = \left(\dfrac{16}{9}\right)^{-\frac{1}{2}} = \left(\dfrac{4}{3}\right)^{-1} = \dfrac{3}{4}.$

指数が無理数の場合にも累乗の意味を定めることができる．例えば，$a > 0$ と $\sqrt{3} = 1.732\cdots$ に対して，$a^1, a^{1.7}, a^{1.73}, a^{1.732}, \ldots$ を考えるとこれらはすべて指数が有理数である数である．これらの数は指数の値が $\sqrt{3}$ に近づくにつれて一定の値に近づいていき，その値を $a^{\sqrt{3}}$ と定める．

一般に，$a > 0$ のとき，すべての実数 x に対して a^x の値を定めることができる．そのため，上記の指数法則は r, s が実数のときでも成立する．

7.2 指数関数

$a > 0$, $a \neq 1$ のとき，関数 $y = a^x$ を，a を**底**とする x の**指数関数**という．$a > 1$ のときと $0 < a < 1$ のときで関数 $y = a^x$ のグラフの概形は異なり，以下のような性質をもつ．

指数関数 $y = a^x$ の性質

(1)　点 $(0, 1)$, $(1, a)$ を通り，漸近線が x 軸の曲線である．

(2)　定義域は実数全体，値域は正の数全体である．

(3)　$a > 1$ のとき，x の値が増加すると y の値も増加する．

$$p < q \iff a^p < a^q$$

$0 < a < 1$ のとき，x の値が増加すると y の値は減少する．

$$p < q \iff a^p > a^q$$

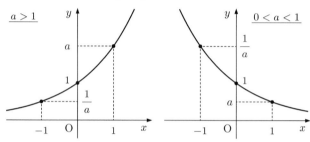

例題 7.1　$y = 2^x$ のグラフを x 軸方向に 2 だけ平行移動したグラフの概形をかけ．

解　考えるグラフの関数は x を $x - 2$ とした関数 $y = 2^{x-2}$ である．グラフは下の図のように得られる．

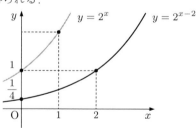

例題 7.2　$\sqrt[5]{16}$, $\sqrt[7]{64}$ の大小を比較せよ．

解　$\sqrt[5]{16} = \sqrt[5]{2^4} = 2^{\frac{4}{5}}$，$\sqrt[7]{64} = \sqrt[7]{2^6} = 2^{\frac{6}{7}}$. このとき，底は 2 (> 1)，$\dfrac{4}{5} < \dfrac{6}{7}$ より $2^{\frac{4}{5}} < 2^{\frac{6}{7}}$. すなわち，$\sqrt[5]{16} < \sqrt[7]{64}$.

7.3 対数とその性質

$a > 0$, $a \neq 1$ のとき，任意の正の数 M に対して $a^p = M$ となる実数 p がただ 1 つ定まる．この p を，a を底とする M の**対数**といい，$\log_a M$ と表す．また，M をこの対数の**真数**という．

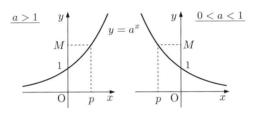

以上により，$a > 0$, $a \neq 1$, $M > 0$ のとき，次のことがわかる．

$$a^p = M \iff p = \log_a M$$

ここで，$a^1 = a$, $a^0 = 1$, $a^{-1} = \dfrac{1}{a}$ より，

$$\log_a a = 1, \quad \log_a 1 = 0, \quad \log_a \frac{1}{a} = -1$$

が成立する．また，指数法則を用いると，次のような対数の性質が得られる．

対数の性質

$a > 0$, $a \neq 1$, $M > 0$, $N > 0$ とし，k が実数のとき

(1) $\log_a MN = \log_a M + \log_a N$

(2) $\log_a \dfrac{M}{N} = \log_a M - \log_a N$

(3) $\log_a M^k = k \log_a M$

証明 (1) $p = \log_a M$, $q = \log_a N$ とすると $M = a^p$, $N = a^q$.
よって，$MN = a^p a^q = a^{p+q}$ より $\log_a MN = p + q = \log_a M + \log_a N$.

(2) (1) と同様に $M = a^p$, $N = a^q$. よって，$\dfrac{M}{N} = \dfrac{a^p}{a^q} = a^{p-q}$ より

$$\log_a \frac{M}{N} = p - q = \log_a M - \log_a N.$$

(3) $p = \log_a M$ とすると $M = a^p$ より $M^k = a^{kp}$. よって，

$$\log_a M^k = kp = k \log_a M.$$

対数の性質について，(2) で $M = 1$，(3) で $k = \dfrac{1}{n}$ とおくと，次のことが成立する.

$$\log_a \frac{1}{N} = \log_a N^{-1} = -\log_a N, \quad \log_a \sqrt[n]{M} = \log_a M^{\frac{1}{n}} = \frac{1}{n} \log_a M.$$

例 7.6

(1)　$\log_{10} 2 + \log_{10} 5 = \log_{10}(2 \times 5) = \log_{10} 10 = 1.$

(2)　$\log_5 75 - \log_5 3 = \log_5 \dfrac{75}{3} = \log_5 25 = \log_5 5^2 = 2.$

(3)　$4 \log_2 \sqrt{3} - \log_2 18 = \log_2 (\sqrt{3})^4 - \log_2 18 = \log_2 9 - \log_2 18 = \log_2 \dfrac{9}{18}$

　　　$= \log_2 \dfrac{1}{2} = \log_2 2^{-1} = -1.$

底の変換公式

a, b, c は正の実数で，$a \neq 1$，$c \neq 1$ のとき $\log_a b = \dfrac{\log_c b}{\log_c a}$.

特に，$b \neq 1$ のとき $\log_a b = \dfrac{1}{\log_b a}$.

証明　$\log_a b = p$ とすると $a^p = b$ であり，c を底とする両辺の対数をとると $\log_c a^p = \log_c b$. このとき，対数の性質 (3) より

$$p \log_c a = \log_c b \tag{I.7.1}$$

ここで，$a \neq 1$ より $\log_c a \neq \log_c 1$，すなわち $\log_c a \neq 0$ であるから $\log_a b = p = \dfrac{\log_c b}{\log_c a}$. 特に，$c = b$ とおくと

$$\log_a b = \frac{\log_c b}{\log_c a} = \frac{\log_b b}{\log_b a} = \frac{1}{\log_b a}.$$

例 7.7

(1)　$\log_8 16 = \dfrac{\log_2 16}{\log_2 8} = \dfrac{\log_2 2^4}{\log_2 2^3} = \dfrac{4}{3}.$

(2)　$\log_3 4 \cdot \log_4 9 = \log_3 4 \times \dfrac{\log_3 9}{\log_3 4} = \log_3 9 = \log_3 3^2 = 2.$

上記の証明での関係式 (I.7.1) より $\log_c a \cdot \log_a b = \log_c b$ が成立する.

例 7.8　$\log_3 7 \cdot \log_7 81 = \log_3 81 = \log_3 3^4 = 4.$

7.4 常用対数

10 を底とする対数を**常用対数**という．これは普段用いている 10 進法で表した数の対数計算に利用される．たとえば，溶液の酸性や塩基性の程度を表す水素イオン濃度 ph の計算などに用いられている．

常用対数による整数と小数の判定

N を正の数とするとき，次が成立する．

(1) N の整数部分が n 桁 $\iff 10^{n-1} \leq N < 10^n$

$\iff n - 1 \leq \log_{10} N < n$

(2) N は小数第 n 位に初めて 0 でない数字が現れる

$\iff 10^{-n} \leq N < 10^{-(n-1)} \iff -n \leq \log_{10} N < -(n-1)$.

例題 7.3 2^{10} は何桁の整数か．ただし，$\log_{10} 2 = 0.3010$ とする．

解 $\log_{10} 2^{10} = 10 \log_{10} 2 = 10 \times 0.3010 = 3.010$ より $3 < \log_{10} 2^{10} < 4$.
よって，$10^3 < 2^{10} < 10^4$.
したがって，2^{10} は 4 桁の整数である．(実際に，$2^{10} = 1024$ であり，$1000 < 1024 < 10000$ すなわち，$10^3 < 2^{10} < 10^4$ であることが分かる．)

例題 7.4 $\left(\dfrac{1}{6}\right)^{10}$ を小数で表すと，小数第何位に初めて 0 でない数字が現れるか．ただし，$\log_{10} 2 = 0.3010, \log_{10} 3 = 0.4771$ とする．

解 $\log_{10} \left(\dfrac{1}{6}\right)^{10} = -10 \log_{10} 6 = -10(0.3010 + 0.4771) = -7.781$ より
$-8 < \log_{10} \left(\dfrac{1}{6}\right)^{10} < -7$. よって，$10^{-8} < \left(\dfrac{1}{6}\right)^{10} < 10^{-7}$.
したがって，小数第 8 位に初めて 0 でない数字が現れる．

7.5 対数関数

$a > 0, a \neq 1$ のとき，関数 $y = \log_a x$ を，a を底とする x の**対数関数**という．指数関数の場合と同様に，$a > 1$ のときと $0 < a < 1$ のときで関数 $y = \log_a x$ の

グラフの概形は異なり，以下のような性質をもつ．

対数関数 $y = \log_a x$ の性質

(1)　点 $(1, 0)$, $(a, 1)$ を通り，漸近線が y 軸の曲線である．

(2)　定義域は正の数全体，値域は実数全体である．

(3)　$a > 1$ のとき，x の値が増加すると y の値も増加する．

$$0 < p < q \iff \log_a p < \log_a q.$$

$0 < a < 1$ のとき，x の値が増加すると y の値は減少する．

$$0 < p < q \iff \log_a p > \log_a q.$$

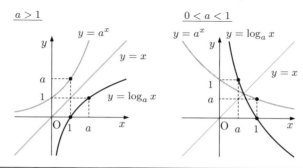

例題 7.5　$\log_3 2$, $\log_9 6$, $\dfrac{1}{2}$ の大小を比較せよ．

解

$$\log_9 6 = \frac{\log_3 6}{\log_3 9} = \frac{\log_3 6}{2\log_3 3} = \frac{1}{2}\log_3 6 = \log_3 \sqrt{6},$$

$$\frac{1}{2} = \frac{1}{2} \cdot 1 = \frac{1}{2}\log_3 3 = \log_3 \sqrt{3},$$

$$\log_3 2 = \log_3 \sqrt{4}.$$

このとき，底は $3\ (> 1)$, $\sqrt{3} < \sqrt{4} < \sqrt{6}$ より $\log_3 \sqrt{3} < \log_3 \sqrt{4} < \log_3 \sqrt{6}$.
すなわち，$\dfrac{1}{2} < \log_3 2 < \log_9 6$.

7.6 指数関数と対数関数を含む方程式, 不等式

指数を含む方程式や不等式を**指数方程式**, **指数不等式**ということがある. また, 対数を含む方程式や不等式についても同様に, **対数方程式**, **対数不等式**ということがある.

例題 7.6 次の方程式, 不等式を解け.

(1) $9^x - 3^x = 6$ 　　　(2) $2\log_2(2-x) = \log_2 x$

(3) $\log_2 x < 3$ 　　　(4) $4^x + 2^x - 20 > 0$

(5) $2\log_2(2-x) \geq \log_2 x$

解

(1) $3^x = t$ とおくと, $t > 0$ であり $t^2 - t - 6 = 0$. これより, $(t+2)(t-3) = 0$. $t > 0$ より $t = 3$. すなわち, $3^x = 3$. よって, $x = 1$.

(2) 真数は正であるから, $2 - x > 0$ かつ $x > 0$ より $0 < x < 2$ $\cdots$ ①
ここで, $\log_2(2-x)^2 = \log_2 x$ より $(2-x)^2 = x$ すなわち $x^2 - 4x + 4 = x$ より $(x-1)(x-4) = 0$. よって, ① より $x = 1$.

(3) 真数は正であるから, $x > 0$ $\cdots$ ①. $\log_2 x < 3$ より $\log_2 x < \log_2 2^3$ であり, 底 2 は 1 より大きいから $x < 8$. よって, ① より $0 < x < 8$.

(4) $2^x = t$ とおくと, $t > 0$ であり $t^2 + t - 20 > 0$.
これより, $(t+5)(t-4) > 0$. $t + 5 > 0$ より $t - 4 > 0$ すなわち $t > 4$. よって, $2^x > 2^2$. したがって, 底 2 は 1 より大きいから $x > 2$.

(5) 真数は正であるから, $2 - x > 0$ かつ $x > 0$ より $0 < x < 2$ $\cdots$ ①
底 2 は 1 より大きいから $\log_2(2-x)^2 \geq \log_2 x$ より $(2-x)^2 \geq x$. 整理して $x^2 - 5x + 4 \geq 0$ すなわち $(x-1)(x-4) \geq 0$. よって, $x \leq 1, \ 4 \leq x$ $\cdots$ ②. したがって, ①, ② より $0 < x \leq 1$.

演習問題

7.1 (1) $\sim$ (3) は $\log_a M = p$ の形に, (4) $\sim$ (6) は $a^p = M$ の形にせよ.

(1) $81 = 9^2$ 　　　(2) $\dfrac{1}{2} = 8^{-\frac{1}{3}}$ 　　　(3) $1 = 2^0$

(4) $\log_2 8 = 3$ 　　　(5) $\log_3 \sqrt{3} = \dfrac{1}{2}$ 　　　(6) $\log_5 1 = 0$

7.2　次の式を計算せよ．ただし，$a > 0, b > 0$ とする．

(1)　$5^{\frac{1}{3}} \times 5^{-\frac{3}{2}} \div 5^{-\frac{1}{6}}$

(2)　$(243^{-\frac{2}{3}})^{\frac{3}{5}}$

(3)　$\sqrt[3]{a} \div \sqrt{a} \div \sqrt[6]{a^5}$

(4)　$\sqrt{a^3} \div \sqrt[3]{b^2} \times \sqrt[6]{\dfrac{b^2}{a}} \div \sqrt[3]{\dfrac{a}{b^4}}$

(5)　$(a^{\frac{1}{2}} + b^{-\frac{1}{2}})(a^{\frac{1}{4}} + b^{-\frac{1}{4}})(a^{\frac{1}{4}} - b^{-\frac{1}{4}})$

7.3　次の対数の値を求めよ．

(1)　$\log_2 32$

(2)　$\log_{10} \dfrac{1}{1000}$

(3)　$\log_{0.5} 4$

(4)　$\log_{\frac{1}{3}} \sqrt{243}$

(5)　$\log_4 3 \cdot \log_3 8$

7.4　次の大小を比較せよ．ただし，$0 < a < b$ とする．

(1)　$\sqrt{2},\ \sqrt[3]{3},\ \sqrt[6]{6}$

(2)　$2,\ \log_4 9,\ \log_2 5$

(3)　$\sqrt[3]{\dfrac{1}{4}},\ \dfrac{1}{\sqrt{2}},\ \sqrt[4]{\dfrac{1}{8}}$

(4)　$a^a b^b,\ a^b b^a$

7.5　次の式を簡単にせよ．

(1)　$\log_{0.2} 125$

(2)　$\log_9 \dfrac{9}{5} + 2\log_9 \sqrt{15}$

(3)　$\dfrac{1}{2} \log_{10} \dfrac{5}{6} + \log_{10} \sqrt{7.5} + \dfrac{1}{2} \log_{10} 1.6$

(4)　$16^{\log_2 3}$

7.6　次の指数方程式または対数方程式を解け．

(1)　$3^{x+2} = 27$

(2)　$9^x - 2 \cdot 3^{x+1} - 27 = 0$

(3)　$\log_2 x + \log_2 (x - 7) = 3$

7.7　$a > 0, a^{\frac{1}{3}} + a^{-\frac{1}{3}} = \sqrt{7}$ のとき，$a + a^{-1}$ の値を求めよ．

7.8　関数 $y = 4^{x+1} - 2^{x+2} + 2\ (-2 \le x \le 2)$ の最大値，最小値を求めよ．

7.9　あるガラス板を 1 枚通過するごとに，光線はその強さの 1 割を失う．このガラス板を何枚以上重ねると，これを通過してきた光線の強さが，もとの強さの半分以下になるか求めよ．ただし，$\log_{10} 2 = 0.3010, \log_{10} 3 = 0.4771$ とする．

7.10　$\left(\dfrac{1}{3}\right)^{20}$ を小数で表すと，小数第何位に初めて 0 でない数字が現れるか．ただし，$\log_{10} 3 = 0.4771$ とする．

8 三角関数

8.1 三角比

図 8.1 の直角三角形において

$$\sin\theta = \frac{y}{r}, \quad \cos\theta = \frac{x}{r}, \quad \tan\theta = \frac{y}{x}$$

と定める．これらをそれぞれ角 θ の**正弦** (sine)，**余弦** (cosine)，**正接** (tangent) といい，まとめて**三角比**という．また，上記の式を変形すると

$$y = r\sin\theta, \quad x = r\cos\theta, \quad y = x\tan\theta$$

これらの式から，以下の関係式が成立する．

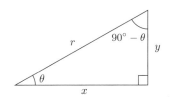

図 8.1　直角三角形

三角比の相互関係

(1)　$\tan\theta = \dfrac{\sin\theta}{\cos\theta}$　　　　　(2)　$\sin^2\theta + \cos^2\theta = 1$

(3)　$1 + \tan^2\theta = \dfrac{1}{\cos^2\theta}$

証明　(1)　$y = r\sin\theta$, $x = r\cos\theta$ より $\tan\theta = \dfrac{y}{x} = \dfrac{r\sin\theta}{r\cos\theta} = \dfrac{\sin\theta}{\cos\theta}$.

(2)　図 8.1 の直角三角形において，三平方の定理より $x^2 + y^2 = r^2$ となるから，$(r\cos\theta)^2 + (r\sin\theta)^2 = r^2$. よって，両辺を r^2 で割れば，$\sin^2\theta + \cos^2\theta = 1$.

(3)　$\sin^2\theta + \cos^2\theta = 1$ の両辺を $\cos^2\theta$ で割ると，$\dfrac{\sin^2\theta}{\cos^2\theta} + 1 = \dfrac{1}{\cos^2\theta}$. よって，$1 + \tan^2\theta = \dfrac{1}{\cos^2\theta}$.

上記の三角形の見方を変え，角 $90° - \theta$ の三角比を考えると，以下の関係式が成立する．

$$\sin(90° - \theta) = \frac{x}{r} = \cos\theta, \quad \cos(90° - \theta) = \frac{y}{r} = \sin\theta,$$

$$\tan(90° - \theta) = \frac{x}{y} = \frac{1}{\tan\theta}.$$

ここで，座標を用いて三角比の定義を拡張する．右図のように，原点 O を中心とする半径 r の半円をかき，この半円と x 軸の正の部分の交点を A とする．半円周上に $\angle \mathrm{AOP} = \theta$ となる点 $\mathrm{P}(x, y)$ をとると，θ が鋭角のとき，鋭角の三角比の定義から

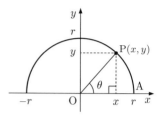

$$\sin\theta = \frac{y}{r}, \quad \cos\theta = \frac{x}{r}, \quad \tan\theta = \frac{y}{x}. \tag{I.8.1}$$

よって，$90° \le \theta \le 180°$ である角 θ についても同様に定義すれば，次が成立する．

$180° - \theta$ の三角比

(1)　$\sin(180° - \theta) = \sin\theta$ 　　　　(2)　$\cos(180° - \theta) = -\cos\theta$

(3)　$\tan(180° - \theta) = -\tan\theta$

8.2　正弦定理と余弦定理

三角比に関するよく知られた定理である正弦定理と余弦定理を紹介する．

正弦定理

△ABC の外接円の半径を R とすると

$$\frac{a}{\sin \mathrm{A}} = \frac{b}{\sin \mathrm{B}} = \frac{c}{\sin \mathrm{C}} = 2R.$$

証明　省略．

正弦定理を変形すると，$a = 2R\sin \mathrm{A}$, $b = 2R\sin \mathrm{B}$, $c = 2R\sin \mathrm{C}$ より $a : b : c = \sin \mathrm{A} : \sin \mathrm{B} : \sin \mathrm{C}$.

余弦定理

$\triangle ABC$ において $a^2 = b^2 + c^2 - 2bc\cos A$, $b^2 = c^2 + a^2 - 2ca\cos B$, $c^2 = a^2 + b^2 - 2ab\cos C$.

証明　省略.

余弦定理を変形すると，$\cos A = \dfrac{b^2 + c^2 - a^2}{2bc}$, $\cos B = \dfrac{c^2 + a^2 - b^2}{2ca}$, $\cos C = \dfrac{a^2 + b^2 - c^2}{2ab}$.

例題 8.1　$\triangle ABC$ において，$a = 6$, $A = 30°$ のとき，外接円の半径 R を求めよ.

解　正弦定理より $\dfrac{a}{\sin A} = 2R$ であるから，$\dfrac{6}{\sin 30°} = 2R$ より

$$R = \frac{6}{2\sin 30°} = \frac{6}{2 \times \frac{1}{2}} = 6.$$

例題 8.2　$\triangle ABC$ において，$b = 2$, $c = \sqrt{3} + 1$, $A = 60°$ のとき，a, B, C を求めよ.

解　余弦定理より

$$a^2 = b^2 + c^2 - 2bc\cos A = 2^2 + (\sqrt{3}+1)^2 - 2 \cdot 2 \cdot (\sqrt{3}+1)\cos 60°$$
$$= 4 + (3 + 2\sqrt{3} + 1) - 2 \cdot 2 \cdot (\sqrt{3}+1) \cdot \frac{1}{2} = 6.$$

よって，$a > 0$ より $a = \sqrt{6}$.

また，余弦定理より

$$\cos B = \frac{c^2 + a^2 - b^2}{2ca} = \frac{(\sqrt{3}+1)^2 + (\sqrt{6})^2 - 2^2}{2 \cdot (\sqrt{3}+1) \cdot \sqrt{6}}$$
$$= \frac{2(3+\sqrt{3})}{2\sqrt{6}(\sqrt{3}+1)} = \frac{1}{\sqrt{2}}.$$

これより B $= 45°$. よって，C $= 180° - (60° + 45°) = 75°$. したがって，$a = \sqrt{6}$, B $= 45°$, C $= 75°$.

例題 8.3　△ABC において, $a = 5$, $b = 6$, $c = 7$ のとき, この三角形の面積 S を求めよ.

解　余弦定理より $\cos A = \dfrac{6^2 + 7^2 - 5^2}{2 \cdot 6 \cdot 7} = \dfrac{5}{7}$.

$\sin A > 0$ であるから $\sin A = \sqrt{1 - \cos^2 A} = \sqrt{1 - \left(\dfrac{5}{7}\right)^2} = \dfrac{2\sqrt{6}}{7}$.

したがって, $S = \dfrac{1}{2}\, bc \sin A = \dfrac{1}{2} \cdot 6 \cdot 7 \cdot \dfrac{2\sqrt{6}}{7} = 6\sqrt{6}$.

例題 8.4　△ABC において, その面積を S, $2s = a + b + c$ とするとき, S を a, b, c, s を用いて表せ.

解　余弦定理より $\cos A = \dfrac{b^2 + c^2 - a^2}{2bc}$ であるから

$$\sin^2 A = 1 - \cos^2 A = (1 + \cos A)(1 - \cos A)$$

$$= \left(1 + \frac{b^2 + c^2 - a^2}{2bc}\right)\left(1 - \frac{b^2 + c^2 - a^2}{2bc}\right)$$

$$= \frac{2bc + (b^2 + c^2 - a^2)}{2bc} \cdot \frac{2bc - (b^2 + c^2 - a^2)}{2bc}$$

$$= \frac{\{(b+c)^2 - a^2\}\{a^2 - (b-c)^2\}}{4(bc)^2}$$

$$= \frac{(b+c+a)(b+c-a)(a+b-c)(a-b+c)}{4(bc)^2}$$

$$= \frac{2s \cdot 2(s-a) \cdot 2(s-c) \cdot 2(s-b)}{4(bc)^2}$$

$$= \frac{4s(s-a)(s-b)(s-c)}{(bc)^2}$$

したがって, $\sin A > 0$ であるから,

$$S = \frac{1}{2}\, bc \sin A = \frac{1}{2}\, bc \cdot \frac{2\sqrt{s(s-a)(s-b)(s-c)}}{bc}$$
$$= \sqrt{s(s-a)(s-b)(s-c)}.$$

上記の**例題 8.4** で得られた等式

$$S = \sqrt{s(s-a)(s-b)(s-c)}$$

をヘロンの公式という．例題 8.3 にヘロンの公式を適用すると，$s = 9$ より

$$S = \sqrt{9 \cdot (9-5) \cdot (9-6) \cdot (9-7)} = \sqrt{9 \cdot 4 \cdot 3 \cdot 2} = 6\sqrt{6}.$$

8.3 三角関数

　平面上で，点 O を中心として半直線 OP を回転させるとき，この OP を**動径**，最初の位置を示す半直線 OX を**始線**という．OP と OX のなす角の 1 つを α とするとき，

$$\theta = \alpha + 360° \times n \quad (n \in \mathbb{Z})$$

を動径 OP の表す**一般角**という．

　動径の回転には 2 つの向きがあり，反時計回りの向きを**正の向き**，時計回りの向きを**負の向き**という．また，正の向きの回転の角を**正の角**，負の向きの回転の角を**負の角**という．

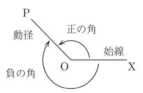

図 8.2　正の角，負の角

　半径 r の円で，r と同じ長さの弧に対する中心角の大きさは一定である．この角の大きさを **1 ラジアン** (rad) といい，1rad を単位とする角の表し方を**弧度法**という．半径 1 の円の半円の弧の長さは π であるから

$$180° = \pi \text{ rad} \quad \text{すなわち} \quad a° = \frac{\pi}{180}a \text{ rad}$$

と定める．特に，弧度法では単位 rad を省略する．

　一般の角についても，三角比の式 (I.8.1) を用いて定義を拡張する．これを**三角関数**という．その際，三角関数の値の符号は，その角の動径がどの象限にあるかで決まることに注意する．それを図示すると，図 8.3 のようになる．

sin θ の符号 cos θ の符号 tan θ の符号

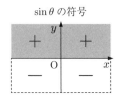 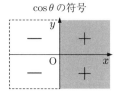 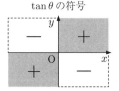

図 8.3 三角関数の値の符号

　ここで，原点を中心とする半径 1 の円を**単位円**という．単位円を用いると，三角関数の値の範囲が $-1 \leq \sin\theta \leq 1$, $-1 \leq \cos\theta \leq 1$, $\tan\theta$ は実数全体であることが分かる．具体的な角 θ の表は第 I 部最後の表 I-1 を参照すること．ただし，$\theta = \dfrac{\pi}{2} + n\pi \ (n \in \mathbb{Z})$ のとき，$\tan\theta$ は定義されない．

8.4　三角関数の性質とグラフ

三角関数の性質 ───────────────

(1)　$\sin(-\theta) = -\sin\theta,\quad \cos(-\theta) = \cos\theta,\quad \tan(-\theta) = -\tan\theta$

(2)　$\sin(\theta+\pi) = -\sin\theta,\quad \cos(\theta+\pi) = -\cos\theta,\quad \tan(\theta+\pi) = \tan\theta$

(3)　$\sin\left(\theta + \dfrac{\pi}{2}\right) = \cos\theta,\quad \cos\left(\theta + \dfrac{\pi}{2}\right) = -\sin\theta,$

　　　$\tan\left(\theta + \dfrac{\pi}{2}\right) = -\dfrac{1}{\tan\theta}$

(4)　$\sin(\pi-\theta) = \sin\theta,\quad \cos(\pi-\theta) = -\cos\theta,\quad \tan(\pi-\theta) = -\tan\theta$

(5)　$\sin\left(\dfrac{\pi}{2} - \theta\right) = \cos\theta,\quad \cos\left(\dfrac{\pi}{2} - \theta\right) = \sin\theta,$

　　　$\tan\left(\dfrac{\pi}{2} - \theta\right) = \dfrac{1}{\tan\theta}$

(6)　$\sin(\theta+2n\pi) = \sin\theta,\quad \cos(\theta+2n\pi) = \cos\theta,$

　　　$\tan(\theta+2n\pi) = \tan\theta \quad (n \in \mathbb{Z})$

証明　(1)　角 θ, $-\theta$ の動径と単位円の交点をそれぞれ P, Q とすると，2 点 P, Q の座標は

$$\mathrm{P}(\cos\theta, \sin\theta), \quad \mathrm{Q}(\cos(-\theta), \sin(-\theta))$$

である．2 点 P, Q は x 軸に関して対称であるから，P の座標を (a,b) とすると，Q の座標は $(a,-b)$ となる．

(2)　角 θ, $\theta+\pi$ の動径と単位円の交点をそれぞれ P, Q とすると，2 点 P, Q の

座標は

$$P(\cos\theta, \sin\theta), \quad Q(\cos(\theta+\pi), \sin(\theta+\pi))$$

である．2点 P, Q は原点に関して対称であるから，P の座標を (a, b) とすると，Q の座標は $(-a, -b)$ となる．

(3) 角 θ, $\theta + \dfrac{\pi}{2}$ の動径と単位円の交点をそれぞれ P, Q とすると，2点 P, Q の座標は

$$P(\cos\theta, \sin\theta), \quad Q\left(\cos\left(\theta+\frac{\pi}{2}\right), \sin\left(\theta+\frac{\pi}{2}\right)\right)$$

である．動径 OP を $\dfrac{\pi}{2}$ だけ回転した位置に動径 OQ があるから，P の座標を (a, b) とすると，Q の座標は $(-b, a)$ となる．

(4), (5) (2) と (3) において，θ を $-\theta$ とすると得られる．

(6) $n \in \mathbb{Z}$ のとき，角 $\theta + 2n\pi$ の動径は角 θ の動径と一致する．

例 8.1

(1) $\sin\dfrac{25}{6}\pi = \sin\left(\dfrac{\pi}{6} + 4\pi\right) = \sin\dfrac{\pi}{6} = \dfrac{1}{2}$．

(2) $\sin\left(-\dfrac{\pi}{4}\right) = -\sin\dfrac{\pi}{4} = -\dfrac{1}{\sqrt{2}}$．

(3) $\sin\dfrac{7}{6}\pi = \sin\left(\dfrac{\pi}{6} + \pi\right) = -\sin\dfrac{\pi}{6} = -\dfrac{1}{2}$．

(4) $\sin\left(-\dfrac{5}{4}\pi\right) = \sin\left(\dfrac{3}{4}\pi - 2\pi\right) = \sin\dfrac{3}{4}\pi = \dfrac{1}{\sqrt{2}}$．

角 θ の動径と単位円の交点を $P(a, b)$ とすると，$\sin\theta = b$, $\cos\theta = a$ となる．これを用いて，関数 $y = \sin\theta$, $y = \cos\theta$ のグラフをかくことができる．また，単位円の周上の点 $A(1, 0)$ における接線と直線 OP の交点を $T(1, m)$ とすると，$\tan\theta = m$ となる．これにより，関数 $y = \tan\theta$ のグラフをかくことができる．

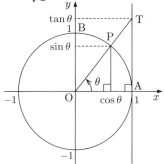

$y = \sin\theta$, $y = \cos\theta$ のグラフを**正弦曲線**，$y = \tan\theta$ のグラフを**正接曲線**という．ここで，図 8.4, 8.5 より，$y = \sin x$, $y = \tan x$ は奇関数，$y = \cos x$ は偶関数であることが分かる．

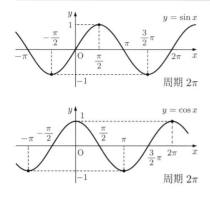

図 8.4　正弦曲線

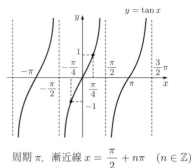

図 8.5　正接曲線

　関数 $f(x)$ において，0 でない定数 p があり，等式 $f(x+p) = f(x)$ が任意の x の値に対して成立するとき，$f(x)$ は p を**周期**とする**周期関数**であるという．ここで，$f(x+2p) = f(x+3p) = \cdots = f(x)$ より $2p, 3p, \ldots$ も周期であり，周期関数の周期は無数に存在する．そのため，以降では，正のうち最小のものを周期と定義する．これより，$y = \sin\theta, y = \cos\theta$ は 2π を，$y = \tan\theta$ は π を周期とする周期関数であるということができる．また，正の定数 k に対して $f(x) = \sin kx$ とすると

$$\sin(kx + 2\pi) = \sin k\left(x + \frac{2\pi}{k}\right) = f\left(x + \frac{2\pi}{k}\right)$$

であるから $y = \sin kx$ の周期は $\dfrac{2\pi}{k}$ であることが分かる．同様にして，以下のことが得られる．

三角関数のグラフの特徴

　k が正の定数のとき，関数 $y = \sin kx$ と $y = \cos kx$ の周期は $\dfrac{2\pi}{k}$ であり，関数 $y = \tan kx$ の周期は $\dfrac{\pi}{k}$ である．

例題 8.5　$0 \le \theta < 2\pi$ のとき，次の方程式を解け．また，一般角も求めよ．

(1)　$\sin\theta = -\dfrac{\sqrt{3}}{2}$ 　　　　　　　　　(2)　$\tan\theta = 1$

解

(1) $\theta = \dfrac{4}{3}\pi, \dfrac{5}{3}\pi$. 一般角は $\theta = \dfrac{4}{3}\pi + 2n\pi, \dfrac{5}{3}\pi + 2n\pi \ (n \in \mathbb{Z})$.

(2) $\theta = \dfrac{\pi}{4}, \dfrac{5}{4}\pi$. 一般角は $\theta = \dfrac{\pi}{4}\pi + n\pi \ (n \in \mathbb{Z})$.

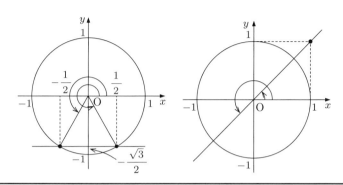

8.5 加法定理とその応用

三角関数の公式の多くは三角比の相互関係や次の加法定理から導かれる.

加法定理

(1) $\sin(\alpha \pm \beta) = \sin\alpha\cos\beta \pm \cos\alpha\sin\beta$

(2) $\cos(\alpha \pm \beta) = \cos\alpha\cos\beta \mp \sin\alpha\sin\beta$

(3) $\tan(\alpha \pm \beta) = \dfrac{\tan\alpha \pm \tan\beta}{1 \mp \tan\alpha\tan\beta}$

証明 (2) 図 8.6 において,角 $\alpha + \beta$ の動径と単位円の交点を P とすると,P$(\cos(\alpha+\beta), \sin(\alpha+\beta))$ であり,**2 点間の距離**の公式より

$$\mathrm{AP}^2 = \{\cos(\alpha+\beta) - 1\}^2 + \sin^2(\alpha+\beta) = 2 - 2\cos(\alpha+\beta).$$

次に,2 点 P, A を原点を中心として $-\alpha$ だけ回転させた点を,それぞれ Q, R とすると,AP = RQ となり,Q$(\cos\beta, \sin\beta)$, R$(\cos\alpha, -\sin\alpha)$. 2 点間の距離の公式より

$$\mathrm{RQ}^2 = (\cos\beta - \cos\alpha)^2 + (\sin\beta + \sin\alpha)^2 = 2 - 2(\cos\alpha\cos\beta - \sin\alpha\sin\beta).$$

よって,$\mathrm{AP}^2 = \mathrm{RQ}^2$ より

$$2 - 2\cos(\alpha+\beta) = 2 - 2(\cos\alpha\cos\beta - \sin\alpha\sin\beta)$$

すなわち，$\cos(\alpha + \beta) = \cos\alpha\cos\beta - \sin\alpha\sin\beta$. また，証明した等式の両辺の β を $-\beta$ に置き換えると $\cos(\alpha - \beta) = \cos\alpha\cos\beta + \sin\alpha\sin\beta$.

(1) (2) の等式の両辺の α をそれぞれ $\dfrac{\pi}{2} - \alpha$ に置き換えると得られる．

(3) $\tan(\alpha \pm \beta) = \dfrac{\sin(\alpha \pm \beta)}{\cos(\alpha \pm \beta)}$ より (1), (2) を代入し整理すると得られる． ∎

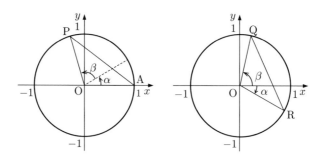

図 8.6　加法定理

　ここで，加法定理の 3 式

$$\sin(\alpha + \beta) = \sin\alpha\cos\beta + \cos\alpha\sin\beta,$$

$$\cos(\alpha + \beta) = \cos\alpha\cos\beta - \sin\alpha\sin\beta,$$

$$\tan(\alpha + \beta) = \frac{\tan\alpha + \tan\beta}{1 - \tan\alpha\tan\beta}$$

において，$\alpha = \beta$ とすると，次のことが成立する．

---
2 倍角の公式

(1) $\sin 2\alpha = 2\sin\alpha\cos\alpha$

(2) $\cos 2\alpha = \cos^2\alpha - \sin^2\alpha = 1 - 2\sin^2\alpha = 2\cos^2\alpha - 1$

(3) $\tan 2\alpha = \dfrac{2\tan\alpha}{1 - \tan^2\alpha}$

---

　2 倍角の公式 (2) より，$\cos 2\alpha = 1 - 2\sin^2\alpha$, $\cos 2\alpha = 2\cos^2\alpha - 1$ であり，それぞれを変形すると

$$\sin^2\alpha = \frac{1 - \cos 2\alpha}{2}, \quad \cos^2\alpha = \frac{1 + \cos 2\alpha}{2}$$

となる．これより，α を $\dfrac{\alpha}{2}$ に置き換えると，次のことが成立する．

半角の公式

(1) $\sin^2\dfrac{\alpha}{2} = \dfrac{1-\cos\alpha}{2}$ (2) $\cos^2\dfrac{\alpha}{2} = \dfrac{1+\cos\alpha}{2}$

(3) $\tan^2\dfrac{\alpha}{2} = \dfrac{1-\cos\alpha}{1+\cos\alpha}$

例題 8.6 $\dfrac{\pi}{2} < \alpha < \pi$, $\sin\alpha = \dfrac{4}{5}$ のとき，$\sin 2\alpha$ と $\sin\dfrac{\alpha}{2}$ の値を求めよ．

解 $\dfrac{\pi}{2} < \alpha < \pi$ より $\cos\alpha < 0$ であるから

$$\cos\alpha = -\sqrt{1-\sin^2\alpha} = -\sqrt{1-\left(\dfrac{4}{5}\right)^2} = -\dfrac{3}{5}.$$

よって，$\sin 2\alpha = 2\sin\alpha\cos\alpha = 2\cdot\dfrac{4}{5}\cdot\left(-\dfrac{3}{5}\right) = -\dfrac{24}{25}$.

また，$\dfrac{\pi}{2} < \alpha < \pi$ より $\dfrac{\pi}{4} < \dfrac{\alpha}{2} < \dfrac{\pi}{2}$ であるから $\sin\dfrac{\alpha}{2} > 0$.

したがって，$\sin^2\dfrac{\alpha}{2} = \dfrac{1-\cos\alpha}{2} = \dfrac{1}{2}\left(1+\dfrac{3}{5}\right) = \dfrac{4}{5}$ より

$\sin\dfrac{\alpha}{2} = \sqrt{\dfrac{4}{5}} = \dfrac{2\sqrt{5}}{5}$.

加法定理において，和または差をとることにより，以下の積和の公式 (1)〜(4) が得られる．また，(1)〜(4) について，$\alpha+\beta = A$, $\alpha-\beta = B$ とおくと，$\alpha = \dfrac{A+B}{2}$, $\beta = \dfrac{A-B}{2}$ となり，和積の公式 (5)〜(8) が得られる．

積和の公式・和積の公式

(1) $\sin\alpha\cos\beta = \dfrac{1}{2}\{\sin(\alpha+\beta) + \sin(\alpha-\beta)\}$

(2) $\cos\alpha\sin\beta = \dfrac{1}{2}\{\sin(\alpha+\beta) - \sin(\alpha-\beta)\}$

(3) $\cos\alpha\cos\beta = \dfrac{1}{2}\{\cos(\alpha+\beta) + \cos(\alpha-\beta)\}$

(4) $\sin\alpha\sin\beta = -\dfrac{1}{2}\{\cos(\alpha+\beta) - \cos(\alpha-\beta)\}$

(5) $\sin A + \sin B = 2\sin\dfrac{A+B}{2}\cos\dfrac{A-B}{2}$

(6) $\sin A - \sin B = 2\cos\dfrac{A+B}{2}\sin\dfrac{A-B}{2}$

$$(7) \quad \cos A + \cos B = 2 \cos \frac{A + B}{2} \cos \frac{A - B}{2}$$

$$(8) \quad \cos A - \cos B = -2 \sin \frac{A + B}{2} \sin \frac{A - B}{2}$$

例 8.2

(1) $\sin 3\theta \cos 2\theta = \dfrac{1}{2} \{\sin(3\theta + 2\theta) + \sin(3\theta - 2\theta)\} = \dfrac{1}{2} (\sin 5\theta + \sin \theta)$.

(2) $\sin 75° + \sin 15° = 2 \sin \dfrac{75° + 15°}{2} \cos \dfrac{75° - 15°}{2} = 2 \sin 45° \cos 30°$

$= 2 \cdot \dfrac{1}{\sqrt{2}} \cdot \dfrac{\sqrt{3}}{2} = \dfrac{\sqrt{6}}{2}$.

●コラム 1　三角関数の加法定理

　三角関数の加法定理のところでよく $\sin(a + b) = \sin a \cos b + \cos a \sin b$ ではなく，$\sin(a + b) = \sin a + \sin b$ という変形をしてしまう学生がいる．このような現象は $\sin, \cos$ に限らず，$\exp, \log$ 等でも見られる．それまでに習ったことのある式変形の類似を思い起こしてそれを適用してしまうのだと思う．こういった式変形のときは $\sin a$ をみて関数の記法 $f(a)$ を思い出さず，$\sin \times a$ と思ってしまう様である．このようなことは記憶に頼った入出力の繰り返しの訓練をしてきた方に多く見られる現象のようである．これを乗り越えるには基礎的な部分に立ち返って頭に定着するまで三角関数の加法定理，指数・対数法則などの成立の理由を自ら考えるようにしなければならない．このような勉強法は最初のうちは大変な遠回りに感じられるかもしれないが，実は最短の勉強法かもしれない．数学全般に言えることであるが基礎に立ち返って考える癖をつけないと理解していくのがどんどんと難しくなっていく．

演習問題

8.1 △ABC において，次の問に答えよ．

(1) $a = 10$, B $= 60°$, C $= 75°$ のとき，b を求めよ．

(2) $b = 2$, $c = 3$, A $= 60°$ のとき，a を求めよ．

(3) $\sin A : \sin B : \sin C = 7 : 5 : 3$ のとき，最も大きい角の大きさを求めよ．

(4) $b = 4$, $c = 7$, A $= 45°$ のとき，△ABC の面積 S を求めよ．

8.2 次の角について，度数法は弧度法で，弧度法は度数法で表せ．

(1) $15°$ (2) $-\dfrac{5}{2}\pi$ (3) $-\dfrac{8}{5}\pi$

8.3 次の値を求めよ．ただし，(4) と (5) は加法定理，(6) は半角の公式を用いて求めよ．

(1) $\sin\dfrac{8}{3}\pi$ (2) $\cos\dfrac{13}{2}\pi$ (3) $\tan\dfrac{17}{4}\pi$

(4) $\cos 165°$ (5) $\cos\dfrac{5}{12}\pi$ (6) $\tan\dfrac{3}{8}\pi$

8.4 $\pi < \theta < \dfrac{3}{2}\pi$ とする．$\cos\theta = -\dfrac{5}{13}$ のとき，$\sin\theta$ と $\tan\theta$ の値を求めよ．

8.5 $0 \leq \theta < 2\pi$ のとき，次の方程式を解け．また，一般角を求めよ．

(1) $2\sin\theta - 1 = 0$ (2) $\tan\theta + \sqrt{3} = 0$ (3) $2\cos\theta + \sqrt{2} = 0$

8.6 $\dfrac{\pi}{2} < \theta < \pi,\ \sin\theta = \dfrac{3}{5}$ のとき，次の値を求めよ．

(1) $\cos 2\theta$ (2) $\sin 2\theta$ (3) $\tan\dfrac{\theta}{2}$

8.7 $\sin\theta + \cos\theta = a$ のとき，次の式の値を a を用いて表せ．

(1) $\dfrac{1}{2}\sin 2\theta$ (2) $\sin^3\theta + \cos^3\theta$

8.8 次の等式を証明せよ．

(1) $\tan^2\theta + (1 - \tan^4\theta)\cos^2\theta = 1$ (2) $\tan^2\theta - \sin^2\theta = \tan^2\theta\sin^2\theta$

8.9 $\sin\alpha + \sin\beta = \dfrac{1}{2},\ \cos\alpha + \cos\beta = \dfrac{2}{3}$ のとき，$\cos(\alpha - \beta)$ の値を求めよ．

9 数列

9.1 数列

　ある規則に従い数を一列に並べたものを**数列**といい，それぞれの数を**数列の項**という．また，項の個数を**項数**という．項は，順に**初項** (第1項)，第2項，第3項，... といい，n 番目の項を**第 n 項**という．一般に，数列は

$$a_1, \ a_2, \ a_3, \ \ldots, \ a_n, \ \ldots$$

のように表し，$\{a_n\}$ とかくことがある．第 n 項 a_n が n の式で表されるとき，これを数列 $\{a_n\}$ の**一般項**という．項数が有限である数列を**有限数列**といい，最後の項を**末項**という．また，項が限りなく続く数列を**無限数列**という．

例 9.1　一般項が $a_n = 2n - 3$ である数列 $\{a_n\}$ について，初項から第5項まではそれぞれ

$$a_1 = 2 \cdot 1 - 3 = -1, \qquad a_2 = 2 \cdot 2 - 3 = 1, \qquad a_3 = 2 \cdot 3 - 3 = 3,$$
$$a_4 = 2 \cdot 4 - 3 = 5, \qquad a_5 = 2 \cdot 5 - 3 = 7.$$

　例えば，**例 9.1** では $a_n = 2n - 3$ が一般項である．これを用いて $\{2n - 3\}$ と表すこともある．

9.2 等差数列

　初項 a に定数 d を加えて次の項が得られる数列，すなわち，$a, a+d, a+2d, \ldots,$ $a + (n-2)d, a + (n-1)d, a + nd, \ldots$ である数列を**等差数列**という．また，定数 d を**公差**という．

┌─ **等差数列の一般項** ─────────────────────────

　初項 a，公差 d の等差数列 $\{a_n\}$ の一般項は，$a_n = a + (n-1)d$.

└──────────────────────────────────────

例 9.2　初項3，公差5の等差数列 $\{a_n\}$ について，一般項は $a_n = 3 + (n-1) \cdot 5 = 5n - 2$，第10項は $a_{10} = 5 \cdot 10 - 2 = 48$.

例題 9.1 　第 5 項が -5, 第 10 項が 15 である等差数列 $\{a_n\}$ の一般項を求めよ.

解 　数列の初項を a, 公差を d とすると $a_n = a + (n-1)d$.

このとき, 第 5 項が -5 より

$$a + 4d = -5 \quad \cdots \quad ①$$

第 10 項が 15 より

$$a + 9d = 15 \quad \cdots \quad ②$$

② $-$ ① より $5d = 20$ であり, $d = 4$. ① より $a = -21$.

したがって, 一般項は $a_n = -21 + (n-1)\cdot 4 = 4n - 25$.

― 等差数列の和 ―

初項 a, 公差 d, 末項 ℓ, 項数 n の等差数列の和を S_n とすると,

$$S_n = \frac{1}{2}n(a+\ell) = \frac{1}{2}n\{2a + (n-1)d\}.$$

証明 　条件より $\ell = a + (n-1)d$ である. また,

$$S_n = a + (a+d) + (a+2d) + \cdots + (\ell - d) + \ell$$

$$= \ell + (\ell - d) + \cdots + (a + 2d) + (a + d) + a.$$

このとき,

$$2S_n = (a+\ell) + \{(a+d) + (\ell-d)\} + \{(a+2d) + (\ell-2d)\} + \cdots$$

$$+ \{(\ell - d) + (a+d)\} + (\ell + a)$$

$$= (a+\ell) + (a+\ell) + (a+\ell) + \cdots + (a+\ell) + (a+\ell)$$

$$= n(a+\ell).$$

よって,

$$S_n = \frac{1}{2}n(a+\ell) = \frac{1}{2}n\{a + (a + (n-1)d)\} = \frac{1}{2}n\{2a + (n-1)d\}.$$

例 9.3

(1) 初項 3，末項 27，項数 13 の等差数列の和は，$\dfrac{1}{2} \cdot 13(3 + 27) = 195$.

(2) 初項 50，公差 -4，項数 20 の等差数列の和は，

$$\frac{1}{2} \cdot 20 \left\{ 2 \cdot 50 + (20 - 1) \cdot (-4) \right\} = 240.$$

ある等差数列の項が α, β, γ と続くとき，$\beta = \alpha + d$, $\gamma = \beta + d$ より $2\beta = \alpha + \gamma$ となる．このような β を α と γ の**等差中項**という．

例 9.4

(1) 数列 3，β，3β が等差数列であるとき，$2\beta = 3 + 3\beta$ より $\beta = -3$.

(2) 数列 α, 6, 2α が等差数列であるとき，$12 = 3\alpha$ より $\alpha = 4$.

例題 9.2 等差数列をなす 3 数があり，その和は 27，積は 693 である．この 3 数を求めよ．

解 この等差数列をなす 3 数を $\alpha - d$, α, $\alpha + d$ とすると

$(\alpha - d) + \alpha + (\alpha + d) = 27$, $(\alpha - d)\alpha(\alpha + d) = 693$ より

$$3\alpha = 27 \quad \cdots \quad ①, \quad \alpha(\alpha^2 - d^2) = 693 \quad \cdots \quad ②$$

① より $\alpha = 9$ であり，② より $d = \pm 2$. よって，求める 3 数は 9 ∓ 2, 9, 9 ± 2 （複号同順）．したがって，7, 9, 11.

9.3 等比数列

初項 a に定数 r を掛けて次の項が得られる数列，すなわち，a, ar, ar^2, ..., ar^{n-2}, ar^{n-1}, ar^n, ... である数列を**等比数列**という．また，定数 r を**公比**という．

等比数列の一般項

初項 a，公比 r の等比数列 $\{a_n\}$ の一般項は，$a_n = ar^{n-1}$.

例 9.5 初項 2，公比 3 の等比数列 $\{a_n\}$ について，一般項は $a_n = 2 \cdot 3^{n-1}$ であり，第 8 項は $a_8 = 2 \cdot 3^7 = 4374$.

例題 **9.3** 第 2 項が 3, 初項から第 3 項までの和が 13 である等比数列の, 初項 a と公比 r を求めよ.

解 条件より

$$ar = 3 \quad \cdots \quad ①, \quad a + ar + ar^2 = a(1 + r + r^2) = 13 \quad \cdots \quad ②$$

② の両辺に r を掛けると

$$ar(1 + r + r^2) = 13r \quad \cdots \quad ③$$

③ に ① を代入して $3(1 + r + r^2) = 13r$ すなわち $3r^2 - 10r + 3 = 0$.

よって, $(3r - 1)(r - 3) = 0$ より $r = \dfrac{1}{3}$, 3.

このとき, ① より $r = \dfrac{1}{3}$ のとき $a = 9$, $r = 3$ のとき $a = 1$.

したがって, $a = 9, r = \dfrac{1}{3}$ または $a = 1, r = 3$.

— 等比数列の和 —

初項 a, 公比 r, 項数 n の等比数列の和を S_n とする.

(1) $r \neq 1$ のとき $S_n = \dfrac{a(1 - r^n)}{1 - r} = \dfrac{a(r^n - 1)}{r - 1}$

(2) $r = 1$ のとき $S_n = na$

証明 $r = 1$ のとき, $S_n = \underbrace{a + a + \cdots + a}_{n} = na$.

$r \neq 1$ のとき, $S_n = a + ar + ar^2 + \cdots + ar^{n-1}$ より

$$rS_n = ar + ar^2 + \cdots + ar^{n-1} + ar^n.$$

このとき,

$$S_n - rS_n = (a + ar + ar^2 + \cdots + ar^{n-1})$$
$$- (ar + ar^2 + \cdots + ar^{n-1} + ar^n)$$
$$= a - ar^n.$$

すなわち, $(1 - r)S_n = a(1 - r^n)$ より $S_n = \dfrac{a(1 - r^n)}{1 - r} = \dfrac{a(r^n - 1)}{r - 1}$.

例 9.6

(1) 初項 1, 公比 2, 項数 n の等比数列の和 S_n は, $S_n = \dfrac{1 \cdot (2^n - 1)}{2 - 1} = 2^n - 1$.

(2) 初項 9, 公比 -3 の等比数列の初項から第 n 項までの和 S_n は,

$$S_n = \frac{9\{1 - (-3)^n\}}{1 - (-3)} = \frac{9}{4}\{1 - (-3)^n\}.$$

ある等比数列の項が α, β, γ と続き $\alpha\beta\gamma \neq 0$ であるとき, $\beta = \alpha r$, $\gamma = \beta r$ より $\beta^2 = \alpha\gamma$ となる. このような β を α と γ の**等比中項**という. ただし, $\alpha = 0$ または $\gamma = 0$ のときも, 等比数列ならば $\beta^2 = \alpha\gamma$ が成立する.

例 9.7   数列 $\dfrac{1}{2}$, β, 8 が等比数列であるとき, $\beta^2 = \dfrac{1}{2} \cdot 8 = 4$ より $\beta = \pm 2$.

例題 9.4   等比数列をなす 3 数があり, その和は 24, 積は -4096 である. この 3 数を求めよ.

解 この等比数列をなす 3 数を $\dfrac{\alpha}{r}$, α, αr とすると $\dfrac{\alpha}{r} + \alpha + \alpha r = 24$, $\dfrac{\alpha}{r} \cdot \alpha \cdot \alpha r = -4096$ より

$$\alpha\left(\frac{1}{r} + 1 + r\right) = 24 \ \cdots \ ①, \quad \alpha^3 = -4096 \ \cdots \ ②$$

② より $\alpha = -16$ であり, ① より $\dfrac{1}{r} + 1 + r = -\dfrac{3}{2}$.

よって, $(r + 2)(2r + 1) = 0$ より $r = -2$, $-\dfrac{1}{2}$.

$r = -2$ のとき $\left(\dfrac{\alpha}{r}, \ \alpha, \ \alpha r\right) = (8, \ -16, \ 32)$, $r = -\dfrac{1}{2}$ のとき $\left(\dfrac{\alpha}{r}, \ \alpha, \ \alpha r\right) = (32, \ -16, \ 8)$.

したがって, 求める 3 数は 8, -16, 32.

演習問題

9.1   一般項が次のように表される数列 $\{a_n\}$ において, 初項から第 3 項までをそれぞれ求めよ.

(1) $a_n = n^2 - 2n$ (2) $a_n = (-1)^n + n$

9.2   初項が -20, 公差が d, 第 15 項が 64 の等差数列 $\{a_n\}$ について, 次の問に答えよ.

(1) 公差を求めよ. (2) 一般項を求めよ.

(3) はじめて正になるのは第何項か求めよ.

9.3 2 つの等差数列 $\{a_n\}$: 2, 5, 8, ..., $\{b_n\}$: 3, 7, 11, ... に共通に現れる数を小さい順に並べてできる数列 $\{c_n\}$ の第 n 項を n の式で表せ.

9.4 次の等差数列の和 S を求めよ.

(1) 初項 2, 末項 72, 項数 25 (2) 初項 -2, 公差 3, 項数 10

(3) $17 + 13 + 9 + \cdots + (-19)$

9.5 次の等比数列 $\{a_n\}$ について, 次の問に答えよ.

(1) 公比が 2, 第 8 項が 2048 のとき, 初項を求めよ.

(2) 第 2 項が 6, 第 4 項が 24 のとき, 一般項を求めよ.

9.6 公比が 2 である等比数列の第 1 項から第 6 項までの和 S_6 が 189 のとき, 初項を求めよ.

9.7 初項から第 3 項までの和が 9, 第 4 項から第 6 項までの和が -72 である等比数列の初項と公比を求めよ.

9.8 数列 4, α, β は等差数列となり, 数列 α, β, 18 は等比数列となる. α, β の値を求めよ.

10 漸化式と数学的帰納法

10.1 和の記号とその性質

数列 $\{a_n\}$ について，初項から第 n 項までの和を，記号 Σ を用いて $\displaystyle\sum_{k=1}^{n} a_k$ と表す．すなわち，

$$\sum_{k=1}^{n} a_k = a_1 + a_2 + a_3 + \cdots + a_n$$

となる[※1]．また，$\displaystyle\sum_{k=p}^{q} a_k$ は，数列 $\{a_n\}$ の第 p 項から第 q 項までの和を表す．

例 10.1

(1) $\displaystyle\sum_{k=1}^{n} k = 1 + 2 + 3 + \cdots + n.$

(2) $\displaystyle\sum_{k=1}^{n} (3k-2) = 1 + 4 + 7 + \cdots + (3n-2).$

(3) $\displaystyle\sum_{k=8}^{10} 3^k = 3^8 + 3^9 + 3^{10}.$

いくつかの数列の和の公式は，Σ を用いて，次のように表される．

数列の和の公式

(1) $\displaystyle\sum_{k=1}^{n} c = nc \quad (c \in \mathbb{R})$　　(2) $\displaystyle\sum_{k=1}^{n} k = \frac{1}{2}n(n+1)$

(3) $\displaystyle\sum_{k=1}^{n} k^2 = \frac{1}{6}n(n+1)(2n+1)$　(4) $\displaystyle\sum_{k=1}^{n} k^3 = \left\{\frac{1}{2}n(n+1)\right\}^2$

(5) $\displaystyle\sum_{k=1}^{n} r^{k-1} = \frac{1-r^n}{1-r} = \frac{r^n-1}{r-1} \quad (r \neq 1)$

[※1] 和の記号（シグマ記号）に不慣れな読者は，$\displaystyle\sum_{k=1}^{n} a_k = a_1 + a_2 + a_3 + \cdots + a_n$ の左辺を見たら右辺を，右辺を見たら左辺を思い起こす練習をしばらく続けなくてはいけない．

証明 (1) $\displaystyle\sum_{k=1}^{n} c = \underbrace{c + c + c + \cdots + c}_{n} = nc.$

(2) $\displaystyle\sum_{k=1}^{n} k = 1 + 2 + 3 + \cdots + n$ は初項 1, 末項 n, 項数 n の等差数列の和であるから, $\displaystyle\sum_{k=1}^{n} k = \frac{1}{2}n(n+1).$

(3) 恒等式 $(k+1)^3 - k^3 = 3k^2 + 3k + 1$ において, 両辺の初項から第 n 項までの和をとると

$$\sum_{k=1}^{n} \left\{(k+1)^3 - k^3\right\} = \sum_{k=1}^{n} \left(3k^2 + 3k + 1\right).$$

左辺は,

$$\sum_{k=1}^{n} \left\{(k+1)^3 - k^3\right\} = (2^3 - 1^3) + (3^3 - 2^3) + (4^3 - 3^3) + \cdots$$
$$+ \left\{(n+1)^3 - n^3\right\}$$
$$= (n+1)^3 - 1.$$

右辺は,

$$\sum_{k=1}^{n} \left(3k^2 + 3k + 1\right) = 3\sum_{k=1}^{n} k^2 + 3\sum_{k=1}^{n} k + \sum_{k=1}^{n} 1$$
$$= 3\sum_{k=1}^{n} k^2 + \frac{3}{2}n(n+1) + n.$$

よって, $(n+1)^3 - 1 = 3\displaystyle\sum_{k=1}^{n} k^2 + \frac{3}{2}n(n+1) + n$ であるから

$$\sum_{k=1}^{n} k^2 = \frac{1}{3}\left\{(n+1)^3 - 1 - \frac{3}{2}n(n+1) - n\right\} = \frac{1}{3}\left(n^3 + \frac{3}{2}n^2 + \frac{1}{2}n\right)$$
$$= \frac{1}{6}n(n+1)(2n+1).$$

(4) 恒等式 $(k+1)^4 - k^4 = 4k^3 + 6k^2 + 4k + 1$ において, 両辺の初項から第 n 項までの和をとると

$$\sum_{k=1}^{n} \left\{(k+1)^4 - k^4\right\} = \sum_{k=1}^{n} \left(4k^3 + 6k^2 + 4k + 1\right).$$

左辺は，

$$\sum_{k=1}^{n} \left\{ (k+1)^4 - k^4 \right\} = (2^4 - 1^4) + (3^4 - 2^4) + \cdots + \left\{ (n+1)^4 - n^4 \right\}$$
$$= (n+1)^4 - 1.$$

右辺は，

$$\sum_{k=1}^{n} \left(4k^3 + 6k^2 + 4k + 1 \right) = 4\sum_{k=1}^{n} k^3 + 6\sum_{k=1}^{n} k^2 + 4\sum_{k=1}^{n} k + n$$
$$= 4\sum_{k=1}^{n} k^3 + n(n+1)(2n+1) + 2n(n+1) + n.$$

よって，$(n+1)^4 - 1 = 4\sum_{k=1}^{n} k^3 + n(n+1)(2n+1) + 2n(n+1) + n$ より

$$\sum_{k=1}^{n} k^3 = \frac{1}{4} \left\{ (n+1)^4 - 1 - n(n+1)(2n+1) - 2n(n+1) - n \right\}$$
$$= \frac{1}{4}n(n^3 + 2n^2 + n) = \left\{ \frac{1}{2}n(n+1) \right\}^2.$$

(5) $\displaystyle\sum_{k=1}^{n} r^{k-1} = 1 + r + r^2 + \cdots + r^{n-1}$ は初項 1，公比 r，項数 n の等比数列
の和である．よって，$r \neq 1$ のとき，$\displaystyle\sum_{k=1}^{n} r^{k-1} = \frac{1-r^n}{1-r} = \frac{r^n-1}{r-1}$.

　2 つの数列 $\{a_n\}$，$\{b_n\}$ について，$p, q \in \mathbb{R}$ のとき

$$\sum_{k=1}^{n} (pa_k + qb_k) = (pa_1 + qb_1) + (pa_2 + qb_2) + \cdots + (pa_n + qb_n)$$
$$= p(a_1 + a_2 + \cdots + a_n) + q(b_1 + b_2 + \cdots + b_n)$$
$$= p\sum_{k=1}^{n} a_k + q\sum_{k=1}^{n} b_k$$

したがって，Σ について次の等式が成立する．

Σ の性質

p と q を定数とするとき

$$\sum_{k=1}^{n} (pa_k \pm qb_k) = p\sum_{k=1}^{n} a_k \pm q\sum_{k=1}^{n} b_k \quad (複号同順)$$

例題 10.1　次の数列の初項から第 n 項までの和 S_n を求めよ.

$$1,\ 1+4,\ 1+4+7,\ \ldots,\ 1+4+\cdots+\{1+(n-1)\cdot 3\},\ \ldots$$

解　与えられた数列の第 k 項を a_k とすると,

$$a_k = 1+4+7+\cdots+\{1+(k-1)\cdot 3\} = \frac{1}{2}k\{2+3(k-1)\} = \frac{1}{2}(3k^2-k).$$

したがって,

$$S_n = \sum_{k=1}^{n} a_k = \sum_{k=1}^{n} \frac{1}{2}(3k^2-k) = \frac{3}{2}\sum_{k=1}^{n} k^2 - \frac{1}{2}\sum_{k=1}^{n} k$$

$$= \frac{3}{2}\cdot\frac{1}{6}n(n+1)(2n+1) - \frac{1}{2}\cdot\frac{1}{2}n(n+1)$$

$$= \frac{1}{4}n(n+1)\{(2n+1)-1\} = \frac{1}{2}n^2(n+1).$$

例題 10.2　和 $S_n = 1^2\cdot 2 + 2^2\cdot 3 + 3^2\cdot 4 + \cdots + n^2\cdot(n+1)$ を因数分解された形で表せ.

解　この和は, 第 k 項が $k^2(k+1)$ である数列の, 初項から第 n 項までの和であるから

$$S_n = \sum_{k=1}^{n} k^2(k+1) = \sum_{k=1}^{n}(k^3+k^2) = \sum_{k=1}^{n} k^3 + \sum_{k=1}^{n} k^2$$

$$= \left\{\frac{1}{2}n(n+1)\right\}^2 + \frac{1}{6}n(n+1)(2n+1)$$

$$= \frac{1}{4}n^2(n+1)^2 + \frac{1}{6}n(n+1)(2n+1)$$

$$= \frac{1}{12}n(n+1)\{3n(n+1)+2(2n+1)\}$$

$$= \frac{1}{12}n(n+1)(3n^2+7n+2) = \frac{1}{12}n(n+1)(n+2)(3n+1).$$

例題 10.3　次の和 S を求めよ.

$$S = \frac{1}{1\cdot 2} + \frac{1}{2\cdot 3} + \frac{1}{3\cdot 4} + \cdots + \frac{1}{n(n+1)}$$

解 第 k 項について，部分分数分解すると $\dfrac{1}{k(k+1)} = \dfrac{1}{k} - \dfrac{1}{k+1}$ より

$$S = \frac{1}{1\cdot 2} + \frac{1}{2\cdot 3} + \frac{1}{3\cdot 4} + \cdots + \frac{1}{n(n+1)}$$

$$= \left(\frac{1}{1} - \frac{1}{2}\right) + \left(\frac{1}{2} - \frac{1}{3}\right) + \left(\frac{1}{3} - \frac{1}{4}\right) + \cdots + \left(\frac{1}{n} - \frac{1}{n+1}\right)$$

$$= 1 - \frac{1}{n+1} = \frac{n}{n+1}.$$

例題 10.4　次の和 S を求めよ．

$$S = 1\cdot 1 + 2\cdot 2 + 3\cdot 2^2 + \cdots + n\cdot 2^{n-1} \quad \cdots \quad ①$$

解 ①の両辺に 2 を掛けると，

$$2S = 1\cdot 2 + 2\cdot 2^2 + 3\cdot 2^3 + \cdots + (n-1)\cdot 2^{n-1} + n\cdot 2^n \quad \cdots \quad ②$$

②$-$①より

$$S = -\left(1 + 2 + 2^2 + 2^3 + \cdots + 2^{n-1}\right) + n\cdot 2^n$$

$$= -\frac{2^n - 1}{2 - 1} + n\cdot 2^n = -2^n + 1 + n\cdot 2^n = (n-1)\cdot 2^n + 1.$$

10.2　階差数列

　数列 $\{a_n\}$ の隣り合う 2 つの項の差 $b_n = a_{n+1} - a_n$ $(n \in \mathbb{N})$ を第 n 項とする数列 $\{b_n\}$ を，数列 $\{a_n\}$ の**階差数列**という．$\{a_n\}$ の階差数列 $\{b_n\}$ を，$\{a_n\}$ の**第 1 階差数列**ともいう．また，$\{b_n\}$ の階差数列 $\{c_n\}$ を，$\{a_n\}$ の**第 2 階差数列**という．第 1 階差数列で数列の規則性がつかめないとき，第 2 階差数列を利用することがある．

例 10.2　$\{a_n\}: 1,\ 4,\ 9,\ 16,\ 25,\ 36,\ \ldots$ の階差数列は $\{b_n\}: 3,\ 5,\ 7,\ 9,\ 11,\ \ldots$ となり，初項 3，公差 2 の等差数列である．

　さらに，$\{b_n\}: 3,\ 5,\ 7,\ 9,\ 11,\ \ldots$ の階差数列は $\{c_n\}: 2,\ 2,\ 2,\ 2,\ \ldots$ となり，初項 2，公差 0 の等差数列，または初項 2，公比 1 の等比数列である．

階差数列と一般項

数列 $\{a_n\}$ の階差数列を $\{b_n\}$ とする．$\{a_n\}$ の一般項は，$n \geq 2$ のとき

$$a_n = a_1 + \sum_{k=1}^{n-1} b_k.$$

　階差数列を用いた一般項の式は，$n \geq 2$ のときに成立する．そのため，$n = 1$ のときにも成立するか確認する必要がある．

例題 10.5　数列 $\{a_n\}$: 1, 4, 11, 22, 37, 56, ... の一般項を階差数列を利用して求めよ．

解　数列 $\{a_n\}$ の階差数列を $\{b_n\}$ とすると $\{b_n\}$: 3, 7, 11, 15, 19, ...
よって，$\{b_n\}$ は初項 3, 公差 4 の等差数列であり，$b_n = 3 + (n-1) \cdot 4 = 4n - 1$.
$n \geq 2$ のとき

$$a_n = a_1 + \sum_{k=1}^{n-1}(4k-1) = 1 + 4\sum_{k=1}^{n-1} k - \sum_{k=1}^{n-1} 1$$

$$= 1 + 4 \cdot \frac{1}{2}(n-1)n - (n-1) = 1 + 2n^2 - 2n - n + 1.$$

すなわち，$a_n = 2n^2 - 3n + 2$ $\cdots$ ①．初項 $a_1 = 1$ より，①は $n = 1$ のときも成立する．したがって，一般項は $a_n = 2n^2 - 3n + 2$.

数列の和と一般項

数列 $\{a_n\}$ の初項から第 n 項までの和を S_n とすると，

$$a_1 = S_1, \quad a_n = S_n - S_{n-1} \ (n \geq 2).$$

例題 10.6　初項から第 n 項までの和 S_n が $S_n = n^2 + 4n$ で表される数列 $\{a_n\}$ の一般項を求めよ．

解　$a_1 = S_1 = 1^2 + 4 \cdot 1 = 5$. $n \geq 2$ のとき，

$$a_n = S_n - S_{n-1} = (n^2 + 4n) - \{(n-1)^2 + 4(n-1)\}$$

$$= (n^2 + 4n) - (n^2 + 2n - 3).$$

よって，$a_n = 2n + 3$ $\cdots$ ①．$a_1 = 2 \cdot 1 + 3 = 5$ より，①は $n = 1$ のときも成立する．したがって，一般項は $a_n = 2n + 3$.

例題 10.7　初項から第 n 項までの和 S_n が $S_n = 2n^2 - 3n - 1$ で表される数列 $\{a_n\}$ の一般項を求めよ.

解　$n \geq 2$ のとき,

$$a_n = S_n - S_{n-1} = (2n^2 - 3n - 1) - \{2(n-1)^2 - 3(n-1) - 1\}$$
$$= 4n - 5 \ \cdots \ ①$$

また, $a_1 = S_1 = 2 \cdot 1^2 - 3 \cdot 1 - 1 = -2$. これは, ① に $n = 1$ を代入したものと一致しない. したがって, 一般項は $a_1 = -2$, $a_n = 4n - 5 \ (n \geq 2)$.

10.3　漸化式

例えば, 数列 $\{a_n\}$ が次の 2 つの条件を満たしているとする.

(I)　$a_1 = 1$ (II)　$a_{n+1} = a_n + n \quad (n \in \mathbb{N})$

このとき, (I) の a_1 を基準にして, (II) から $a_2, a_3, a_4, \ldots$ が一意に定まる. このような定め方を, **数列の帰納的定義**という. また, (ii) のように数列の各項を, その前の項から順に一意に定める規則の等式を**漸化式**という. 以降では, 特に断りがない限り, 漸化式は $n = 1, 2, 3, \ldots$ で成立するものとする.

**　2 項間の漸化式で定められる数列の一般項　**

(1)　漸化式 $a_1 = a$, $a_{n+1} = a_n + d$ で定義される数列は等差数列であり, 一般項は $a_n = a + (n-1)d$.

(2)　漸化式 $a_1 = a$, $a_{n+1} = ra_n$ で定義される数列は等比数列であり, 一般項は $a_n = ar^{n-1}$.

(3)　漸化式 $a_1 = a$, $a_{n+1} = a_n + f(n)$ で定義される数列の一般項は $n \geq 2$ のとき $a_n = a + \sum_{k=1}^{n-1} f(k)$, $a_1 = a$.

(4)　漸化式 $a_1 = a$, $a_{n+1} = pa_n + q$, $p \neq 1$ で定義される数列の一般項は
$$a_n = \left(a - \frac{q}{1-p}\right)p^{n-1} + \frac{q}{1-p}.$$

証明 (1) と (2) は明らか.

(3) $a_1 = a$, $a_{n+1} - a_n = b_n$ とすると, $\{b_n\}$ は $\{a_n\}$ の階差数列であり, $b_n = f(n)$. よって, $n \geq 2$ のとき $a_n = a_1 + \sum_{k=1}^{n-1} b_k = a + \sum_{k=1}^{n-1} f(k)$, $a_1 = a$.

(4) $a_1 = a$, $a_{n+1} = pa_n + q$ $\cdots$ ① とする. $\alpha = p\alpha + q$ $\cdots$ ② を満たす $\alpha \in \mathbb{R}$ に対して, ① − ② より

$$a_{n+1} - \alpha = p(a_n - \alpha).$$

数列 $\{a_n - \alpha\}$ は, 初項が $a_1 - \alpha = a - \alpha$, 公比が p の等比数列であるから

$$a_n - \alpha = (a - \alpha)p^{n-1}.$$

よって, $a_n = (a - \alpha)p^{n-1} + \alpha$. また, $p \neq 1$ より ② を整理すると $\alpha = \dfrac{q}{1-p}$. したがって, $a_n = \left(a - \dfrac{q}{1-p}\right)p^{n-1} + \dfrac{q}{1-p}$.

上記の ② は, ① の式 $a_{n+1} = pa_n + q$ を $a_{n+1} = a_n = \alpha$ とした方程式である. これを**特性方程式**という.

例題 10.8 条件 $a_1 = 3$, $a_{n+1} = a_n + 2^n$ によって定められる数列 $\{a_n\}$ の一般項を求めよ.

解 条件より $a_{n+1} - a_n = 2^n$. 数列 $\{a_n\}$ の階差数列の第 n 項が 2^n より, $n \geq 2$ のとき $a_n = a_1 + \sum_{k=1}^{n-1} 2^k = 3 + \dfrac{2(2^{n-1} - 1)}{2 - 1} = 2^n + 1$ $\cdots$ ①

初項 $a_1 = 3$ より, ① は $n = 1$ のときも成立する.

したがって, 一般項は $a_n = 2^n + 1$.

例題 10.9 条件 $a_1 = 1$, $a_{n+1} = 3a_n + 2$ によって定められる数列 $\{a_n\}$ の一般項を求めよ.

解 $a_{n+1} = 3a_n + 2$ を変形すると,

$$a_{n+1} + 1 = 3(a_n + 1) \tag{I.10.1}$$

ここで, $b_n = a_n + 1$ とおくと $b_{n+1} = 3b_n$, $b_1 = a_1 + 1 = 2$.

よって, 数列 $\{b_n\}$ は初項 2, 公比 3 の等比数列であり, $b_n = 2 \cdot 3^{n-1}$.

したがって, $a_n = b_n - 1$ であるから, 数列 $\{a_n\}$ の一般項は $a_n = 2 \cdot 3^{n-1} - 1$.

上記の**例題 10.9** の (I.10.1) は，$\alpha = 3\alpha + 2$ を満たす定数 $\alpha = -1$ を $a_{n+1} = 3a_n + 2$ の両辺からそれぞれ引いて

$$a_{n+1} - (-1) = 3a_n + 2 - (-1) \iff a_{n+1} + 1 = 3a_n + 3$$

$$\iff a_{n+1} + 1 = 3(a_n + 1)$$

と変形している．

また，a_{n+2} を x^2，a_{n+1} を x，a_n を 1 とそれぞれ置き換えた特性方程式を解くことで，3 項間の漸化式についてもその数列の一般項を求めることができる．

例題 10.10　漸化式 $a_1 = 1$, $a_2 = 3$, $a_{n+2} - 2a_{n+1} - 8a_n = 0$ $\cdots$ ① で定められる数列 $\{a_n\}$ の一般項を求めよ．

解　特性方程式 $x^2 - 2x - 8 = 0$ を解くと $x = -2,\ 4$.

これより，①の左辺をそれぞれ $a_{n+2} + 2a_{n+1}$ と $a_{n+2} - 4a_{n+1}$ に変形すると $a_{n+2} + 2a_{n+1} = 4(a_{n+1} + 2a_n)$, $a_{n+2} - 4a_{n+1} = -2(a_{n+1} - 4a_n)$.

$\{a_{n+1} + 2a_n\}$ は，初項 $a_2 + 2a_1 = 5$, 公比 4 の等比数列であるから

$$a_{n+1} + 2a_n = 5 \cdot 4^{n-1} \cdots ②$$

$\{a_{n+1} - 4a_n\}$ は，初項 $a_2 - 4a_1 = -1$, 公比 -2 の等比数列であるから

$$a_{n+1} - 4a_n = (-1) \cdot (-2)^{n-1} \cdots ③$$

よって，②－③ より $6a_n = 5 \cdot 4^{n-1} - (-1) \cdot (-2)^{n-1}$.

したがって，$a_n = \dfrac{1}{6}\left\{5 \cdot 4^{n-1} - (-1) \cdot (-2)^{n-1}\right\}$.

例題 10.11　漸化式 $a_1 = 1$, $a_2 = 1$, $a_{n+2} = a_{n+1} + a_n$ で定められる数列 $\{a_n\}$ の一般項を求めよ．

解　特性方程式 $x^2 - x - 1 = 0$ の解を α, β $(\alpha < \beta)$ とすると，

$\alpha = \dfrac{1 - \sqrt{5}}{2}$, $\beta = \dfrac{1 + \sqrt{5}}{2}$ $(\alpha + \beta = 1,\ \alpha\beta = -1)$ であるから，

$$a_{n+2} - (\alpha + \beta)a_{n+1} + \alpha\beta a_n = 0$$

$$\iff a_{n+2} - \alpha a_{n+1} = \beta a_{n+1} - \alpha\beta a_n = \beta(a_{n+1} - \alpha a_{n+1})$$

$$\iff a_{n+2} - \beta a_{n+1} = \alpha a_{n+1} - \alpha\beta a_n = \alpha(a_{n+1} - \beta a_{n+1})\ より$$

$$a_{n+1} - \alpha a_n = \beta(a_n - \alpha a_{n-1}) = \beta^2(a_{n-1} - \alpha a_{n-2}) = \cdots$$

$$= \beta^{n-1}(a_2 - \alpha a_1) = \beta^{n-1}(1 - \alpha) = \beta^{n-1} \cdot \beta = \beta^n.$$

$$a_{n+1} - \beta a_n = \alpha(a_n - \beta a_{n-1}) = \alpha^2(a_{n-1} - \beta a_{n-2}) = \cdots$$

$$= \alpha^{n-1}(a_2 - \beta a_1) = \alpha^{n-1}(1 - \beta) = \alpha^{n-1} \cdot \alpha = \alpha^n.$$

すなわち，$a_{n+1} - \alpha a_n = \beta^n$ $\cdots$ ①, $a_{n+1} - \beta a_n = \alpha^n$ $\cdots$ ②

よって，① $-$ ② より $(\beta - \alpha)a_n = \beta^n - \alpha^n$ であるから，

$$a_n = \frac{\beta^n - \alpha^n}{\beta - \alpha} = \frac{1}{\sqrt{5}}\left\{\left(\frac{1 + \sqrt{5}}{2}\right)^n - \left(\frac{1 - \sqrt{5}}{2}\right)^n\right\}.$$

　上記の**例題 10.11** の数列を**フィボナッチ数列**という．フィボナッチ数列は，例えば，音階やひまわりの種の配列，花びらの枚数など自然界の様相についても関連がある．

10.4　数学的帰納法

　自然数 n に関する命題 P が任意の自然数 n について成立することを証明するには，次の [1], [2] を示せばよい．

[1]　$n = 1$ のとき P が成立する．

[2]　$n = k$ のとき P が成立すると仮定すると $n = k + 1$ のときも P が成立する．

このような証明の方法を**数学的帰納法**という．

例題 10.12　数学的帰納法により，等式 $1+2+3+\cdots+n = \dfrac{1}{2}n(n+1)$ $\cdots$ ① を証明せよ．

解　[1] $n = 1$ のとき $(左辺) = 1$, $(右辺) = \dfrac{1}{2} \cdot 1 \cdot (1 + 1) = 1$.

よって，$n = 1$ のとき，① は成立する．

[2] $n = k$ のとき，① が成立すると仮定すると

$$1 + 2 + 3 + \cdots + k = \frac{1}{2}k(k + 1) \quad \cdots \text{②}$$

$n = k + 1$ のとき，② より

$$1 + 2 + 3 + \cdots + k + (k + 1) = \frac{1}{2}k(k + 1) + (k + 1) = \frac{1}{2}(k + 1)(k + 2)$$

$$= \frac{1}{2}(k + 1)\{(k + 1) + 1\}.$$

よって，$n = k + 1$ のときも ① は成立する．

したがって，[1], [2] より，すべての自然数 n について ① は成立する．

例題 10.13　n は自然数とする．$n^3 + 2n$ は 3 の倍数であることを，数学的帰納法により証明せよ．

解　命題「$n^3 + 2n$ は 3 の倍数である」を (A) とする．

[1] $n = 1$ のとき　$n^3 + 2n = 1^3 + 2 \cdot 1 = 3$.

よって，$n = 1$ のとき，(A) は成立する．

[2] $n = k$ のとき，(A) が成立する，すなわち $k^3 + 2k$ は 3 の倍数であると仮定すると，ある整数 m を用いて $k^3 + 2k = 3m$ と表される．$n = k + 1$ のとき，

$$
\begin{aligned}
(k+1)^3 + 2(k+1) &= (k^3 + 3k^2 + 3k + 1) + (2k + 2) \\
&= (k^3 + 2k) + 3(k^2 + k + 1) \\
&= 3m + 3(k^2 + k + 1) = 3(m + k^2 + k + 1)
\end{aligned}
$$

$m + k^2 + k + 1$ は整数であるから，$(k+1)^3 + 2(k+1)$ は 3 の倍数である．

よって，$n = k + 1$ のときも (A) は成立する．

したがって，[1], [2] より，すべての自然数 n について (A) は成立する．

例題 10.14　n は 3 以上の自然数とする．不等式 $2^n > 2n + 1$ $\cdots$ ① を数学的帰納法により証明せよ．

解　[1] $n = 3$ のとき　(左辺) $= 2^3 = 8$, (右辺) $= 2 \cdot 3 + 1 = 7$.

よって，$n = 3$ のとき，① は成立する．

[2] $k \geq 3$ として，$n = k$ のとき，① が成立すると仮定すると

$$
2^k > 2k + 1 \quad \cdots \quad ②
$$

$n = k + 1$ のとき，① の両辺の差を考えると，② より

$$
\begin{aligned}
2^{k+1} - \{2(k+1) + 1\} &= 2 \cdot 2^k - (2k + 3) \\
&> 2(2k + 1) - (2k + 3) = 2k - 1 \geq 2 \cdot 3 - 1 > 0.
\end{aligned}
$$

すなわち，$2^{k+1} > 2(k+1) + 1$. よって，$n = k + 1$ のときも ① は成立する．

したがって，[1], [2] より，3 以上のすべての自然数 n について ① は成立する．

●コラム 2　シグマ記号について

シグマ記号 (慣れるまでに若干時間がかかるが慣れてしまうととても便利な記号) を含んだ数式についていくつか注意をしておこう．まず添え字の話しから始めよう．シグマ記号を使って例えば次のような式を考えよう．

$$\sum_{i=1}^{n} a_i = a_1 + a_2 + \cdots + a_n.$$

シグマ記号は慣れないうちは上式右辺のように展開した式を書くか思い浮かべるかした方が良い．右辺を思い浮かべると，次のように書いても良いことがわかる．

$$\sum_{k=1}^{n} a_k = a_1 + a_2 + \cdots + a_n = a_n + a_{n-1} + \cdots + a_1.$$

ゆえに和を取るときの記号 i を k にかえてもその意味するところは同じである．

$$\sum_{i=1}^{n} a_i = \sum_{k=1}^{n} a_k.$$

そのような意味で和を取るための記号をダミー添え字と呼ぶことがある．しかし，この式のシグマ記号の上にある n をかえると式の意味が変わってくるので注意が必要である．関連してシグマ記号であらわされた二つの式の積について考えてみる．

$$(a_1 + a_2 + \cdots + a_n)(b_1 + b_2 + \cdots + b_n)$$

をシグマ記号を使って

$$(\sum_{i=1}^{n} a_i)(\sum_{i=1}^{n} b_i)$$

と書いてしまうことがあるが，この式を見て

$$(\sum_{i=1}^{n} a_i)(\sum_{i=1}^{n} b_i) = \sum_{i=1}^{n} a_i b_i$$

を導いてしまうことがある．展開した式を思い浮かべて丁寧に計算すると上のような式変形は間違いで，正確に成り立つのは次の式変形であることがわかる．

$$(\sum_{i=1}^{n} a_i)(\sum_{k=1}^{n} b_k)$$

$$= (a_1 + a_2 + \cdots + a_n)(b_1 + b_2 + \cdots + b_n)$$

$$= a_1 b_1 + a_1 b_2 + a_1 b_3 + \cdots + a_2 b_1 + a_2 b_2 + \cdots + a_n b_1 + a_m b_2 \cdots + a_n b_n$$

$$= \sum_{i=1}^{n} \sum_{k=1}^{n} (a_i b_k).$$

この例を見てわかるようにシグマ記号の現れる式同士を掛け算するときにはダミー添え字を (対象となっている数式に現れていない文字で) 重複しないような文字に変えておくのが計算のコツである．このようなシグマ記号の使われ方そして式変形はベクトルの内積や行列の積において現れる．より進んだ分野では次式右辺のような書き方も使われることがある．

$$\sum_{i=1}^{n} a_i = \sum_{1 \le i \le n} a_i = \sum_{i \in \{1,\ldots,n\}} a_i = \sum \{a_i \mid i = 1,\ldots,n\}.$$

類似した記号で掛け算のときに使われる以下のような記号もある．

$$\prod_{i=1}^{n} a_i = a_1 a_2 \cdots \cdots a_n.$$

演習問題

10.1 次の和を求めよ．

(1) $\displaystyle\sum_{k=1}^{3}(2k-3)$　　　(2) $\displaystyle\sum_{k=1}^{4}3^{k-1}$　　　(3) $\displaystyle\sum_{k=1}^{n}(6k-5)$

(4) $1^2 + 3^2 + 5^2 + \cdots + 15^2$　　　(5) $\displaystyle\sum_{k=1}^{n}(3k^2 - k)$

(6) $\displaystyle\sum_{k=1}^{n}\frac{2}{3^k}$　　　(7) $\displaystyle\sum_{\ell=1}^{n}\left(\sum_{k=1}^{\ell}2\right)$

10.2 次の和 S を求めよ．

$$S = \frac{1}{\sqrt{1}+\sqrt{2}} + \frac{1}{\sqrt{2}+\sqrt{3}} + \frac{1}{\sqrt{3}+\sqrt{4}} + \cdots + \frac{1}{\sqrt{n}+\sqrt{n+1}}$$

10.3 数列の第 k 項が $\dfrac{1}{(2k+1)(2k+3)}$ で表されるとき，初項から第 n 項までの和を求めよ．

10.4 次の数列 $\{a_n\}$ の階差数列 $\{b_n\}$ は，どのような数列か求めよ．

(1) $\{a_n\} : 1,\ 5,\ 9,\ 13,\ 17,\ 21,\ \ldots$ (等差数列)

(2) $\{a_n\} : 1,\ 3,\ 9,\ 27,\ 81,\ 243,\ \ldots$ (等比数列)

10.5 数列 $\{a_n\} : 2,\ 3,\ 5,\ 9,\ 17,\ \ldots$ の一般項を階差数列を利用して求めよ．

10.6 初項から第 n 項までの和 $S_n = 2n^2 - 3n$ で表される数列 $\{a_n\}$ の一般項を求めよ．

10.7 次の関係式で定められる数列 $\{a_n\}$ の一般項を求めよ.

(1) $a_1 = 2$, $a_{n+1} = a_n - 2$ (2) $a_1 = 2$, $a_{n+1} + a_n = 0$

(3) $a_1 = 1$, $a_{n+1} = 2a_n - 3$ (4) $a_1 = 5$, $a_{n+1} = 3a_n + 4$

10.8 n を自然数とするとき, 次の等式を証明せよ.

$$1 \cdot 1 + 2 \cdot 3 + 3 \cdot 5 + \cdots + n(2n - 1) = \frac{1}{6}n(n + 1)(4n - 1) \quad \cdots \quad ①$$

10.9 n が 2 以上の自然数のとき,

$$1 + \frac{1}{2^2} + \frac{1}{3^2} + \cdots + \frac{1}{n^2} < 2 - \frac{1}{n}$$

が成立することを数学的帰納法で証明せよ.

付録：三角関数の値とネイピア数の近似

表 I-1 三角関数の値

度数	ラジアン	$\sin\theta$	$\cos\theta$	$\tan\theta$
$0°$	0	0	1	0
$30°$	$\dfrac{\pi}{6}$	$\dfrac{1}{2}$	$\dfrac{\sqrt{3}}{2}$	$\dfrac{1}{\sqrt{3}}$
$45°$	$\dfrac{\pi}{4}$	$\dfrac{1}{\sqrt{2}}$	$\dfrac{1}{\sqrt{2}}$	1
$60°$	$\dfrac{\pi}{3}$	$\dfrac{\sqrt{3}}{2}$	$\dfrac{1}{2}$	$\sqrt{3}$
$90°$	$\dfrac{\pi}{2}$	1	0	
$120°$	$\dfrac{2}{3}\pi$	$\dfrac{\sqrt{3}}{2}$	$-\dfrac{1}{2}$	$-\sqrt{3}$
$135°$	$\dfrac{3}{4}\pi$	$\dfrac{1}{\sqrt{2}}$	$-\dfrac{1}{\sqrt{2}}$	-1
$150°$	$\dfrac{5}{6}\pi$	$\dfrac{1}{2}$	$-\dfrac{\sqrt{3}}{2}$	$-\dfrac{1}{\sqrt{3}}$
$180°$	π	0	-1	0
$210°$	$\dfrac{7}{6}\pi$	$-\dfrac{1}{2}$	$-\dfrac{\sqrt{3}}{2}$	$\dfrac{1}{\sqrt{3}}$
$225°$	$\dfrac{5}{4}\pi$	$-\dfrac{1}{\sqrt{2}}$	$-\dfrac{1}{\sqrt{2}}$	1
$240°$	$\dfrac{4}{3}\pi$	$-\dfrac{\sqrt{3}}{2}$	$-\dfrac{1}{2}$	$\sqrt{3}$
$270°$	$\dfrac{3}{2}\pi$	-1	0	
$300°$	$\dfrac{5}{3}\pi$	$-\dfrac{\sqrt{3}}{2}$	$\dfrac{1}{2}$	$-\sqrt{3}$
$315°$	$\dfrac{7}{4}\pi$	$-\dfrac{1}{\sqrt{2}}$	$\dfrac{1}{\sqrt{2}}$	1
$330°$	$\dfrac{11}{6}\pi$	$-\dfrac{1}{2}$	$\dfrac{\sqrt{3}}{2}$	$\dfrac{1}{\sqrt{3}}$
$360°$	2π	0	1	0

表 I-2 ネイピア数の近似

h	$(1+h)^{1/h}$
1	2.0
0.1	$2.5937\cdots$
0.01	$2.7048\cdots$
0.001	$2.7169\cdots$
0.0001	$2.7181\cdots$
0.00001	$2.71826\cdots$
0.000001	$2.718280\cdots$
$\downarrow$	
0	$e = 2.718281\cdots$
$\uparrow$	
-0.000001	$2.718283\cdots$
-0.00001	$2.71829\cdots$
-0.0001	$2.7184\cdots$
-0.001	$2.7196\cdots$
-0.01	$2.7319\cdots$
-0.1	$2.8679\cdots$

第 II 部

微分とその応用

1 極限

1.1 数列の極限

　項がどこまでも限りなく続く数列 $a_1, a_2, a_3, \ldots, a_n, \ldots$ を無限数列といい，$\{a_n\}$ で表す．以降では，特に断らない限り，数列とは無限数列を意味するものとする．

数列の極限値

　数列 $\{a_n\}$ において，n を限りなく大きくするとき，a_n が一定の値 α に限りなく近づくならば，

$$\lim_{n \to \infty} a_n = \alpha \quad \text{または} \quad n \to \infty \text{ のとき } a_n \to \alpha$$

と表し，この値 α を数列 $\{a_n\}$ の**極限値**という．また，このとき，数列 $\{a_n\}$ は α に**収束する**といい，$\{a_n\}$ の**極限**は α であるともいう．

　記号 ∞ は「**無限大**」と読む．∞ は数を表すものではない．

例 1.1

(1) $\{a_n\}: 1, \dfrac{1}{2}, \dfrac{1}{3}, \ldots, \dfrac{1}{n}, \ldots$ は n を限りなく大きくすると，第 n 項は 0 に限りなく近づくから，$\lim_{n \to \infty} \dfrac{1}{n} = 0$.

(2) $\{a_n\}: 1, -\dfrac{1}{2}, \dfrac{1}{3}, \ldots, \dfrac{(-1)^{n-1}}{n}, \ldots$ は n を限りなく大きくすると，各項の符号は正，負，正，$\ldots$ と交互に変わるが，第 n 項は 0 に限りなく近づくから，$\lim_{n \to \infty} \dfrac{(-1)^{n-1}}{n} = 0$.

　数列 $\{a_n\}$ が収束しないとき，$\{a_n\}$ は**発散する**という．

発散と振動

　n を限りなく大きくすると，a_n が限りなく大きくなるとき，$\{a_n\}$ は**正の無限大に発散する**，または $\{a_n\}$ の極限は正の無限大であるといい，次の

ように表す.

$$\lim_{n \to \infty} a_n = \infty \quad \text{または} \quad n \to \infty \text{ のとき } a_n \to \infty$$

一方で,n を限りなく大きくすると,a_n が負で,その絶対値が限りなく大きくなるとき,$\{a_n\}$ は**負の無限大に発散する**,または $\{a_n\}$ の極限は負の無限大であるといい,次のように表す.

$$\lim_{n \to \infty} a_n = -\infty \quad \text{または} \quad n \to \infty \text{ のとき } a_n \to -\infty$$

また,発散する数列が,正の無限大にも負の無限大にも発散しないとき,その数列は**振動する**という.

$-\infty$ と区別する意味で,∞ を $+\infty$ と表すことがある.

例 1.2

(1) $\{a_n\} : 5,\ 4,\ 3,\ \ldots,\ 6-n,\ \ldots$ は n を限りなく大きくすると,$6-n$ の値はある値から先は負の数であり,その絶対値は限りなく大きくなるから,$\displaystyle\lim_{n \to \infty}(6-n) = -\infty$.

(2) $\{a_n\} : 1,\ -1,\ 1,\ \ldots,\ (-1)^{n-1},\ \ldots$ は n を限りなく大きくしても項が一定の値に近づかないから数列 $\{(-1)^{n-1}\}$ は振動する.

数列の極限について,以下のように分類することができる.

数列の極限

(1) 収束 : $\displaystyle\lim_{n \to \infty} a_n = \alpha$　　（極限値は α である）

(2) 発散 :

    (i)　$\displaystyle\lim_{n \to \infty} a_n = \infty$　　（正の無限大に発散する）

    (ii)　$\displaystyle\lim_{n \to \infty} a_n = -\infty$　　（負の無限大に発散する）

    (iii)　振動　　（極限はない）

1.2　数列の極限の性質

収束する極限については，次のことが成立する．

数列の極限の性質

数列 $\{a_n\}$, $\{b_n\}$ が収束し，$\displaystyle\lim_{n\to\infty} a_n = \alpha$, $\displaystyle\lim_{n\to\infty} b_n = \beta$ とする．また，k, ℓ は定数とする．

(1)　$\displaystyle\lim_{n\to\infty} ka_n = k\alpha$　　　　(2)　$\displaystyle\lim_{n\to\infty} (a_n \pm b_n) = \alpha \pm \beta$

(3)　$\displaystyle\lim_{n\to\infty} (ka_n + \ell b_n) = k\alpha + \ell\beta$　(4)　$\displaystyle\lim_{n\to\infty} a_n b_n = \alpha\beta$

(5)　$\displaystyle\lim_{n\to\infty} \frac{a_n}{b_n} = \frac{\alpha}{\beta}$　$(\beta \neq 0)$

例 1.3　$\displaystyle\lim_{n\to\infty} a_n = 4$, $\displaystyle\lim_{n\to\infty} b_n = -5$ のとき，

(1)　$\displaystyle\lim_{n\to\infty} (2a_n + 3b_n) = 2\lim_{n\to\infty} a_n + 3\lim_{n\to\infty} b_n = 2\cdot 4 + 3\cdot(-5) = -7.$

(2)　$\displaystyle\lim_{n\to\infty} a_n b_n = \lim_{n\to\infty} a_n \lim_{n\to\infty} b_n = 4\cdot(-5) = -20.$

例 1.4　$\displaystyle\lim_{n\to\infty} a_n = \infty$, $\displaystyle\lim_{n\to\infty} b_n = \infty$ のとき，

(1)　$\displaystyle\lim_{n\to\infty} (a_n + b_n) = \infty.$　　　　(2)　$\displaystyle\lim_{n\to\infty} a_n b_n = \infty.$

(3)　$\displaystyle\lim_{n\to\infty} \frac{1}{a_n} = 0.$

例 1.4 は明らかに成立するが，$\displaystyle\lim_{n\to\infty} (a_n - b_n)$, $\displaystyle\lim_{n\to\infty} \frac{a_n}{b_n}$ については，様々な場合がある．

例 1.5

(1)　$\displaystyle\lim_{n\to\infty} \frac{n+3}{n} = \lim_{n\to\infty} \left(1 + \frac{3}{n}\right) = 1 + 0 = 1.$

(2)　$\displaystyle\lim_{n\to\infty} \frac{2n}{n^2+1} = \lim_{n\to\infty} \frac{\frac{2}{n}}{1 + \frac{1}{n^2}} = \frac{0}{1} = 0.$

(3)　$\displaystyle\lim_{n\to\infty} (\sqrt{n^2+n} - n) = \lim_{n\to\infty} \frac{(\sqrt{n^2+n} - n)(\sqrt{n^2+n} + n)}{\sqrt{n^2+n} + n}$

$\displaystyle = \lim_{n\to\infty} \frac{n}{\sqrt{n^2+n} + n} = \lim_{n\to\infty} \frac{1}{\sqrt{1 + \frac{1}{n}} + 1} = \frac{1}{2}.$

数列の極限と大小関係

数列 $\{a_n\}$, $\{b_n\}$ が収束し，$\displaystyle\lim_{n\to\infty} a_n = \alpha$, $\displaystyle\lim_{n\to\infty} b_n = \beta$ とする．

(1) すべての n について $a_n \leq b_n$ ならば $\alpha \leq \beta$ である．

(2) すべての n について $a_n \leq c_n \leq b_n$ かつ $\alpha = \beta$ ならば数列 $\{c_n\}$ は
収束し $\displaystyle\lim_{n\to\infty} c_n = \alpha$ となる．(**はさみうちの原理**)

---

(1) においては，常に $a_n < b_n$ であっても，$\alpha < \beta$ とは限らず，$\alpha = \beta$ になる
ことがある．例えば，$a_n = 1 - \dfrac{1}{n}$, $b_n = 1 + \dfrac{1}{n}$ のとき，常に $a_n < b_n$ である
が，$\alpha = \beta = 1$. また，$\displaystyle\lim_{n\to\infty} a_n = \infty$ のとき，すべての n について $a_n \leq b_n$ な
らば $\displaystyle\lim_{n\to\infty} b_n = \infty$ である．

例題 1.1 極限 $\displaystyle\lim_{n\to\infty} \dfrac{1}{n} \sin \dfrac{n\pi}{6}$ を求めよ．

解 $-1 \leq \sin \dfrac{n\pi}{6} \leq 1$ より $-\dfrac{1}{n} \leq \dfrac{1}{n} \sin \dfrac{n\pi}{6} \leq \dfrac{1}{n}$.

ここで，$\displaystyle\lim_{n\to\infty} \left(-\dfrac{1}{n}\right) = 0$, $\displaystyle\lim_{n\to\infty} \dfrac{1}{n} = 0$ より $\displaystyle\lim_{n\to\infty} \dfrac{1}{n} \sin \dfrac{n\pi}{6} = 0$.

1.3 関数の極限

関数の極限値

関数 $f(x)$ において，変数 x が a と異なる値を取りながら a に限りなく近
づくとき，それに対応して，$f(x)$ の値が一定の値 α に限りなく近づくな
らば，

$$\lim_{x\to a} f(x) = \alpha \quad \text{または} \quad x \to a \text{ のとき } f(x) \to \alpha$$

と表し，この値 α を $x \to a$ のときの関数 $f(x)$ の**極限値**または**極限**とい
う．このとき，$f(x)$ は α に**収束する**という．

例 1.6 関数 $f(x) = 2x^2$ について，$x \to 1$ のときの極限値は 2 であり，
$\displaystyle\lim_{x\to 1} 2x^2 = 2$.

数列の場合と同様に，関数の極限について，次のことが成立する．

関数の極限の性質

$\displaystyle\lim_{x \to a} f(x) = \alpha,\ \lim_{x \to a} g(x) = \beta$ とする．また，$k,\ \ell$ は定数とする．

(1)　$\displaystyle\lim_{x \to a} \{kf(x) + \ell g(x)\} = k\alpha + \ell\beta$

(2)　$\displaystyle\lim_{x \to a} f(x)g(x) = \alpha\beta$ 　　　(3)　$\displaystyle\lim_{x \to a} \frac{f(x)}{g(x)} = \frac{\alpha}{\beta}$ 　$(\beta \neq 0)$

---

x の整式で表される関数，分数関数，無理関数，三角関数，指数関数，対数関数など，これまでに扱った関数 $f(x)$ については，a が関数の定義域に属するとき，次が成立する．

$$\lim_{x \to a} f(x) = f(a)$$

また，定数関数 $f(x) = c$ については，$\displaystyle\lim_{x \to a} f(x) = c$.

例 1.7

(1)　$\displaystyle\lim_{x \to 2}(x^2 - 4x - 2) = 2^2 - 4 \cdot 2 - 2 = -6$.

(2)　$\displaystyle\lim_{x \to 3} \frac{x^2 - 4x}{x - 1} = \frac{3^2 - 4 \cdot 3}{3 - 1} = -\frac{3}{2}$.

　関数 $f(x)$ が $x = a$ のとき定義されていなくても，極限値 $\displaystyle\lim_{x \to a} f(x)$ は存在することがある．

例 1.8　関数 $f(x) = \dfrac{x^2 + 2x}{x}$ は，$x = 0$ のとき定義されていない．

$x \neq 0$ のとき $f(x) = \dfrac{x^2 + 2x}{x} = x + 2$.

よって，x が 0 と異なる値を取りながら 0 に限りなく近づくとき，$f(x)$ の極限値は存在して $\displaystyle\lim_{x \to 0} \frac{x^2 + 2x}{x} = \lim_{x \to 0}(x + 2) = 2$.

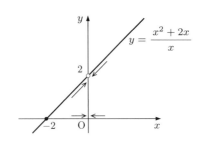

例 1.9

(1) $\displaystyle\lim_{x\to 2}\frac{2x^2-5x+2}{x^2-4}=\lim_{x\to 2}\frac{(2x-1)(x-2)}{(x+2)(x-2)}=\lim_{x\to 2}\frac{2x-1}{x+2}=\frac{3}{4}.$

(2) $\displaystyle\lim_{x\to 0}\frac{1}{x}\left(1-\frac{1}{x+1}\right)=\lim_{x\to 0}\frac{1}{x}\cdot\frac{(x+1)-1}{x+1}=\lim_{x\to 0}\frac{1}{x}\cdot\frac{x}{x+1}$

$\displaystyle\qquad=\lim_{x\to 0}\frac{1}{x+1}=1.$

(3) $\displaystyle\lim_{x\to 2}\frac{\sqrt{x+2}-2}{x-2}=\lim_{x\to 2}\frac{(\sqrt{x+2}-2)(\sqrt{x+2}+2)}{(x-2)(\sqrt{x+2}+2)}$

$\displaystyle\qquad=\lim_{x\to 2}\frac{(x+2)-4}{(x-2)(\sqrt{x+2}+2)}=\lim_{x\to 2}\frac{1}{\sqrt{x+2}+2}=\frac{1}{4}.$

関数の極限と大小関係

$\displaystyle\lim_{x\to a}f(x)=\alpha,\ \lim_{x\to a}g(x)=\beta$ とする.

(1) x が a に近いとき，常に $f(x)\le g(x)$ ならば $\alpha\le\beta$ である.

(2) x が a に近いとき，常に $f(x)\le h(x)\le g(x)$ かつ $\alpha=\beta$ ならば

$\displaystyle\quad\lim_{x\to a}h(x)=\alpha$ となる. **(はさみうちの原理)**

例題 1.2 極限 $\displaystyle\lim_{x\to 0}x\sin\frac{1}{x}$ を求めよ.

解 $0\le\left|\sin\dfrac{1}{x}\right|\le 1$ より $0\le\left|x\sin\dfrac{1}{x}\right|=|x|\left|\sin\dfrac{1}{x}\right|\le|x|.$

ここで，$\displaystyle\lim_{x\to 0}|x|=0$ であるから，$\displaystyle\lim_{x\to 0}\left|x\sin\frac{1}{x}\right|=0$ より

$$\lim_{x\to 0}x\sin\frac{1}{x}=0.$$

1.4 有限な値を取らないときの極限

無限大への発散

関数 $f(x)$ において，x が a と異なる値を取りながら a に限りなく近づくとき，$f(x)$ の値が限りなく大きくなるならば，$x\to a$ のとき $f(x)$ は正の

無限大に発散するといい，次のように表す．

$$\lim_{x \to a} f(x) = \infty \quad \text{または} \quad x \to a \text{ のとき } f(x) \to \infty$$

一方で，x が a と異なる値を取りながら a に限りなく近づくとき，$f(x)$ の値が負で，その絶対値が限りなく大きくなるならば，$x \to a$ のとき $f(x)$ は負の無限大に発散するといい，次のように表す．

$$\lim_{x \to a} f(x) = -\infty \quad \text{または} \quad x \to a \text{ のとき } f(x) \to -\infty$$

　$f(x)$ が正の無限大に発散することを，$f(x)$ の極限は ∞ であるともいう．また，$f(x)$ が負の無限大に発散することを，$f(x)$ の極限は $-\infty$ であるともいう．

例 1.10　上記の記号を用いると，例えば，

$$\lim_{x \to 0} \frac{1}{x^2} = \infty, \quad \lim_{x \to 0} \left(-\frac{1}{x^2} \right) = -\infty$$

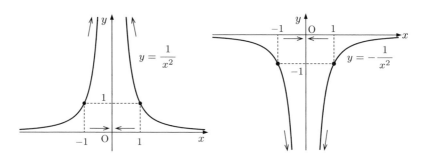

　関数 $f(x)$ において，$\lim_{x \to a} f(x) = \alpha$, $\lim_{x \to a} f(x) = \infty$, $\lim_{x \to a} f(x) = -\infty$ のいずれでもないとき，$x \to a$ のときの $f(x)$ の極限はないという．

1.5　関数の片側からの極限

　変数 x が a より大きい値を取りながら a に限りなく近づくとき，$f(x)$ の値が限りなく α に近づくならば，α を x が a に近づくときの $f(x)$ の**右側極限**といい，次のように表す．

$$\lim_{x \to a+0} f(x) = \alpha$$

また，変数 x が a より小さい値を取りながら a に限りなく近づくときの $f(x)$ の
左側極限も同様に定義され，その極限値が β ならば，次のように表す．

$$\lim_{x \to a-0} f(x) = \beta$$

無限大への発散についても，同様に定義する．

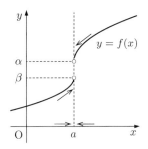

0への片側極限 $\lim_{x \to 0+0} f(x), \lim_{x \to 0-0} f(x)$ は，それぞれ $\lim_{x \to +0} f(x), \lim_{x \to -0} f(x)$
と略記する．

例 1.11　関数 $f(x) = \dfrac{1}{x}$ について，$\displaystyle\lim_{x \to +0} \frac{1}{x} = \infty, \lim_{x \to -0} \frac{1}{x} = -\infty$.

1.6　$x \to \infty$ のときの関数の極限

変数 x が限りなく大きくなることを $x \to \infty$ で表す．また，x が負でその絶対
値が限りなく大きくなることを $x \to -\infty$ で表す．$x \to \infty$ のとき，関数 $f(x)$ が
ある一定の値 α に限りなく近づく場合，この値 α を $x \to \infty$ のときの関数 $f(x)$
の極限値または極限といい，次のように表す．

$$\lim_{x \to \infty} f(x) = \alpha$$

また，$x \to -\infty$ のときについても同様に考える．

例 1.12　$f(x) = \dfrac{1}{x}$ のとき，$\displaystyle\lim_{x \to \infty} f(x) = 0, \lim_{x \to -\infty} f(x) = 0$.

$\displaystyle\lim_{x \to \infty} f(x) = \infty, \lim_{x \to \infty} f(x) = -\infty, \lim_{x \to -\infty} f(x) = \infty, \lim_{x \to -\infty} f(x) = -\infty$
の意味も，$\displaystyle\lim_{x \to a} f(x) = \infty, \lim_{x \to a} f(x) = -\infty$ のときと同様に考える．

例 1.13　$\displaystyle\lim_{x \to \infty} x^2 = \infty, \lim_{x \to \infty} (-x^2) = -\infty, \lim_{x \to -\infty} x^2 = \infty,$
$\displaystyle\lim_{x \to -\infty} x^3 = -\infty$.

1.3 節の関数の極限の性質，関数の極限の大小関係は，$x \to a$ を，$x \to \infty$，$x \to -\infty$ に置き換えても成立する．

例題 1.3 次の極限を求めよ．

(1) $\displaystyle \lim_{x \to \infty} (\sqrt{4x^2 + x} - 2x)$ (2) $\displaystyle \lim_{x \to -\infty} (\sqrt{x^2 + x} + x)$

解

(1) $\displaystyle \lim_{x \to \infty} (\sqrt{4x^2 + x} - 2x) = \lim_{x \to \infty} \frac{(\sqrt{4x^2 + x} - 2x)(\sqrt{4x^2 + x} + 2x)}{\sqrt{4x^2 + x} + 2x}$

$\displaystyle = \lim_{x \to \infty} \frac{(4x^2 + x) - (2x)^2}{\sqrt{4x^2 + x} + 2x} = \lim_{x \to \infty} \frac{x}{\sqrt{4x^2 + x} + 2x}$

$\displaystyle = \lim_{x \to \infty} \frac{1}{\sqrt{4 + \frac{1}{x}} + 2} = \frac{1}{4}.$

(2) $x = -t$ とおくと，$x \longrightarrow -\infty$ のとき $t \longrightarrow \infty$ であるから

$\displaystyle \lim_{x \to -\infty} (\sqrt{x^2 + x} + x) = \lim_{t \to \infty} (\sqrt{t^2 - t} - t)$

$\displaystyle = \lim_{t \to \infty} \frac{(\sqrt{t^2 - t} - t)(\sqrt{t^2 - t} + t)}{\sqrt{t^2 - t} + t} = \lim_{t \to \infty} \frac{(t^2 - t) - t^2}{\sqrt{t^2 - t} + t}$

$\displaystyle = \lim_{t \to \infty} \frac{-t}{\sqrt{t^2 - t} + t} = \lim_{t \to \infty} \frac{-1}{\sqrt{1 - \frac{1}{t}} + 1} = -\frac{1}{2}.$

特に，$\displaystyle \lim_{x \to \infty} f(x) = \infty$ のとき，次のことも成立する．

$$\text{十分大きな } x \text{ で常に } f(x) \leq g(x) \Rightarrow \lim_{x \to \infty} g(x) = \infty$$

演習問題

1.1 第 n 項が次の式で表される数列の極限を求めよ．

(1) $\dfrac{2n - 5}{n}$ (2) $\dfrac{2n - 1}{5n + 1}$

(3) $7n^2 - 3n^3$ (4) $\dfrac{-4n^2 - 6n + 1}{2n^2 + 5n - 4}$

1.2 次の極限を求めよ．

(1) $\displaystyle \lim_{n \to \infty} (2n^3 - 4n)$ (2) $\displaystyle \lim_{n \to \infty} \frac{n^2 + 1}{2n - 3}$

(3) $\displaystyle \lim_{n \to \infty} (\sqrt{n^2 + 2n} - n)$ (4) $\displaystyle \lim_{n \to \infty} \frac{2}{\sqrt{n^2 + 3n} - n}$

1.3 次の極限を求めよ.

(1) $\displaystyle\lim_{x \to 1} \frac{x^2 - 3x + 2}{x^2 - 5x + 4}$

(2) $\displaystyle\lim_{x \to -0} \frac{x^2 + x}{|x|}$

(3) $\displaystyle\lim_{x \to -1} \sqrt{-3x + 5}$

(4) $\displaystyle\lim_{x \to 0} \frac{1}{x} \left(\frac{4}{x + 2} - 2 \right)$

(5) $\displaystyle\lim_{x \to 1} \frac{\sqrt{x + 1} - \sqrt{2}}{x - 1}$

(6) $\displaystyle\lim_{x \to 3} \frac{x^2 - 9}{x^3 - 27}$

(7) $\displaystyle\lim_{x \to \infty} \cos \frac{1}{x}$

(8) $\displaystyle\lim_{x \to \infty} (\sqrt{x^2 - 2x} - x)$

(9) $\displaystyle\lim_{x \to -\infty} \left(1 - \frac{1}{x} \right)$

1.4 θ を定数とするとき,極限 $\displaystyle\lim_{n \to \infty} \frac{1}{n} \cos n\theta$ を求めよ.

2 微分と導関数 (1)

2.1 平均変化率と微分係数

関数 $y = f(x)$ において，変数 x が a から b まで変化するとき，y は $f(a)$ から $f(b)$ まで変化する．その差 $f(b) - f(a)$ を y の**増分**といい，$\Delta y = f(b) - f(a)$ で表す．このとき，$b - a$ を x の増分といい，$\Delta x = b - a$ で表す．

ここで，次のような Δx と Δy の比を，x が a から b まで変化するときの $y = f(x)$ の**平均変化率**という．

$$\frac{\Delta y}{\Delta x} = \frac{f(b) - f(a)}{b - a} \tag{II.2.1}$$

ここで，$\Delta x = b - a$ より $b = a + \Delta x$ であり，$\Delta y = f(a + \Delta x) - f(a)$ となる．よって，(II.2.1) は次のようにも表すことができる．

$$\frac{\Delta y}{\Delta x} = \frac{f(a + \Delta x) - f(a)}{\Delta x} \tag{II.2.2}$$

また，平均変化率 (II.2.1) または (II.2.2) はある直線の傾きであると考えることができる．

例 2.1 $y = x^2 - 2x$ について，x が a から $a + h$ まで変化するとき，平均変化率は

$$\frac{\Delta y}{\Delta x} = \frac{f(a + h) - f(a)}{(a + h) - a} = \frac{\{(a + h)^2 - 2(a + h)\} - (a^2 - 2a)}{h}$$

$$= \frac{h(2a - 2 + h)}{h} = 2a - 2 + h.$$

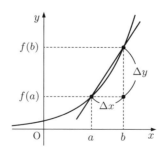

関数 $y = f(x)$ について，x が a から $a+h$ まで変化するとき，$\Delta x = h$，$\Delta y = f(a+h) - f(a)$ となる．このとき，$\Delta x \to 0$ のときの平均変化率 $\dfrac{\Delta y}{\Delta x}$ が一定の値に近づくならば，$f(x)$ は $x = a$ で**微分可能**であるという．この極限値を関数 $y = f(x)$ の $x = a$ における**微分係数**といい，$f'(a)$ で表す．したがって，(II.2.1) または (II.2.2) により以下の式で微分係数 $f'(a)$ が定義される．

微分係数

$y = f(x)$ の $x = a$ における微分係数は
$$f'(a) = \lim_{b \to a} \frac{f(b) - f(a)}{b - a} \quad \text{または} \quad f'(a) = \lim_{h \to 0} \frac{f(a+h) - f(a)}{h}.$$

例 2.2　$f(x) = x^2 - 2x$ について，$x = 3$ における微分係数は，**例 2.1** において $a = 3$ としたものであり

$$f'(3) = \lim_{b \to 3} \frac{f(b) - f(3)}{b - 3} = \lim_{b \to 3} \frac{(b^2 - 2b) - (3^2 - 2 \cdot 3)}{b - 3}$$

$$= \lim_{b \to 3} \frac{(b-3)(b+3) - 2(b-3)}{b - 3} = \lim_{b \to 3} \{(b+3) - 2\} = 4$$

または

$$f'(3) = \lim_{h \to 0} \frac{f(3+h) - f(3)}{h} = \lim_{h \to 0} \frac{h(2 \cdot 3 - 2 + h)}{h}$$

$$= \lim_{h \to 0} (2 \cdot 3 - 2 + h) = 4.$$

2.2　導関数

関数 $f(x) = x^2$ の $x = a$ における微分係数 $f'(a)$ は

$$f'(a) = \lim_{h \to 0} \frac{(a+h)^2 - a^2}{h} = \lim_{h \to 0} \frac{(a^2 + 2ah + h^2) - a^2}{h}$$

$$= \lim_{h \to 0} \frac{2ah + h^2}{h} = \lim_{h \to 0} (2a + h) = 2a$$

であり，$f'(1) = 2$，$f'(2) = 4$，$f'(3) = 6, \ldots$ が得られる．すなわち，a を変数とみれば，微分係数 $f'(a) = 2a$ は a の関数になる．ここで，a を x で置き換えれば，もとの関数 $f(x) = x^2$ から新たな関数 $f'(x) = 2x$ が得られる．

このように，各点で微分可能な関数 $f(x)$ から得られる関数 $f'(x)$ を $f(x)$ の**導関数**といい，次のように定義される．

> **導関数**
>
> 関数 $f(x)$ の導関数は　$f'(x) = \lim\limits_{h \to 0} \dfrac{f(x+h) - f(x)}{h}$　または $f'(x) =$ $\lim\limits_{\Delta x \to 0} \dfrac{\Delta y}{\Delta x} = \lim\limits_{\Delta x \to 0} \dfrac{f(x + \Delta x) - f(x)}{\Delta x}$.

　関数 $f(x)$ から導関数 $f'(x)$ を求めることを，$f(x)$ を x で**微分する**という．また，$f(x)$ の導関数を表す記号として，$f'(x)$ のほかに，y', f', $\dfrac{dy}{dx}$, $\dfrac{df}{dx}$, $\dfrac{d}{dx} f(x)$ などがある．

例 2.3

(1)　$y = x^2$ のとき
$$\frac{dy}{dx} = \lim_{h \to 0} \frac{(x+h)^2 - x^2}{h} = \lim_{h \to 0} \frac{2xh + h^2}{h} = \lim_{h \to 0} (2x + h) = 2x.$$

(2)　$f(x) = x^3$ のとき
$$f'(x) = \lim_{h \to 0} \frac{(x+h)^3 - x^3}{h} = \lim_{h \to 0} \frac{3x^2 h + 3xh^2 + h^3}{h}$$
$$= \lim_{h \to 0} (3x^2 + 3xh + h^2) = 3x^2.$$

(3)　$f(x) = c\ (c \in \mathbb{R})$ のとき
$$\frac{df}{dx} = \lim_{h \to 0} \frac{c - c}{h} = \lim_{h \to 0} \frac{0}{h} = 0.$$

　関数 $y = x^3$ の導関数を，簡単に $(x^3)'$ と表すことがある．この表記により，**例 2.3** を次のように表すことができる．
$$(x^2)' = 2x, \qquad (x^3)' = 3x^2, \qquad (c)' = 0.$$

ここまでの結果を一般化すると，次の性質が得られる．

> **関数 $f(x) = x^n$ の導関数**
>
> n が自然数または 0 のとき，関数 $f(x) = x^n$ の導関数は $(x^n)' = nx^{n-1}$.

証明　n が自然数のとき，$f(x) = x^n$ の導関数は $f'(x) = \lim\limits_{h \to 0} \dfrac{(x+h)^n - x^n}{h}$ であり，分子について，二項定理より
$$(x+h)^n = {}_n\mathrm{C}_0\, x^n + {}_n\mathrm{C}_1\, x^{n-1} h + {}_n\mathrm{C}_2\, x^{n-2} h^2 + \cdots + {}_n\mathrm{C}_n\, h^n$$

$$= x^n + nx^{n-1}h + {}_n\mathrm{C}_2\,x^{n-2}h^2 + \cdots + {}_n\mathrm{C}_n\,h^n.$$

よって, $(x+h)^n - x^n = nx^{n-1}h + {}_n\mathrm{C}_2\,x^{n-2}h^2 + \cdots + {}_n\mathrm{C}_n\,h^n$. ここで, $h \neq 0$ として両辺を h で割ると

$$\frac{(x+h)^n - x^n}{h} = nx^{n-1} + {}_n\mathrm{C}_2\,x^{n-2}h + \cdots + {}_n\mathrm{C}_n\,h^{n-1}.$$

したがって, $h \to 0$ のとき, 上式の右辺の第 2 項以降は 0 に限りなく近づき

$$f'(x) = \lim_{h \to 0} \frac{(x+h)^n - x^n}{h} = \lim_{h \to 0} \left(nx^{n-1} + {}_n\mathrm{C}_2\,x^{n-2}h + \cdots + {}_n\mathrm{C}_n\,h^{n-1}\right)$$

$$= nx^{n-1}.$$

また, $(x^0)' = (1)' = 0 = 0 \cdot x^{0-1}$ より, n が 0 のときも成立する.

2.3　区間と連続関数

　これまで関数の定義域 (と値域) は不等式を用いて $a < x < b$, $a \leq x \leq b$, $a \leq x < b$, $a < x \leq b$ などで表していた. 以降では, これらの範囲をそれぞれ (a, b), $[a, b]$, $[a, b)$, $(a, b]$ で表し, これらを**区間**という. 特に, (a, b) を**開区間**, $[a, b]$ を**閉区間**, $[a, b)$ と $(a, b]$ を**半開区間**という. 一般に, 区間を表すとき, 区間 I ということがある.

　ある区間 I の各点 $x = a$ で微分係数 $f'(a)$ が存在するとき, 関数 $f(x)$ は区間 I で**微分可能**であるという.

連続関数

　関数 $f(x)$ が区間 I で定義されているとする. 区間 I 内の点 $x = a$ で次の条件を満たすとき, 関数 $f(x)$ は $x = a$ で**連続**であるという.

(1)　$\displaystyle\lim_{x \to a} f(x)$ が存在する.　　(2)　$\displaystyle\lim_{x \to a} f(x) = f(a)$

閉区間 $[a, b]$ の端点における連続性は片側極限で定める. すなわち, $[a, b]$ の $x = a$ では次の右極限の条件を満たすとき, $f(x)$ は連続であるという.

(1)　$\displaystyle\lim_{x \to a+0} f(x)$ が存在する.　　(2)　$\displaystyle\lim_{x \to a+0} f(x) = f(a)$

同様に, $[a, b]$ の $x = b$ では左極限を使った条件で連続性を定める.

　特に, 区間 I のすべての点で関数 $f(x)$ が連続ならば, $f(x)$ は区間 I で連続であるといい, $f(x)$ を**連続関数**という.

> **関数の連続性と微分可能性**
>
> 関数 $f(x)$ が $x = a$ で微分可能ならば，$f(x)$ は $x = a$ で連続である．

証明 関数 $f(x)$ は $x = a$ で微分可能であるから，極限値 $\displaystyle \lim_{b \to a} \frac{f(b) - f(a)}{b - a} = f'(a)$ は有限な値である．また，

$$\lim_{b \to a} \{f(b) - f(a)\} = \left\{ \lim_{b \to a} (b - a) \right\} \cdot \left\{ \lim_{b \to a} \frac{f(b) - f(a)}{b - a} \right\} = 0 \cdot f'(a) = 0.$$

よって，$\displaystyle \lim_{b \to a} f(b) = f(a)$．したがって，$f(x)$ は $x = a$ で連続である． ∎

　ここで，上の定理の逆は成立しないことに注意する．すなわち，関数 $f(x)$ が連続であっても微分可能とは限らない．また，以下の関係式は同値であることが知られている．

$$\lim_{x \to a+0} f(x) = \lim_{x \to a-0} f(x) = f(a) \iff \lim_{x \to a} f(x) = f(a).$$

これは $f(x)$ について，ある値 a での右側極限と左側極限が存在して一致することと，$x \to a$ での極限 $f(a)$ が存在することの同値性を表している．よって，$x = a$ で連続であるとは，右側極限と左側極限がともに同じ値 $f(a)$ をとることであると言い換えることができる．

例題 2.1 　$f(x) = |x|$ は $x = 0$ において連続かを調べよ．また，微分可能であるか調べよ．

解 $\displaystyle \lim_{x \to +0} f(x) = \lim_{x \to +0} x = 0,\ \lim_{x \to -0} f(x) = \lim_{x \to -0} (-x) = 0$ より $\displaystyle \lim_{x \to 0} f(x) = 0$．さらに，$f(0) = 0$ より $\displaystyle \lim_{x \to 0} f(x) = f(0)$．よって，$f(x)$ は $x = 0$ において連続である．また，

$$\lim_{h \to +0} \frac{f(0 + h) - f(0)}{h} = \lim_{h \to +0} \frac{(0 + h) - 0}{h} = 1,$$

$$\lim_{h \to -0} \frac{f(0 + h) - f(0)}{h} = \lim_{h \to -0} \frac{-(0 + h) - 0}{h} = -1.$$

したがって，$f(x)$ は $x = 0$ において微分可能ではない．

2.4 導関数の性質

導関数の性質

$f(x)$, $g(x)$ を微分可能な関数とし，k は定数とする．

(1) $\{kf(x)\}' = kf'(x)$

(2) $\{f(x) \pm g(x)\}' = f'(x) \pm g'(x)$

(3) $\{f(x)g(x)\}' = f'(x)g(x) + f(x)g'(x)$

(4) $\left\{\dfrac{f(x)}{g(x)}\right\}' = \dfrac{f'(x)g(x) - f(x)g'(x)}{\{g(x)\}^2}$ $(g(x) \neq 0)$

(5) $\left\{\dfrac{1}{g(x)}\right\}' = -\dfrac{g'(x)}{\{g(x)\}^2}$ $(g(x) \neq 0)$

---

(3) を**積の微分**，(4) と (5) を**商の微分**ということがある[※1]．

証明 (1), (2) は定義より明らか．(必要であれば各自で証明すること．)

(3) $y = f(x)g(x)$ の x の増分 Δx に対する y の増分 Δy は

$$\Delta y = f(x + \Delta x)g(x + \Delta x) - f(x)g(x)$$

$$= \{f(x + \Delta x)g(x + \Delta x) - f(x)g(x + \Delta x)\}$$

$$+ \{f(x)g(x + \Delta x) - f(x)g(x)\}$$

$$= \{f(x + \Delta x) - f(x)\}g(x + \Delta x) + f(x)\{g(x + \Delta x) - g(x)\}.$$

よって，$\dfrac{\Delta y}{\Delta x} = \dfrac{f(x + \Delta x) - f(x)}{\Delta x}g(x + \Delta x) + f(x)\dfrac{g(x + \Delta x) - g(x)}{\Delta x}$.

ここで，$g(x)$ は微分可能であるから，定理より $g(x)$ は連続で $\displaystyle\lim_{\Delta x \to 0} g(x + \Delta x) = g(x)$ となり，

$$y' = \lim_{\Delta x \to 0} \frac{\Delta y}{\Delta x}$$

$$= \lim_{\Delta x \to 0} \frac{f(x + \Delta x) - f(x)}{\Delta x} \cdot \lim_{\Delta x \to 0} g(x + \Delta x)$$

$$+ f(x) \lim_{\Delta x \to 0} \frac{g(x + \Delta x) - g(x)}{\Delta x}$$

$$= f'(x)g(x) + f(x)g'(x).$$

[※1] 積の微分を行う際に $\{f(x)g(x)\}' = f'(x) \times g'(x)$ という公式を発明して使ってしまう学生がいるが，一般にこの式は正しくないので使わないように．商の微分でも同じようなことをやってしまう学生がいるので注意．

(4) x の増分 Δx に対する関数 $u = f(x)$, $v = g(x)$ の増分をそれぞれ Δu, Δv とすれば,

$$f(x + \Delta x) = u + \Delta u, \quad g(x + \Delta x) = v + \Delta v.$$

関数 $g(x)$ は微分可能であるから, 定理より連続である. このとき, $g(x) \neq 0$ なので, $g(x)$ の連続性から十分小さな Δx について $g(x + \Delta x) \neq 0$ であることに注意すると, $y = \dfrac{f(x)}{g(x)}$ の増分 Δy は,

$$\Delta y = \frac{f(x + \Delta x)}{g(x + \Delta x)} - \frac{f(x)}{g(x)} = \frac{u + \Delta u}{v + \Delta v} - \frac{u}{v} = \frac{\Delta u \cdot v - u \cdot \Delta v}{v(v + \Delta v)}.$$

ここで, $v = g(x)$ は連続であり, $\Delta x \to 0$ のとき $\Delta v \to 0$ となる. よって, 上式より

$$y' = \lim_{\Delta x \to 0} \frac{\Delta y}{\Delta x} = \left\{ \left(\lim_{\Delta x \to 0} \frac{\Delta u}{\Delta x} \right) v - u \left(\lim_{\Delta x \to 0} \frac{\Delta v}{\Delta x} \right) \right\} \Big/ \left\{ v \lim_{\Delta x \to 0} (v + \Delta v) \right\}$$

$$= \frac{u'v - uv'}{v^2} = \frac{f'(x)g(x) - f(x)g'(x)}{\{g(x)\}^2}.$$

(5) (4) において $f(x) = 1$, $f'(x) = 0$ とすれば

$$y' = \frac{0 \cdot g(x) - 1 \cdot g'(x)}{\{g(x)\}^2} = -\frac{g'(x)}{\{g(x)\}^2}.$$

　上記において, $h(x)$ も微分可能な関数とすれば, 次の関係式が成立する.

$$\{f(x)g(x)h(x)\}' = f'(x)g(x)h(x) + f(x)g'(x)h(x) + f(x)g(x)h'(x).$$

例 2.4

(1)　$(x^3 - x^2 + x - 1)' = (x^3)' - (x^2)' + (x)' - (1)' = 3x^2 - 2x + 1.$

(2)　$\{(3x + 7)(5x - 2)\}' = (3x + 7)'(5x - 2) + (3x + 7)(5x - 2)'$

　　　$= 3(5x - 2) + (3x + 7) \cdot 5 = 30x + 29.$

(3)　$\{(x + 1)(x + 2)(x + 3)\}'$

　　　$= (x + 1)'(x + 2)(x + 3) + (x + 1)(x + 2)'(x + 3)$

　　　　$+ (x + 1)(x + 2)(x + 3)'$

　　　$= (x + 2)(x + 3) + (x + 1)(x + 3) + (x + 1)(x + 2)$

　　　$= (x^2 + 5x + 6) + (x^2 + 4x + 3) + (x^2 + 3x + 2) = 3x^2 + 12x + 11.$

(4) $\left(\dfrac{x-3}{x+5}\right)' = \dfrac{(x-3)'(x+5) - (x-3)(x+5)'}{(x+5)^2} = \dfrac{(x+5)-(x-3)}{(x+5)^2}$

$= \dfrac{8}{(x+5)^2}.$

上記の**例 2.4** (4) のように導関数が分数の形で表されるとき，分母は展開しなくてもよい．

n が自然数または 0 のとき，$(x^n)' = nx^{n-1}$ であった．ここで，n が負の整数のとき，$n = -m$ とおくと m は自然数である．よって，導関数の性質 (5) より

$$(x^n)' = (x^{-m})' = \left(\dfrac{1}{x^m}\right)' = -\dfrac{(x^m)'}{(x^m)^2} = -\dfrac{mx^{m-1}}{x^{2m}} = -mx^{-m-1} = nx^{n-1}.$$

したがって，n が整数のとき，$(x^n)' = nx^{n-1}$ が成立する．

2.5 合成関数の導関数

合成関数の導関数

関数 $y = f(u)$ が u の関数として微分可能，$u = g(x)$ が x の関数として微分可能であるとき，$y = f(u)$ と $u = g(x)$ の合成関数 $y = f(g(x))$ も x の関数として微分可能であり，導関数[1]は

$$\dfrac{dy}{dx} = \dfrac{dy}{du}\dfrac{du}{dx} \quad \text{または} \quad \{f(g(x))\}' = f'(g(x)) \cdot g'(x)$$

となる．ここで，$f'(g(x))$ は，$f'(x)$ の x に $g(x)$ を代入したものである．

この公式は次のように感覚的に理解できる．x の増分 Δx に対応する u の増分を Δu，y の増分を Δy とする．ここで，$\Delta y = f(u + \Delta u) - f(u)$，$\Delta u = g(x + \Delta x) - g(x)$ とおくと，$\Delta x \to 0$ のとき，$\Delta u \to 0$, $\Delta y \to 0$ より

$$\dfrac{dy}{dx} = \lim_{\Delta x \to 0} \dfrac{\Delta y}{\Delta x} = \lim_{\Delta x \to 0} \dfrac{\Delta y}{\Delta u} \cdot \dfrac{\Delta u}{\Delta x} = \left(\lim_{\Delta u \to 0} \dfrac{\Delta y}{\Delta u}\right)\left(\lim_{\Delta x \to 0} \dfrac{\Delta u}{\Delta x}\right) = \dfrac{dy}{du}\dfrac{du}{dx}.$$

ただし，この式は，$\Delta u = 0$ の場合 (例えば，$g(x)$ が定数関数のとき) には考えられない．数学的に厳密に示そうとすると次のように証明できる．

証明 $u_0 = g(x_0), y_0 = f(u_0)$ とし，$y = f(g(x))$ の $x = x_0$ での微分係数を求める．$f(u)$ が微分可能であるため，次の関数を考えることができる．

---

[1] 合成関数の微分の公式を詳しく書くと $\dfrac{d(f(g(x)))}{dx} = \left(\dfrac{df(u)}{du}\Big|_{u=g(x)}\right)\left(\dfrac{dg(x)}{dx}\right)$ となる．ここで $\dfrac{df(u)}{du}\Big|_{u=g(x)}$ は「微分した後に $u = g(x)$ を代入せよ」という演算である．

$$\delta(k) = \begin{cases} \dfrac{1}{k}\left\{f(u_0 + k) - f(u_0)\right\} - f'(u_0) & (k \neq 0) \\ 0 & (k = 0) \end{cases}.$$

$\displaystyle\lim_{k \to 0} \delta(k) = 0$ に注意する. $k = g(x_0 + h) - g(x_0) = g(x_0 + h) - u_0$ として, 次の変形を考える.

$$f(g(x_0 + h)) - f(g(x_0)) = f(u_0 + k) - f(u_0) = k\{f'(u_0) + \delta(k)\}.$$

このとき, $h \to 0$ ならば $k \to 0$ であることに注意すると,

$$\{f(g(x_0))\}' = \lim_{h \to 0} \frac{f(g(x_0 + h)) - f(g(x_0))}{h}$$

$$= \lim_{h \to 0} \frac{g(x_0 + h) - g(x_0)}{h} \cdot \{f'(u_0) + \delta(k)\} = f'(u_0)g'(x_0).$$

これは, $\dfrac{dy}{dx} = \dfrac{dy}{du}\dfrac{du}{dx}$ と表すことができる.

例 2.5

(1) $y = (x^2 + 4)^5$ について, $u = x^2 + 4$ とおくと $y = u^5$ より,

$$y' = \frac{dy}{du}\frac{du}{dx} = (u^5)' \cdot (x^2 + 4)' = 5u^4 \cdot 2x = 10xu^4 = 10x(x^2 + 4)^4.$$

(2) $f(x) = \dfrac{1}{(2x + 3)^5}$ について, $u = 2x + 3$ とおくと $f(u) = \dfrac{1}{u^5} = u^{-5}$ より,

$$f'(x) = \frac{df}{du}\frac{du}{dx} = (u^{-5})' \cdot (2x+3)' = -5u^{-6} \cdot 2 = -\frac{10}{u^6} = -\frac{10}{(2x + 3)^6}.$$

　複数の微分可能な関数についても, たとえば, $\dfrac{dy}{dx} = \dfrac{dy}{dt}\dfrac{dt}{du}\dfrac{du}{dx}$, $\dfrac{dy}{dx} = \dfrac{dy}{ds}\dfrac{ds}{dt}\dfrac{dt}{du}\dfrac{du}{dx}$ により, 同様に合成関数の導関数を考えることができる.

　逆関数についても次のような公式が得られる. これらは第 II 部において実際に用いられる.

逆関数の導関数

逆関数をもつ関数 $y = f(x)$ が微分可能で, $f'(x) \neq 0$ とする. このとき, $y = f(x)$ の逆関数 $x = g(y)$ は微分可能であり,

$$g'(y) = \frac{1}{f'(x)} \quad \text{すなわち} \quad \frac{dx}{dy} = \frac{1}{\frac{dy}{dx}}.$$

証明 逆関数 $x = g(y)$ について，y の増分 Δy に対する x の増分を Δx とする．また，$y = f(x)$ について $\Delta y = f(x + \Delta x) - f(x)$ であるから

$$\frac{\Delta x}{\Delta y} = \frac{\Delta x}{f(x + \Delta x) - f(x)}.$$

ここで，$f(x)$ は微分可能より連続である．よって，逆関数 $x = g(y)$ も連続である．したがって，$f'(x) \neq 0$ より

$$\frac{dx}{dy} = g'(y) = \lim_{\Delta y \to 0} \frac{\Delta x}{\Delta y} = \lim_{\Delta y \to 0} \frac{1}{\frac{f(x + \Delta x) - f(x)}{\Delta x}} = \frac{1}{f'(x)} = \frac{1}{\frac{dy}{dx}}.$$

2.6　三角関数の極限

三角関数の極限

$$\lim_{x \to 0} \frac{\sin x}{x} = 1$$

証明 図において，扇形 OAB の中心角を x とし，$0 < x < \dfrac{\pi}{2}$ とする．長さ 1 の半径 OA の端点 A における垂線と半径 OB の延長との交点を T とする．このとき，扇形 OAB の面積を S とおくと

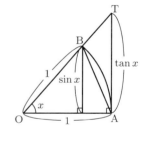

$$\triangle \text{OAB} = \frac{1}{2} \sin x, \ S = \pi \cdot \frac{x}{2\pi} = \frac{1}{2} x,$$

$$\triangle \text{OAT} = \frac{1}{2} \tan x.$$

また，$\triangle \text{OAB} < S < \triangle \text{OAT}$ より $\sin x < x < \tan x$ であり，$\sin x > 0$ であるから各辺を $\sin x$ で割ると

$$1 < \frac{x}{\sin x} < \frac{1}{\cos x} \quad \text{すなわち} \quad 1 > \frac{\sin x}{x} > \cos x.$$

ここで，$\displaystyle\lim_{x \to 0} \cos x = 1$ であるから，はさみうちの原理より

$$\lim_{x \to +0} \frac{\sin x}{x} = 1 \tag{II.2.3}$$

また，$\dfrac{\sin x}{x} = \dfrac{-\sin x}{-x} = \dfrac{\sin(-x)}{-x}$ より $x = -t$ とすると

$$\lim_{x \to -0} \frac{\sin x}{x} = \lim_{x \to -0} \frac{\sin(-x)}{-x} = \lim_{t \to +0} \frac{\sin t}{t} = 1 \tag{II.2.4}$$

したがって，(II.2.3)，(II.2.4) より $\displaystyle\lim_{x\to 0}\frac{\sin x}{x}=1$.

例 2.6

(1) $\displaystyle\lim_{x\to 0}\frac{\sin 3x}{x}=\lim_{x\to 0}\frac{\sin 3x}{3x}\cdot 3=3\lim_{x\to 0}\frac{\sin 3x}{3x}=3\cdot 1=3.$

(2) $\displaystyle\lim_{x\to 0}\frac{1-\cos x}{x^2}=\lim_{x\to 0}\frac{(1-\cos x)(1+\cos x)}{x^2(1+\cos x)}=\lim_{x\to 0}\frac{\sin^2 x}{x^2(1+\cos x)}$

$\displaystyle\qquad =\lim_{x\to 0}\left(\frac{\sin x}{x}\right)^2\frac{1}{1+\cos x}=1^2\cdot\frac{1}{1+1}=\frac{1}{2}.$

(3) $\displaystyle\lim_{x\to 0}\frac{\tan x}{x}=\lim_{x\to 0}\frac{\sin x}{\cos x}\cdot\frac{1}{x}=\lim_{x\to 0}\frac{\sin x}{x}\cdot\frac{1}{\cos x}=1\cdot 1=1.$

　上記の**例 2.6** (1) の $\dfrac{\sin 3x}{3x}$ のように，三角関数の極限は $\dfrac{\sin\square}{\square}$ の形にしてから考える．また，極限の公式 $\displaystyle\lim_{x\to 0}\frac{\sin x}{x}=1$ と**例 2.6** (2), (3) の 3 つの等式をまとめて**三角関数の極限の公式**ということもある．

2.7　三角関数の導関数

　積和の公式と導関数の性質を用いることで，三角関数の導関数を求めることができる．

三角関数の導関数

(1)　$(\sin x)'=\cos x$ 　　　　　(2)　$(\cos x)'=-\sin x$

(3)　$(\tan x)'=\dfrac{1}{\cos^2 x}$

証明

(1)　$\displaystyle(\sin x)'=\lim_{h\to 0}\frac{\sin(x+h)-\sin x}{h}$

$\displaystyle\qquad =\lim_{h\to 0}2\cos\frac{(x+h)+x}{2}\sin\frac{(x+h)-x}{2}\cdot\frac{1}{h}$

$\displaystyle\qquad =\lim_{h\to 0}\cos\left(x+\frac{h}{2}\right)\cdot\left\{\left(\sin\frac{h}{2}\right)\div\frac{h}{2}\right\}=\cos(x+0)\cdot 1$

$\displaystyle\qquad =\cos x.$

(2)　$\displaystyle (\cos x)' = \lim_{h \to 0} \frac{\cos(x+h) - \cos x}{h}$

$\displaystyle \qquad\quad = \lim_{h \to 0} \left\{ -2 \sin \frac{(x+h)+x}{2} \sin \frac{(x+h)-x}{2} \right\} \cdot \frac{1}{h}$

$\displaystyle \qquad\quad = -\lim_{h \to 0} \sin \left(x + \frac{h}{2} \right) \cdot \left\{ \left(\sin \frac{h}{2} \right) \div \frac{h}{2} \right\} = -\sin(x+0) \cdot 1$

$\displaystyle \qquad\quad = -\sin x.$

(3)　$\displaystyle (\tan x)' = \left(\frac{\sin x}{\cos x} \right)' = \frac{(\sin x)' \cdot \cos x - \sin x \cdot (\cos x)'}{\cos^2 x}$

$\displaystyle \qquad\quad = \frac{\cos x \cdot \cos x - \sin x \cdot (-\sin x)}{\cos^2 x} = \frac{1}{\cos^2 x}.$

例 2.7

(1)　$y = \sin \left(3x + \dfrac{\pi}{4} \right)$ について，$u = 3x + \dfrac{\pi}{4}$ とおくと $y = \sin u$ より

$\displaystyle \qquad y' = \frac{dy}{du}\frac{du}{dx} = (\sin u)' \cdot \left(3x + \frac{\pi}{4} \right)' = 3 \cos u = 3 \cos \left(3x + \frac{\pi}{4} \right).$

(2)　$y = \cos^2 2x$ について，$u = 2x,\ t = \cos u$ とおくと $y = \cos^2 u = t^2$ より

$\displaystyle \qquad y' = \frac{dy}{dt}\frac{dt}{du}\frac{du}{dx} = (t^2)' \cdot (\cos u)' \cdot (2x)' = 2t \cdot (-\sin u) \cdot 2$

$\displaystyle \qquad\quad = -4 \sin u \cos u = -2 \sin 2u = -2 \sin 4x.$

(3)　$y = \tan(5x + 3)$ について，$u = 5x + 3$ とおくと $y = \tan u$ より

$\displaystyle \qquad y' = \frac{dy}{du}\frac{du}{dx} = (\tan u)' \cdot (5x+3)' = \frac{1}{\cos^2 u} \cdot 5 = \frac{5}{\cos^2(5x+3)}.$

　上記の**例 2.7** (1) は，加法定理より

$$3 \cos \left(3x + \frac{\pi}{4} \right) = 3 \left(\cos 3x \cos \frac{\pi}{4} - \sin 3x \sin \frac{\pi}{4} \right)$$

$$= 3 \left(\frac{1}{\sqrt{2}} \cos 3x - \frac{1}{\sqrt{2}} \sin 3x \right)$$

$$= \frac{3}{\sqrt{2}} \left(\cos 3x - \sin 3x \right)$$

と変形できるが，導関数を求めるだけならば簡潔に表せばよいため，特に必要が
なければ変形しなくてもよい。

演習問題

2.1　関数 $f(x) = 2x^2 - 3x$ について，定義に従って次のものを求めよ．

(1)　$x = 2$ から $x = 4$ まで変化するときの平均変化率

(2)　$x = 2$ における微分係数

(3)　$f(x)$ の導関数

2.2　関数 $f(x) = 2\sqrt{x}$ について，定義に従って次のものを求めよ．

(1)　$x = 4$ から $x = 9$ まで変化するときの平均変化率

(2)　$x = 4$ における微分係数

2.3　定義に従って次の関数を微分せよ．

(1)　$f(x) = x^2 + 1$ 　　　　　　(2)　$f(x) = \sin 2x$

2.4　次の関数を微分せよ．

(1)　$f(x) = -x^3 - 5x^2$ 　　　　(2)　$f(x) = (x^2 + 1)(x - 1)$

(3)　$f(x) = (x^2 + 1)(x^3 - 2)(x - 1)$ 　　(4)　$f(x) = x^{-3}$

(5)　$f(x) = \sqrt[5]{x}$ 　　　　　　(6)　$f(x) = \dfrac{2x + 1}{1 - 3x^3}$

(7)　$f(x) = \dfrac{2x^3 + x - 1}{x^2}$ 　　(8)　$f(x) = (3 - 2x)^3$

(9)　$f(x) = \sin x - \cos x$ 　　(10)　$f(x) = x^2 + 2\sin x$

(11)　$f(x) = \sin^2 x$ 　　　　(12)　$f(x) = \dfrac{1}{\tan x}$

(13)　$f(x) = \cos^3 x$ 　　　　(14)　$f(x) = \tan 5x$

(15)　$f(x) = \tan(\sin x)$

2.5　次の極限を求めよ．

(1)　$\displaystyle\lim_{x \to 0} \frac{\sin 3x}{2x}$ 　　(2)　$\displaystyle\lim_{x \to 0} \frac{\tan 2x}{3x}$ 　　(3)　$\displaystyle\lim_{x \to 0} \frac{\tan 2x}{x}$

(4)　$\displaystyle\lim_{x \to 0} \frac{\sin 3x}{\sin 5x}$ 　　(5)　$\displaystyle\lim_{x \to 0} \frac{1 - \cos x}{x \sin x}$

3 微分と導関数 (2)

3.1 接線の方程式

関数 $y = f(x)$ において，x が a から $a + h$ まで変化するときの平均変化率 $\dfrac{f(a+h) - f(a)}{h}$ は，図 3.1 のようなグラフ上の 2 点 P$(a, f(a))$, Q$(a+h, f(a+h))$ を通る直線 PQ の傾きである．

$h \to 0$ のとき，点 Q は曲線 $y = f(x)$ に沿って点 P に近づき，直線 PQ は点 P を通る定直線 PT に限りなく近づく．したがって，微分係数

$$f'(a) = \lim_{h \to 0} \frac{f(a+h) - f(a)}{h}$$

は直線 PT の傾きを表す．直線 PT を点 P における曲線 $y = f(x)$ の接線といい，点 P をその**接点**という．また，点 (x_1, y_1) を通り，傾きが m である直線の方程式は $y - y_1 = m(x - x_1)$ である．したがって，次が得られる．

接線の方程式

曲線 $y = f(x)$ 上の点 P$(a, f(a))$ における接線の方程式は

$$y - f(a) = f'(a)(x - a).$$

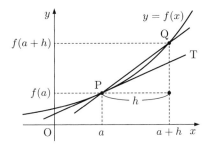

図 3.1 平均変化率

例題 3.1　曲線 $y = x^3 - 4x$ 上の点 P$(1, -3)$ における接線の方程式を求めよ.

解　$f(x) = x^3 - 4x$ とおくと $f'(x) = 3x^2 - 4$
より $f'(1) = 3 - 4 = -1$. よって, 求める接線
の方程式は

$$y - (-3) = -1 \cdot (x - 1)$$

すなわち $y = -x - 2$.

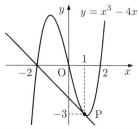

また, 曲線上にない点から引いた接線の方程式も求めることができる.

例題 3.2　点 $(1, 1)$ から曲線 $y = x^3 - 4x$ へ引いた接線の方程式を求めよ.

解　接点を P$(t, t^3 - 4t)$ とする. $f(x) = x^3 - 4x$
とおくと $f'(x) = 3x^2 - 4$ より, 点 P における接線
の方程式は

$$y - (t^3 - 4t) = (3t^2 - 4)(x - t)$$

すなわち $y = (3t^2 - 4)x - 2t^3$　$\cdots$ ①
ここで, この接線は点 $(1, 1)$ を通るから
$1 = (3t^2 - 4) - 2t^3$ すなわち $2t^3 - 3t^2 + 5 = (t + 1)(2t^2 - 5t + 5) = 0$.
よって, $2t^2 - 5t + 5 = 0$ に実数解は存在しないので, $t = -1$.
したがって, ① より, 求める接線の方程式は $y = -x + 2$.

ここで, 曲線 $y = f(x)$ 上の点 P$(a, f(a))$ における接線の傾きは $f'(a)$ より, 点 P における法線の傾きを m とすれば, $m \cdot f'(a) = -1$ より $m = -\dfrac{1}{f'(a)}$ である. したがって, 次が得られる.

───　**法線の方程式**　────────────────────

曲線 $y = f(x)$ 上の点 P$(a, f(a))$ における法線の方程式は

$$y - f(a) = -\frac{1}{f'(a)}(x - a).$$

例題 3.3 曲線 $y = x^3 - 4x$ 上の点 $(1, -3)$ における法線の方程式を求めよ.

解 $f(x) = x^3 - 4x$ とおくと $f'(x) = 3x^2 - 4$ より $f'(1) = 3 - 4 = -1$ であるから $\dfrac{1}{f'(1)} = -1$.

よって, 求める法線の方程式は $y - (-3) = -(-1) \cdot (x - 1)$ すなわち $y = x - 4$.

ここで, $f'(a) = 0$ でも法線は存在することに注意する.

例題 3.4 曲線 $y = x^2$ の $x = 0$ における法線の方程式を求めよ.

解 $f(x) = x^2$ とおくと $f'(x) = 2x$ より $f'(0) = 0$ であるから接線の方程式は $y = 0$ であるが, 法線は存在し, その方程式は $x = 0$ (y 軸) である.

3.2 ネイピア数と自然対数

対数の性質 $\log_a M^k = k \log_a M$ を用いて, 次の極限を考える.

$$\lim_{h \to 0} \frac{\log_a(1 + h)}{h} = \lim_{h \to 0} \log_a(1 + h)^{\frac{1}{h}} = \log_a \left\{ \lim_{h \to 0} (1 + h)^{\frac{1}{h}} \right\}$$

このとき, 上記の極限値を知るためには, $\lim_{h \to 0} (1 + h)^{\frac{1}{h}}$ を求めればよい. 実際に関数 $(1 + h)^{\frac{1}{h}}$ の値を $h = 0$ の近くで計算した表は第 I 部最後の表 I-2 に掲載している. この表より, $\lim_{h \to 0} (1 + h)^{\frac{1}{h}} = 2.7182 \cdots$ となることが予想される. この極限値を e で表し, **ネイピア数**または自然対数の底という. したがって, ネイピア数 e は次のように定義される.

ネイピア数

$$\lim_{h \to 0} (1 + h)^{\frac{1}{h}} = e$$

ネイピア数 e は無理数であり, $e \fallingdotseq 2.7182$ である. また, 言い換えた表現として, 下記のネイピア数に関する極限 (1) がある. これらの極限が e に収束する証明については割愛するが, 例えば, 単調に増加する上に有界な ($\fallingdotseq$ 上限がある) 数列は収束し, $a_n = \left(1 + \dfrac{1}{n}\right)^n$ について, a_n は単調に増加 (すなわち, $a_n < a_{n+1}$) であり, 二項定理により a_n は上に有界であることを示せばよい.

　以下では，ネイピア数に関する極限として代表的なものを挙げる．特に，下記の (1) は，前述の通り定義を書き換えた等式であり，ベルヌーイ (Bernoulli) により利子の連続複利の計算に関連して言及されたものである．

ネイピア数に関する極限

(1)　$\displaystyle\lim_{x\to\infty}\left(1+\frac{1}{x}\right)^x = e$　　　　　　(2)　$\displaystyle\lim_{x\to-\infty}\left(1+\frac{1}{x}\right)^x = e$

証明　(1) $t=\dfrac{1}{x}$ とおくと，$x\to\infty$ のとき $t\to 0$ より

$$\lim_{x\to\infty}\left(1+\frac{1}{x}\right)^x = \lim_{t\to 0}(1+t)^{\frac{1}{t}} = e.$$

(2) $s=\dfrac{1}{x}$ とおくと，$x\to-\infty$ のとき $s\to 0$ より

$$\lim_{x\to-\infty}\left(1+\frac{1}{x}\right)^x = \lim_{s\to 0}(1+s)^{\frac{1}{s}} = e.$$

例題 3.5　次の極限を求めよ．

(1)　$\displaystyle\lim_{h\to 0}(1+h)^{\frac{2}{h}}$　　　　　　(2)　$\displaystyle\lim_{h\to 0}(1+h)^{-\frac{3}{h}}$

(3)　$\displaystyle\lim_{x\to\infty}\left(1+\frac{1}{x}\right)^{-x}$　　　　(4)　$\displaystyle\lim_{x\to-\infty}\left(1+\frac{2}{x}\right)^x$

解

(1)　$\displaystyle\lim_{h\to 0}(1+h)^{\frac{2}{h}} = \lim_{h\to 0}\left\{(1+h)^{\frac{1}{h}}\right\}^2 = e^2.$

(2)　$\displaystyle\lim_{h\to 0}(1+h)^{-\frac{3}{h}} = \lim_{h\to 0}\left\{(1+h)^{\frac{1}{h}}\right\}^{-3} = e^{-3} = \frac{1}{e^3}.$

(3)　$\displaystyle\lim_{x\to\infty}\left(1+\frac{1}{x}\right)^{-x} = \lim_{x\to\infty}\left\{\left(1+\frac{1}{x}\right)^x\right\}^{-1} = e^{-1} = \frac{1}{e}.$

　　　または，$t=\dfrac{1}{x}$ とおくと，$x\to\infty$ のとき $t\to 0$ より

$$\lim_{x\to\infty}\left(1+\frac{1}{x}\right)^{-x} = \lim_{t\to 0}(1+t)^{-\frac{1}{t}} = \frac{1}{e}.$$

(4)　$\displaystyle\lim_{x\to-\infty}\left(1+\frac{2}{x}\right)^x = \lim_{x\to-\infty}\left(1+\frac{1}{\frac{x}{2}}\right)^x$

$$= \lim_{x\to-\infty}\left\{\left(1+\frac{1}{\frac{x}{2}}\right)^{\frac{x}{2}}\right\}^2 = e^2.$$

$$\text{または, } u = \frac{2}{x} \text{ とおくと } x = \frac{2}{u} \text{ であり, } x \to -\infty \text{ のとき } u \to 0 \text{ より}$$

$$\lim_{x \to -\infty} \left(1 + \frac{2}{x}\right)^x = \lim_{u \to 0} (1 + u)^{\frac{2}{u}} = \lim_{u \to 0} \left\{(1 + u)^{\frac{1}{u}}\right\}^2 = e^2.$$

自然対数

e を底とする対数関数 $y = \log_e x$ を自然対数という. 以降では, これを単に $y = \log x$ で表す.

　自然対数の定義域は $(0, \infty)$ であり, これまでに学んだ対数関数と同様の性質が成立する. 特に, $y = \log_e x \iff x = e^y$ より関数 $y = \log x$ の逆関数は $y = e^x$ である.

3.3　対数関数の導関数

対数関数の導関数

$f(x)$ を微分可能な関数とし, $a > 0$, $a \neq 1$ とする.

(1)　$(\log x)' = \dfrac{1}{x}$　$(x > 0)$

(2)　$(\log |x|)' = \dfrac{1}{x}$　$(x \neq 0)$

(3)　$(\log_a x)' = \dfrac{1}{x \log a}$　$(x > 0)$

(4)　$\{\log f(x)\}' = \dfrac{f'(x)}{f(x)}$　$(f(x) > 0)$

(5)　$\{\log |f(x)|\}' = \dfrac{f'(x)}{f(x)}$　$(f(x) \neq 0)$

証明　(1)　$\displaystyle\lim_{h \to 0} \frac{\log(x + h) - \log x}{h} = \lim_{h \to 0} \frac{1}{h} \{\log(x + h) - \log x\}$

$$= \lim_{h \to 0} \frac{1}{h} \log \left(\frac{x + h}{x}\right) = \lim_{h \to 0} \log \left(1 + \frac{h}{x}\right)^{\frac{1}{h}}.$$

ここで, $t = \dfrac{h}{x}$ とおくと, $h \to 0$ のとき $t \to 0$ より

$$(\log x)' = \lim_{h \to 0} \frac{\log(x + h) - \log x}{h} = \lim_{h \to 0} \log \left(1 + \frac{h}{x}\right)^{\frac{1}{h}}$$

$$= \lim_{h \to 0} \log \left\{ \left(1 + \frac{h}{x} \right)^{\frac{x}{h}} \right\}^{\frac{1}{x}} = \frac{1}{x} \lim_{h \to 0} \log \left(1 + \frac{h}{x} \right)^{\frac{x}{h}}$$

$$= \frac{1}{x} \lim_{t \to 0} \log \left(1 + t \right)^{\frac{1}{t}} = \frac{1}{x} \log e = \frac{1}{x}.$$

(2)　$x > 0$ のとき，(1) と一致する．

$x < 0$ のとき，$u = -x$ とおくと $u > 0$ であり，$y = \log |x| = \log | -u | = \log u$.

よって，合成関数の微分と (1) より

$$(\log |x|)' = \frac{dy}{dx} = \frac{dy}{du} \frac{du}{dx}$$

$$= (\log u)' \cdot (-x)' = \frac{1}{u} \cdot (-1) = \frac{1}{-x} \cdot (-1) = \frac{1}{x}.$$

(3)　底の変換公式より $\log_a x = \dfrac{\log_e x}{\log_e a} = \dfrac{\log x}{\log a}$ であり，$\log a$ は定数である．

よって，(1) より

$$(\log_a x)' = \left(\frac{\log x}{\log a} \right)' = \frac{1}{\log a} (\log x)' = \frac{1}{\log a} \cdot \frac{1}{x} = \frac{1}{x \log a}.$$

(4)　$y = \log f(x)$ において $u = f(x)$ とおくと，$y = \log u$.

よって，合成関数の微分と (1) より

$$\{\log f(x)\}' = \frac{dy}{dx} = \frac{dy}{du} \frac{du}{dx} = (\log u)' \cdot f'(x) = \frac{1}{u} \cdot f'(x) = \frac{f'(x)}{f(x)}.$$

(5)　$f(x) > 0$ のとき，(4) と一致する．

$f(x) < 0$ のとき，$u = -f(x)$ とおくと $u > 0$ であり，$y = \log |f(x)| = \log | -u |$

$= \log u$. よって，合成関数の微分と (4) より

$$\{\log |f(x)|\}' = \frac{dy}{dx} = \frac{dy}{du} \frac{du}{dx} = (\log u)' \cdot \{-f(x)\}' = \frac{1}{u} \cdot \{-f'(x)\}$$

$$= \frac{1}{-f(x)} \cdot \{-f'(x)\} = \frac{f'(x)}{f(x)}.$$

例 3.1

(1)　$(\log_2 x)' = \left(\dfrac{\log x}{\log 2} \right)' = \dfrac{1}{\log 2} (\log x)' = \dfrac{1}{x \log 2}.$

(2)　$(x^3 \log x)' = (x^3)' \cdot \log x + x^3 \cdot (\log x)' = 3x^2 \cdot \log x + x^3 \cdot \dfrac{1}{x}$

$\qquad = 3x^2 \log x + x^2.$

(3) $y = \dfrac{1}{\log x}$ のとき, 商の微分 (導関数の性質 (5)) より

$$y' = -\frac{(\log x)'}{(\log x)^2} = -\frac{1}{x} \cdot \frac{1}{(\log x)^2} = -\frac{1}{x(\log x)^2}.$$

(4) $y = \log|x^3 - 3|$ のとき $y' = \dfrac{(x^3 - 3)'}{x^3 - 3} = \dfrac{3x^2}{x^3 - 3}.$

(5) $y = \log(2 + \cos x)$ のとき, $u = 2 + \cos x$ とおくと $y = \log u$ より

$$y' = \frac{dy}{du}\frac{du}{dx} = \frac{1}{u} \cdot (-\sin x) = -\frac{\sin x}{2 + \cos x}.$$

3.4 指数関数の導関数

> **指数関数の導関数**
>
> a を $a > 0$, $a \neq 1$ を満たす定数とする.
>
> (1) $(a^x)' = a^x \log a$ (2) $(e^x)' = e^x$

証明 (1) $f(x) = a^x$ において両辺の自然対数をとると

$$\log f(x) = \log a^x = x \log a.$$

両辺を x で微分すると, 対数関数の導関数 (4) より

$$\frac{f'(x)}{f(x)} = (x \log a)' = \log a + x \cdot (\log a)' = \log a.$$

よって, $f'(x) = f(x) \cdot \log a = a^x \log a.$

(2) (1) において a を e に置き換えると, $f'(x) = e^x \log e = e^x.$

　上記の証明にあるように, 両辺の自然対数をとり微分する計算法を**対数微分法**という.

　n が整数のとき, $(x^n)' = nx^{n-1}$ であった. ここで, 対数微分法を用いて n が実数であるときの x^n の導関数を求める. $f(x) = x^n$ $(x > 0)$ において両辺の自然対数をとると $\log f(x) = \log x^n = n \log x$ となる. この両辺を x で微分すると,

$$\frac{f'(x)}{f(x)} = n \cdot \frac{1}{x} \text{ より } f'(x) = n \cdot \frac{f(x)}{x} = n \cdot \frac{x^n}{x} = nx^{n-1}.$$

したがって, 次が成立する.

> **関数 x^n の導関数**
>
> n が実数のとき，関数 $f(x) = x^n \;\; (x > 0)$ の導関数は $(x^n)' = nx^{n-1}$.

例 3.2

(1) $(5^x)' = 5^x \log 5$.

(2) $(2^x \log x)' = (2^x)' \cdot \log x + 2^x \cdot (\log x)' = 2^x \log 2 \cdot \log x + 2^x \cdot \dfrac{1}{x}$

$\qquad = 2^x \left\{ (\log 2) \log x + \dfrac{1}{x} \right\}$.

(3) $\left(\dfrac{e^x}{x+1} \right)' = \dfrac{(e^x)' \cdot (x+1) - e^x \cdot (x+1)'}{(x+1)^2} = \dfrac{e^x \cdot (x+1) - e^x \cdot 1}{(x+1)^2}$

$\qquad = \dfrac{xe^x}{(x+1)^2}$.

(4) $y = \sqrt{x+1}$ のとき，$u = x+1$ とおくと $y = \sqrt{u} = u^{\frac{1}{2}}$ より

$$y' = \frac{dy}{du}\frac{du}{dx} = (u^{\frac{1}{2}})' \cdot (x+1)' = \frac{1}{2} u^{-\frac{1}{2}} = \frac{1}{2\sqrt{x+1}}.$$

(5) $y = 3^{\frac{1}{x}}$ のとき，$u = \dfrac{1}{x} = x^{-1}$ とおくと $y = 3^u$ より

$$y' = \frac{dy}{du}\frac{du}{dx} = (3^u \log 3) \cdot \left(-\frac{1}{x^2} \right) = -\frac{\log 3}{x^2} 3^{\frac{1}{x}}.$$

(6) $y = 3^{-x}$ のとき，$u = -x$ とおくと $y = 3^u$ より

$$y' = \frac{dy}{du}\frac{du}{dx} = 3^u \log 3 \cdot (-x)' = -3^u \log 3 = -3^{-x} \log 3.$$

(7) $y = e^{2x}$ のとき，$u = 2x$ とおくと $y = e^u$ より

$$y' = \frac{dy}{du}\frac{du}{dx} = e^u \cdot (2x)' = 2e^u = 2e^{2x}.$$

　合成関数の微分について，可能であれば，どのように置き換えるかを断らずに計算してよい．

例 3.3

(1) $\left\{ \sin(x^2 + 1) \right\}' = \cos(x^2 + 1) \cdot (x^2 + 1)' = 2x \cos(x^2 + 1)$.

(2) $\left(3^{-x} e^{2x} \right)' = \left(3^{-x} \right)' \cdot e^{2x} + 3^{-x} \cdot \left(e^{2x} \right)'$

$\qquad = -3^{-x} \log 3 \cdot e^{2x} + 3^{-x} \cdot 2e^{2x} = (2 - \log 3) 3^{-x} e^{2x}$.

(3) $(e^{\sin x})' = e^{\sin x} \cdot (\sin x)' = e^{\sin x} \cos x$.

(4) $\left(e^{-x} \tan x\right)' = \left(e^{-x}\right)' \cdot \tan x + e^{-x} \cdot (\tan x)'$

$= \left\{e^{-x} \cdot (-x)'\right\} \cdot \tan x + e^{-x} \cdot \dfrac{1}{\cos^2 x} = -e^{-x} \tan x + e^{-x} \dfrac{1}{\cos^2 x}$

$= e^{-x} \left(\dfrac{1}{\cos^2 x} - \tan x\right) = e^{-x} \left(1 + \tan^2 x - \tan x\right).$

(5) $\left(e^{2x} \log x\right)' = \left(e^{2x}\right)' \cdot \log x + e^{2x} \cdot (\log x)'$

$= \left\{e^{2x} \cdot (2x)'\right\} \cdot \log x + e^{2x} \cdot \dfrac{1}{x} = 2e^{2x} \log x + e^{2x} \dfrac{1}{x}$

$= e^{2x} \left(2 \log x + \dfrac{1}{x}\right).$

(6) $y = \dfrac{(2x+1)^4}{(x^2-1)^3}$ $(x < -1,\ x > 1)$ において両辺の自然対数をとると

$$\log y = \log \frac{(2x+1)^4}{(x^2-1)^3} = 4 \log(2x+1) - 3 \log(x^2-1).$$

両辺を x で微分すると

$$\frac{y'}{y} = 4 \cdot \frac{1}{2x+1} \cdot (2x+1)' - 3 \cdot \frac{1}{x^2-1} \cdot (x^2-1)'$$

$$= \frac{4}{2x+1} \cdot 2 - \frac{3}{x^2-1} \cdot 2x$$

$$= \frac{8}{2x+1} - \frac{6x}{x^2-1}.$$

よって，

$$y' = \left(\frac{8}{2x+1} - \frac{6x}{x^2-1}\right) \cdot \frac{(2x+1)^4}{(x^2-1)^3}$$

$$= \frac{8(x^2-1) - 6x(2x+1)}{(2x+1)(x^2-1)} \cdot \frac{(2x+1)^4}{(x^2-1)^3}$$

$$= \frac{-4x^2 - 6x - 8}{(2x+1)(x^2-1)} \cdot \frac{(2x+1)^4}{(x^2-1)^3}$$

$$= -\frac{2(2x^2 + 3x + 4)(2x+1)^3}{(x^2-1)^4}.$$

3.5 導関数の性質のまとめ

これまでに得た導関数の性質を列挙する．以下に述べる導関数を表す記号として，$f'(x)$ のほかに，$\{f(x)\}'$, $\dfrac{dy}{dx}$, $\dfrac{df}{dx}$, $\dfrac{d}{dx}f(x)$, y', f' などがある．例えば，$\dfrac{dy}{dx}$ は y を x で微分するという意味であり，書くときは上から書く．

導関数

関数 $f(x)$ から得られる関数 $f'(x)$ を $f(x)$ の導関数といい，

$$f'(x) = \lim_{h \to 0} \frac{f(x+h) - f(x)}{h}$$

または

$$f'(x) = \lim_{\Delta x \to 0} \frac{\Delta y}{\Delta x} = \lim_{\Delta x \to 0} \frac{f(x + \Delta x) - f(x)}{\Delta x}$$

で定義される．$f(x)$ から導関数 $f'(x)$ を求めることを，$f(x)$ を x で微分するという．

導関数の性質

$f(x)$, $g(x)$ を微分可能な関数とし，k は定数とする．

(1)　$\{kf(x)\}' = kf'(x)$

(2)　$\{f(x) \pm g(x)\}' = f'(x) \pm g'(x)$

(3)　$\{f(x)g(x)\}' = f'(x)g(x) + f(x)g'(x)$

(4)　$\left\{ \dfrac{f(x)}{g(x)} \right\}' = \dfrac{f'(x)g(x) - f(x)g'(x)}{\{g(x)\}^2} \quad (g(x) \neq 0)$

(5)　$\left\{ \dfrac{1}{g(x)} \right\}' = -\dfrac{g'(x)}{\{g(x)\}^2} \quad (g(x) \neq 0)$

導関数の性質 (3) を積の微分あるいはライプニッツルール (Leibniz rule)，(4) と (5) を商の微分ということがある．

様々な関数の導関数

$f(x)$ を微分可能な関数とし，n, k は定数とする．

(1)　$(x^n)' = nx^{n-1}$　　　　(2)　$(k)' = 0$

(3)　$(\sin x)' = \cos x$　　　　(4)　$(\cos x)' = -\sin x$

(5)　$(\tan x)' = \dfrac{1}{\cos^2 x}$　　　　(6)　$(\log x)' = \dfrac{1}{x} \quad (x > 0)$

(7)　$(\log |x|)' = \dfrac{1}{x} \quad (x \neq 0)$　　　　(8)　$(\log_a x)' = \dfrac{1}{x \log a} \quad (x > 0)$

(9)　$\{\log f(x)\}' = \dfrac{f'(x)}{f(x)} \quad (f(x) > 0)$

(10)　$\{\log |f(x)|\}' = \dfrac{f'(x)}{f(x)} \quad (f(x) \neq 0)$

(11)　$(a^x)' = a^x \log a$　　　　(12)　$(e^x)' = e^x$

合成関数の導関数

関数 $y = f(u)$ が u の関数として微分可能，$u = g(x)$ が x の関数として微分可能であるとき，$y = f(u)$ と $u = g(x)$ の合成関数 $y = f(g(x))$ も x の関数として微分可能であり，導関数は次のように表される[※1]．

$$\frac{dy}{dx} = \frac{dy}{du}\frac{du}{dx} \quad \text{または} \quad \{f(g(x))\}' = f'(g(x)) \cdot g'(x).$$

ここで，$f'(g(x))$ は，$f'(x)$ の x に $g(x)$ を代入したものである．

合成関数の微分法をチェインルール (chain rule) とも言う．詳細については 2.5 節を参照すること．

逆関数の導関数

逆関数をもつ関数 $y = f(x)$ が微分可能で，$f'(x) \neq 0$ とする．このとき，$y = f(x)$ の逆関数 $x = g(y)$ は微分可能であり，

$$g'(y) = \frac{1}{f'(x)} \quad \text{すなわち} \quad \frac{dx}{dy} = \frac{1}{\frac{dy}{dx}}.$$

また，様々な関数の導関数 (10) の式を書き直すと次の公式が得られる．

対数微分法

関数 $f(x)$ が微分可能かつ $f(x) \neq 0$ ならば

$$f'(x) = f(x)\{\log|f(x)|\}'$$

が成立する．

一見するとこの公式の右辺より左辺のほうが簡単なように感じるが，左辺より右辺のほうが計算が簡単になる場合がある．

[※1] 2 章でも述べたが合成関数の公式を詳しく書くと

$$\frac{d(f(g(x)))}{dx} = \left(\frac{df(u)}{du}\Big|_{u=g(x)}\right)\left(\frac{dg(x)}{dx}\right)$$

となる．ここで $\frac{df(u)}{du}\Big|_{u=g(x)}$ は「微分した後に $u = g(x)$ を代入せよ」という意味．

演習問題

3.1　次の接線の方程式を求めよ.

(1)　曲線 $f(x) = 2x^2 - 4x + 3$ 上の点 $(2, 3)$ における接線の方程式

(2)　曲線 $f(x) = x^3$ 上の点 $\left(\dfrac{1}{2}, \dfrac{1}{8} \right)$ における接線の方程式

(3)　点 $(3, 2)$ から曲線 $y = x^2 - 2x$ へ引いた接線の方程式

3.2　次の極限を求めよ.

(1)　$\displaystyle \lim_{x \to 0} (1 - x)^{\frac{1}{x}}$

(2)　$\displaystyle \lim_{x \to 0} (1 - 2x)^{\frac{3}{x}}$

(3)　$\displaystyle \lim_{x \to \infty} \left(1 + \frac{1}{4x} \right)^x$

(4)　$\displaystyle \lim_{x \to \infty} \left(1 + \frac{2}{x} \right)^{x+1}$

3.3　次の関数を微分せよ.

(1)　$f(x) = \log 123x$

(2)　$f(x) = \log_{2018} x$

(3)　$f(x) = x \log x$

(4)　$f(x) = x\sqrt{x}$

(5)　$f(x) = 7^x$

(6)　$f(x) = e^x \cos x$

(7)　$f(x) = 3x^2 \cdot 5^x$

(8)　$f(x) = \sqrt{x^2 + 1}$

(9)　$f(x) = x^x \quad (x > 0)$

(10)　$f(x) = \dfrac{(x+1)^3}{(x+2)^2}$

(11)　$f(x) = 3^x + 3^{-x}$

(12)　$f(x) = x^{\log x}$

4 いろいろな極限

4.1 数列と関数の極限の復習と計算

項が限りなく続く数列を無限数列といい，記号 $\{a_n\}$ で表す．以降では，特に断らない限り，数列とは無限数列であるとする．ここで，数列の極限についてこれまでに得られた事実を列挙していく[※1]．

数列の極限の性質

数列 $\{a_n\}$, $\{b_n\}$ が収束し，$\displaystyle\lim_{n\to\infty} a_n = \alpha$, $\displaystyle\lim_{n\to\infty} b_n = \beta$ とする．また，k, ℓ は定数とする．

(1) $\displaystyle\lim_{n\to\infty} (a_n - b_n) = \alpha - \beta$ 　　　(2) $\displaystyle\lim_{n\to\infty} (ka_n + \ell b_n) = k\alpha + \ell\beta$

(3) $\displaystyle\lim_{n\to\infty} a_n b_n = \alpha\beta$ 　　　(4) $\displaystyle\lim_{n\to\infty} \frac{a_n}{b_n} = \frac{\alpha}{\beta}$ 　$(\beta \neq 0)$

数列の極限と大小関係

数列 $\{a_n\}$, $\{b_n\}$ が収束し，$\displaystyle\lim_{n\to\infty} a_n = \alpha$, $\displaystyle\lim_{n\to\infty} b_n = \beta$ とする．

(1) すべての n について $a_n \leq b_n$ ならば $\alpha \leq \beta$ である．

(2) すべての n について $a_n \leq c_n \leq b_n$ かつ $\alpha = \beta$ ならば数列 $\{c_n\}$ は収束し $\displaystyle\lim_{n\to\infty} c_n = \alpha$ となる．(はさみうちの原理)

上記の (2) は，条件が $a_n < c_n \leq b_n$, $a_n \leq c_n < b_n$, $a_n < c_n < b_n$ であっても成立する．

例題 4.1 　次の数列 $\{a_n\}$ の極限を求めよ．

(1) $a_n = \dfrac{3n+2}{n+5}$ 　　　(2) $a_n = \dfrac{(n+3)(2n-5)}{n^2}$

(3) $a_n = \dfrac{\sin n\theta}{n}$

[※1] 詳しくは第 II 部 1 章，2 章を参照すること．

解

(1)　$a_n = \dfrac{3n+2}{n+5}$ のとき $\displaystyle\lim_{n\to\infty}\dfrac{3n+2}{n+5} = \lim_{n\to\infty}\dfrac{3+\frac{2}{n}}{1+\frac{5}{n}} = 3.$

(2)　$a_n = \dfrac{(n+3)(2n-5)}{n^2}$ のとき

$$\lim_{n\to\infty}\dfrac{(n+3)(2n-5)}{n^2} = \lim_{n\to\infty}\left(1+\dfrac{3}{n}\right)\left(2-\dfrac{5}{n}\right) = 2.$$

(3)　$a_n = \dfrac{\sin n\theta}{n}$ のとき $-1 \le \sin n\theta \le 1$ より $-\dfrac{1}{n} \le \dfrac{\sin n\theta}{n} \le \dfrac{1}{n}.$

よって，$\displaystyle\lim_{n\to\infty}\left(-\dfrac{1}{n}\right) = \lim_{n\to\infty}\dfrac{1}{n} = 0$ より $\displaystyle\lim_{n\to\infty}\dfrac{\sin n\theta}{n} = 0.$

次に，関数の極限についてわかっている事実を述べ，計算の方法を確認する．

関数の極限の性質

$\displaystyle\lim_{x\to a}f(x) = \alpha, \ \lim_{x\to a}g(x) = \beta$ とする．また，k, ℓ は定数とする．

(1)　$\displaystyle\lim_{x\to a}\{kf(x)+\ell g(x)\} = k\alpha + \ell\beta$

(2)　$\displaystyle\lim_{x\to a}f(x)g(x) = \alpha\beta$ 　　　(3)　$\displaystyle\lim_{x\to a}\dfrac{f(x)}{g(x)} = \dfrac{\alpha}{\beta} \quad (\beta \neq 0)$

関数 $f(x)$ が $x = a$ のとき定義されていなくても，極限値 $\displaystyle\lim_{x\to a}f(x)$ は存在する場合があることに注意する．

例 4.1

(1)　$\displaystyle\lim_{x\to 2}(x^2-4x-2) = 2^2-4\cdot 2-2 = -6.$

(2)　$\displaystyle\lim_{x\to 0}\sqrt{2x+3} = \sqrt{2\cdot 0+3} = \sqrt{3}.$

(3)　$\displaystyle\lim_{x\to 3}\dfrac{x^2-4x}{x-1} = \dfrac{3^2-4\cdot 3}{3-1} = -\dfrac{3}{2}.$

(4)　$\displaystyle\lim_{x\to\infty}\dfrac{2x^2-3x+4}{3x^2+5} = \lim_{x\to\infty}\dfrac{2-\frac{3}{x}+\frac{4}{x^2}}{3+\frac{5}{x^2}} = \dfrac{2}{3}.$

(5)　$\displaystyle\lim_{x\to-\infty}\dfrac{x^2-5}{x+1} = \lim_{x\to-\infty}\dfrac{x-\frac{5}{x}}{1+\frac{1}{x}} = -\infty.$

(6)　$\displaystyle\lim_{x\to 1}\dfrac{x^3+3x^2-4}{x^3-1} = \lim_{x\to 1}\dfrac{(x-1)(x+2)^2}{(x-1)(x^2+x+1)} = \lim_{x\to 1}\dfrac{(x+2)^2}{x^2+x+1} = 3.$

(7)　$\displaystyle\lim_{x\to 0}\dfrac{x}{\sqrt{4+x}-2} = \lim_{x\to 0}\dfrac{x(\sqrt{4+x}+2)}{(\sqrt{4+x}-2)(\sqrt{4+x}+2)}$

$$= \lim_{x \to 0} (\sqrt{4+x} + 2) = 4.$$

2 つの関数 $f(x)$, $g(x)$ について $\displaystyle\lim_{x \to a} \frac{f(x)}{g(x)} = \alpha$ かつ $\displaystyle\lim_{x \to a} g(x) = 0$ が成立するとき，関数の極限の性質 (2) より

$$\lim_{x \to a} f(x) = \lim_{x \to a} \left\{ \frac{f(x)}{g(x)} \cdot g(x) \right\} = \alpha \cdot 0 = 0.$$

したがって，分子についても，$\displaystyle\lim_{x \to a} f(x) = 0$ が成立する．

例題 4.2 等式 $\displaystyle\lim_{x \to 1} \frac{a\sqrt{x} + b}{x-1} = 2$ が成立するように，定数 a, b の値を定めよ．

解 $\displaystyle\lim_{x \to 1} (x-1) = 0$ より，等式が成立するためには $\displaystyle\lim_{x \to 1} (a\sqrt{x} + b) = 0$ となることが必要条件である．これより $a + b = 0$, すなわち $b = -a$ $\cdots$ ①

① より

$$\lim_{x \to 1} \frac{a\sqrt{x} + b}{x-1} = \lim_{x \to 1} \frac{a\sqrt{x} - a}{x-1} = a \cdot \lim_{x \to 1} \frac{\sqrt{x} - 1}{x-1}$$

$$= a \cdot \lim_{x \to 1} \frac{(\sqrt{x} - 1)(\sqrt{x} + 1)}{(x-1)(\sqrt{x} + 1)}$$

$$= a \cdot \lim_{x \to 1} \frac{x-1}{(x-1)(\sqrt{x} + 1)} = a \cdot \lim_{x \to 1} \frac{1}{\sqrt{x} + 1} = \frac{a}{2}.$$

よって，$\dfrac{a}{2} = 2$ とすると $a = 4$ であり，① より $b = -4$.
したがって，$a = 4, b = -4$.

関数の極限と大小関係

$\displaystyle\lim_{x \to a} f(x) = \alpha$, $\displaystyle\lim_{x \to a} g(x) = \beta$ とする．

(1) x が a に近いとき，常に $f(x) \leq g(x)$ ならば $\alpha \leq \beta$ である．

(2) x が a に近いとき，常に $f(x) \leq h(x) \leq g(x)$ かつ $\alpha = \beta$ ならば $\displaystyle\lim_{x \to a} h(x) = \alpha$ となる．(はさみうちの原理)

はさみうちの原理などにより次の公式を得ることができる.

三角関数の極限の公式

(1) $\displaystyle\lim_{x\to 0}\frac{\sin x}{x}=1$ (2) $\displaystyle\lim_{x\to 0}\frac{1-\cos x}{x^2}=\frac{1}{2}$

(3) $\displaystyle\lim_{x\to 0}\frac{\tan x}{x}=1$

例 4.2

(1) $\displaystyle\lim_{x\to 0}\frac{\sin 2x}{x}=\lim_{x\to 0}\frac{\sin 2x}{2x}\cdot 2=2\lim_{x\to 0}\frac{\sin 2x}{2x}=2\cdot 1=2.$

(2) $\displaystyle\lim_{x\to 0}\frac{x^2}{1-\cos x}=\lim_{x\to 0}\frac{x^2(1+\cos x)}{(1-\cos x)(1+\cos x)}=\lim_{x\to 0}\frac{x^2(1+\cos x)}{\sin^2 x}$

$\displaystyle\qquad =\lim_{x\to 0}\left(\frac{x}{\sin x}\right)^2(1+\cos x)=1^2\cdot 2=2.$

例題 4.3   極限 $\displaystyle\lim_{x\to \pi}\frac{(x-\pi)^2}{1+\cos x}$ の値を求めよ.

解 $t=x-\pi$ とおくと $x\to\pi$ のとき $t\to 0$ であるから, **例 4.2** (2) より

$\displaystyle\lim_{x\to \pi}\frac{(x-\pi)^2}{1+\cos x}=\lim_{t\to 0}\frac{t^2}{1+\cos(t+\pi)}=\lim_{t\to 0}\frac{t^2}{1+\cos t\cos\pi-\sin t\sin\pi}$

$\displaystyle\qquad\qquad\qquad =\lim_{t\to 0}\frac{t^2}{1-\cos t}=2.$

4.2　無限等比数列の極限

数列 $a,\ ar,\ ar^2,\ \dots,\ ar^{n-1},\ \dots$ を初項 a, 公比 r の無限等比数列 $\{ar^{n-1}\}$ という. ここで, $a=r$ とした無限等比数列 $\{r^n\}$ の極限について以下のことが成立する.

無限等比数列 $\{r^n\}$ の極限の性質

(1) $r>1$ のとき $\displaystyle\lim_{n\to\infty}r^n=\infty$ (2) $r=1$ のとき $\displaystyle\lim_{n\to\infty}r^n=1$

(3) $|r|<1$ のとき $\displaystyle\lim_{n\to\infty}r^n=0$ (4) $r\leq -1$ のとき 振動

証明 (1) $r=1+h$ とおくと, $h>0$ で $r^n=(1+h)^n$ となるから, 二項定理より

$$(1+h)^n = {}_n\mathrm{C}_0 + {}_n\mathrm{C}_1 h + {}_n\mathrm{C}_2 h^2 + \cdots + {}_n\mathrm{C}_n h^n$$

$$= 1 + nh + \frac{n(n-1)}{2}h^2 + \cdots + h^n \geq 1 + nh.$$

ここで，$\lim\limits_{n\to\infty}(1+nh) = \infty$ であるから $\lim\limits_{n\to\infty}(1+h)^n = \infty$. すなわち，$\lim\limits_{n\to\infty} r^n = \infty$.

(2) 数列 $\{r^n\}$ のすべての項が 1 であるから $\{r^n\}$ は 1 に収束する．すなわち，$\lim\limits_{n\to\infty} r^n = 1$.

(3) (i) <u>$0 < r < 1$ のとき</u>　$\dfrac{1}{r} = s$ とおくと，$r^n = \dfrac{1}{s^n}$ であるから，(1) より

$\lim\limits_{n\to\infty} s^n = \infty$. よって，$\lim\limits_{n\to\infty} r^n = \lim\limits_{n\to\infty} \dfrac{1}{s^n} = 0$.

(ii) <u>$r = 0$ のとき</u>　数列 $\{r^n\}$ のすべての項が 0 であるから，$\lim\limits_{n\to\infty} r^n = 0$.

(iii) <u>$-1 < r < 0$ のとき</u>　$-r = s$ とおくと，$|r^n| = s^n$, $0 < s < 1$.

よって，$0 < r < 1$ のときと同様にして $\lim\limits_{n\to\infty} s^n = 0$.

したがって，$\lim\limits_{n\to\infty} |r^n| = 0$ より $\lim\limits_{n\to\infty} r^n = 0$.

(4) (i) <u>$r = -1$ のとき</u>　数列 $\{r^n\}$ は $-1, 1, -1, 1, \ldots$ となり振動する．

(ii) <u>$r < -1$ のとき</u>　$-r = s$ とおくと，$r^n = (-1)^n s^n$, $s > 1$.

このとき，r^n の符号は交互に変わる．よって，$\{r^n\}$ は振動する．

　無限等比数列 $\{r^n\}$ の極限の性質により，$\{r^n\}$ が収束するための必要十分条件は $-1 < r \leq 1$ であることが得られる．また，無限等比数列 $\{ar^n\}$ の極限も求めることができる．

例題 4.4　次の極限を求めよ．

(1) $\lim\limits_{n\to\infty} \dfrac{3^n}{2^n}$　　　　　　　　　　(2) $\lim\limits_{n\to\infty} \dfrac{4^{n+1} - 3^n}{4^n + 3^n}$

(3) $\lim\limits_{n\to\infty} \dfrac{5^n - 4^n}{3^n}$

解

(1) $\lim\limits_{n\to\infty} \dfrac{3^n}{2^n} = \lim\limits_{n\to\infty} \left(\dfrac{3}{2}\right)^n = \infty$.

(2) $\lim\limits_{n\to\infty} \dfrac{4^{n+1} - 3^n}{4^n + 3^n} = \lim\limits_{n\to\infty} \dfrac{4 - \left(\frac{3}{4}\right)^n}{1 + \left(\frac{3}{4}\right)^n} = 4$.

(3) $\displaystyle \lim_{n \to \infty} \frac{5^n - 4^n}{3^n} = \lim_{n \to \infty} \frac{5^n \left\{1 - \left(\frac{4}{5}\right)^n\right\}}{3^n}$

$\displaystyle = \lim_{n \to \infty} \left(\frac{5}{3}\right)^n \left\{1 - \left(\frac{4}{5}\right)^n\right\} = \infty.$

例題 4.5 数列 $\left\{\left(\dfrac{2x}{x^2+1}\right)^n\right\}$ が収束するように，実数 x の値の範囲を求めよ．

解 収束する条件は $-1 < \dfrac{2x}{x^2+1} \leq 1$ であり，$x^2 + 1 > 0$ より

$$-x^2 - 1 < 2x \leq x^2 + 1.$$

よって，$(x+1)^2 > 0$ かつ $(x-1)^2 \geq 0$ より $x \neq -1$.

すなわち，$x < -1,\ -1 < x.$（または $\mathbb{R} - \{-1\}$）

4.3　指数関数・対数関数の極限

指数関数 $y = a^x$ と対数関数 $y = \log_a x$ は，それらのグラフの概形を見ることにより，それぞれの極限を考えることができる．

指数関数・対数関数の極限

指数関数 $y = a^x$ について

(1) $a > 1$ のとき $\displaystyle \lim_{x \to \infty} a^x = \infty,\ \ \lim_{x \to -\infty} a^x = 0$

(2) $0 < a < 1$ のとき $\displaystyle \lim_{x \to \infty} a^x = 0,\ \ \lim_{x \to -\infty} a^x = \infty$

対数関数 $y = \log_a x$ について

(1) $a > 1$ のとき $\displaystyle \lim_{x \to \infty} \log_a x = \infty,\ \ \lim_{x \to +0} \log_a x = -\infty$

(2) $0 < a < 1$ のとき $\displaystyle \lim_{x \to \infty} \log_a x = -\infty,\ \ \lim_{x \to +0} \log_a x = \infty$

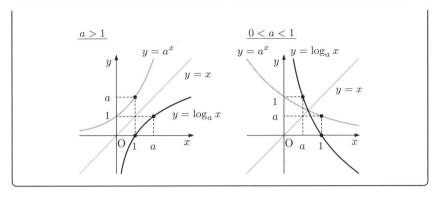

例 4.3

(1) $\displaystyle\lim_{x\to\infty} 3^{x+1} = \lim_{x\to\infty} 3\cdot 3^x = \infty.$

(2) $\displaystyle\lim_{x\to\infty} \log_2 \frac{1}{x} = -\lim_{x\to\infty} \log_2 x = -\infty.$

(3) $\displaystyle\lim_{x\to +0} \frac{3 + \log_2 x}{\log_2 x} = \lim_{x\to +0} \left(\frac{3}{\log_2 x} + 1 \right) = 0 + 1 = 1.$

例題 4.6 極限 $\displaystyle\lim_{x\to\infty} \frac{2^x + 3}{2^x - 1}$ を求めよ.

解 $x \to \infty$ のとき $2^{-x} \to 0$ であるから,

$$\lim_{x\to\infty} \frac{2^x + 3}{2^x - 1} = \lim_{x\to\infty} \frac{1 + 3\cdot 2^{-x}}{1 - 2^{-x}} = 1.$$

4.4 微分係数と導関数の復習と計算

関数 $y = f(x)$ について,x が a から $a + h$ まで変化するとき,x の増分 h を Δx で,y の増分 $f(a+h) - f(a)$ を Δy で表すことがある.このとき,平均変化率と導関数はそれぞれ次のように表される.

$$\frac{f(b) - f(a)}{b - a} = \frac{\Delta y}{\Delta x}, \quad f'(x) = \lim_{\Delta x\to 0} \frac{\Delta y}{\Delta x} = \lim_{\Delta x\to 0} \frac{f(x + \Delta x) - f(x)}{\Delta x}$$

関数 $f(x)$ から導関数 $f'(x)$ を求めることを,$f(x)$ を x で微分するという.また,$f(x)$ の導関数を表す記号として,$f'(x)$ のほかに,y',f',$\dfrac{dy}{dx}$,$\dfrac{df}{dx}$,$\dfrac{d}{dx} f(x)$ などがある.

ある区間の各点において微分係数 $f'(a)$ があるとき，関数 $f(x)$ はその区間で微分可能であるという．

例題 4.7　$f(x)$ は微分可能な関数とする．$a, p\,(\neq 0), q\,(\neq 0)$ を定数として，
$$A = \lim_{h \to 0} \frac{f(a + ph) - f(a + qh)}{h}$$ を $p, q, f'(a)$ で表せ．

解　$A = \displaystyle\lim_{h \to 0} \left\{ \frac{f(a + ph) - f(a)}{ph} \cdot p - \frac{f(a + qh) - f(a)}{qh} \cdot q \right\}$

$= f'(a) \cdot p - f'(a) \cdot q = (p - q)f'(a).$

上記のような計算では，$\displaystyle\lim_{h \to 0} \dfrac{f(a + \boxed{h \times 定数}) - f(a)}{\boxed{h \times 定数}}$ の形にしてから考える．

4.5　ネイピア数の復習と計算

極限 $\displaystyle\lim_{h \to 0}(1 + h)^{\frac{1}{h}}$ の値は無理数であることが知られており，約 2.7182 である．この値を e で表し，ネイピア数と呼ぶ．$t = \dfrac{1}{h}$ とおくと，$h \to +0$ (右極限) のとき $t \to \infty$, $h \to -0$ (左極限) のとき $t \to -\infty$ である．また，$1 + h = 1 + \dfrac{1}{t}$ となる．これより，ネイピア数は次で定義される．

ネイピア数

$$e = \lim_{h \to 0}(1 + h)^{\frac{1}{h}} = \lim_{t \to \infty}\left(1 + \frac{1}{t}\right)^t = \lim_{t \to -\infty}\left(1 + \frac{1}{t}\right)^t$$

---

e を底とする対数関数 $y = \log_e x$ を自然対数という．以降では，これを $y = \log x$ で表す．特に，$y = \log_e x \iff x = e^y$ より $y = \log x$ の逆関数は $y = e^x$ であることに注意する．

ネイピア数に関する極限

(1)　$\displaystyle\lim_{x \to 0} \frac{\log(1 + x)}{x} = 1$　　　　(2)　$\displaystyle\lim_{x \to 0} \frac{e^x - 1}{x} = 1$

これらは既に証明しているが，微分係数の定義と $(\log x)' = \dfrac{1}{x}$, $(e^x)' = e^x$ を認めると次のように示される．

証明 (1) $f(x) = \log x$ のとき $f'(x) = \dfrac{1}{x}$ であるから，

$$\lim_{x \to 0} \frac{\log(1+x)}{x} = \lim_{x \to 0} \frac{\log(1+x) - \log 1}{x} = f'(1) = 1.$$

(2) $g(x) = e^x$ のとき $g'(x) = e^x$ であるから，

$$\lim_{x \to 0} \frac{e^x - 1}{x} = \lim_{x \to 0} \frac{e^x - e^0}{x} = g'(0) = e^0 = 1.$$

例 4.4 $\displaystyle \lim_{x \to 0} \frac{e^{x^2} - 1}{1 - \cos x} = \lim_{x \to 0} \frac{e^{x^2} - 1}{x^2} \cdot \frac{x^2}{1 - \cos x} = 1 \cdot 2 = 2.$

上記の公式において，それぞれ逆数をとれば次が成立する．

$$\lim_{x \to 0} \frac{x}{\log(1+x)} = 1, \ \lim_{x \to 0} \frac{x}{e^x - 1} = 1$$

例 4.5 $\displaystyle \lim_{x \to 0} \frac{\sin x}{5 \log(1+x)} = \lim_{x \to 0} \frac{\sin x}{x} \cdot \frac{x}{5 \log(1+x)} = 1 \cdot \frac{1}{5} = \frac{1}{5}.$

演習問題

4.1 第 n 項が次の式で与えられる数列の極限を求めよ．

(1) $\dfrac{4n^2 + 3n + 2}{3n^2 + 2}$
(2) $\sqrt{n^2 + 1} - n$

(3) $\dfrac{4n}{\sqrt{n^2 + 2n} + n}$
(4) $\sin \dfrac{n\pi}{2}$

4.2 次の極限を求めよ．

(1) $\displaystyle \lim_{n \to \infty} \frac{1}{n} \sin \frac{n\pi}{2}$
(2) $\displaystyle \lim_{n \to \infty} \frac{\cos n\pi}{n+1}$

(3) $\displaystyle \lim_{n \to \infty} \frac{4^{n+1} - 3^{n+1}}{4^n - 3^n}$

4.3 次の極限を求めよ．ただし，$a > 1$ とする．

(1) $\displaystyle \lim_{x \to 2} \frac{x^3 - 4x}{x^2 + x - 6}$
(2) $\displaystyle \lim_{x \to 1} \frac{\sqrt{x+3} - 2}{x^2 - 1}$

(3) $\displaystyle \lim_{x \to 0} \log_2 (1 - 3x)$
(4) $\displaystyle \lim_{x \to \infty} \left(3^x - 2^{2x} \right)$

(5) $\displaystyle \lim_{x \to \infty} \frac{a^{x-1}}{1 + a^x}$

4.4 次の等式が成立するように，定数 a, b の値を定めよ．

(1) $\displaystyle \lim_{x \to 1} \frac{a\sqrt{x+1} - b}{x - 1} = \sqrt{2}$
(2) $\displaystyle \lim_{x \to 0} \frac{a\sqrt{x+4} + b}{x} = 1$

4.5　次の極限を求めよ.

(1)　$\displaystyle \lim_{x \to 0} \frac{\tan 5x}{\sin 2x}$

(2)　$\displaystyle \lim_{x \to 0} \frac{1 - \cos 7x}{\sin^2 5x}$

(3)　$\displaystyle \lim_{x \to 0} \frac{\tan x - \sin x}{x^3}$

(4)　$\displaystyle \lim_{x \to \frac{\pi}{2}} \frac{\cos x}{x - \frac{\pi}{2}}$

4.6　次の極限を求めよ.

(1)　$\displaystyle \lim_{x \to 0} (1 + 9x)^{\frac{1}{x}}$

(2)　$\displaystyle \lim_{x \to \infty} \left(1 + \frac{1}{5x} \right)^{3x}$

(3)　$\displaystyle \lim_{x \to 0} 3 \, (1 - 2x)^{\frac{3}{x}}$

(4)　$\displaystyle \lim_{x \to \infty} \left(1 + \frac{1}{3x} \right)^{2(x+1)}$

(5)　$\displaystyle \lim_{x \to 0} \frac{e^{x \sin 3x} - 1}{x \log(1 + x)}$

4.7　次の極限を a, $f(a)$, $f'(0)$, $f'(a)$ を用いて表せ. ただし, $f(x)$ は微分可能な関数とする.

(1)　$\displaystyle \lim_{x \to 0} \frac{f(a + 2x) - f(a - 3x)}{x}$

(2)　$\displaystyle \lim_{x \to 0} \frac{f(2x) - f(-x)}{x}$

(3)　$\displaystyle \lim_{x \to a} \frac{xf(a) - af(x)}{x - a}$

5 微分と平均値の定理

5.1　微分可能な関数の基本的な定理

　ここでは，微分可能な関数の基本的な定理をいくつか紹介する．微分可能な関数の性質を学ぶためには，最大値・最小値の定理から得られるロルの定理が1つの出発点となる．

最大値・最小値の定理

　閉区間 $[a,b]$ において連続な関数 $f(x)$ は，その区間 $[a,b]$ 内において最大値と最小値が存在する．

　連続関数のグラフを描くと 2 点 $A(a,f(a))$, $B(b,f(b))$ を連続な曲線で結んだものであり，直観的には最大値と最小値が存在しそうであることがわかる[※1]．

ロル (Rolle) の定理

　関数 $f(x)$ が閉区間 $[a,b]$ で連続，開区間 (a,b) で微分可能であるとき，
$$f(a) = f(b) \text{ ならば } f'(c) = 0 \ (a < c < b)$$
となる点 c が少なくとも 1 つ存在する．(図 5.1 も参照．)

証明　最大値・最小値の定理により $f(x)$ の最大値または最小値をとる点 $(c, f(c))$ が存在する．この点 c が求めるものである．実際，微分可能な関数 $y = f(x)$ が $x = c$ において最大値をとるとき，そこでの微分係数は 0 である．なぜなら，$x = c$ において最大値をとるとすると，微分係数の定義に戻り以下の左極限と右極限を考えればそれぞれ $\lim_{h \to -0} \dfrac{f(c+h) - f(c)}{h} \geq 0$, $\lim_{h \to +0} \dfrac{f(c+h) - f(c)}{h} \leq 0$ である．一方，微分可能であることからこれらの左極限と右極限は一致し，極限値は 0 となる．$x = c$ で最小値をとるときも同様に議論できる．

[※1] 証明は参考文献 [17] 高木 解析概論または [15] 杉浦 解析入門 I などを参照．また，「$f(x)$ は $a \leq x \leq b$ で連続な関数で $f(a) \neq f(b)$ ならば $f(a)$ と $f(b)$ の間のすべての値をとる.」これを中間値の定理という．この証明についても [17] または [15] を参照．

> ### ラグランジュ (Lagrange) の平均値の定理
>
> 関数 $f(x)$ が閉区間 $[a,b]$ で連続，開区間 (a,b) で微分可能であるとき，
> $$\frac{f(b) - f(a)}{b - a} = f'(c) \qquad (a < c < b)$$
> となる点 c が少なくとも 1 つ存在する．(図 5.1 も参照).

証明 曲線 $y = f(x)$ 上の 2 点 $\mathrm{A}(a, f(a))$，$\mathrm{B}(b, f(b))$ を結ぶ直線

$$y = \frac{f(b) - f(a)}{b - a}(x - a) + f(a)$$

と $y = f(x)$ の差をとり，関数 $F(x)$ を

$$F(x) = f(x) - \frac{f(b) - f(a)}{b - a}(x - a) - f(a)$$

とおくと，$F(a) = F(b) = 0$ となる．$F(x)$ についてロルの定理を用いると

$$0 = F'(c) = f'(c) - \frac{f(b) - f(a)}{b - a}$$

となる点 $c \; (a < c < b)$ が少なくとも 1 つ存在する．

ラグランジュの平均値の定理を単に**平均値の定理**と呼ぶことも多い．

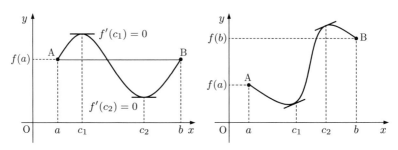

図 5.1 ロルの定理（左）とラグランジュの平均値の定理（右）

> ### コーシー (Cauchy) の平均値の定理
>
> 関数 $f(x)$, $g(x)$ が閉区間 $[a,b]$ で連続，開区間 (a,b) で微分可能とする．
> このとき，(a,b) のすべての点で $g'(x) \neq 0$ ならば，以下の式を満たす点 c

が少なくとも 1 つ存在する.

$$\frac{f(b) - f(a)}{g(b) - g(a)} = \frac{f'(c)}{g'(c)} \quad (a < c < b)$$

証明　仮定より $g'(x)$ が常に $g'(x) \neq 0$ $(a < x < b)$ を満たすから，ロルの定理の対偶により $g(a) \neq g(b)$ となる. これより，平均値の定理の証明と同様に，関数

$$y = f(x), \quad y = \frac{f(b) - f(a)}{g(b) - g(a)} \{g(x) - g(a)\} + f(a)$$

の差をとり，

$$F(x) = f(x) - \frac{f(b) - f(a)}{g(b) - g(a)} \{g(x) - g(a)\} - f(a)$$

とおくと，$F(a) = F(b) = 0$ となる. この関数 $F(x)$ についてロルの定理を用いると

$$0 = F'(c) = f'(c) - \frac{f(b) - f(a)}{g(b) - g(a)} g'(c) \quad \text{すなわち} \quad \frac{f(b) - f(a)}{g(b) - g(a)} = \frac{f'(c)}{g'(c)}$$

となる点 c $(a < c < b)$ が少なくとも 1 つ存在する.

5.2　ロピタルの定理と応用

　不定形の極限の計算を微分により求める方法として，ロピタルの定理が知られている. ここでは，ロピタルの定理とその証明，計算例を紹介していく.

ロピタル (l'Hospital) の定理 I

関数 $f(x)$, $g(x)$ は点 $x = a$ の十分近くにあるすべての点 $x \neq a$ で微分可能であり，$g'(x) \neq 0$ とする. さらに，次のいずれかが成立すると仮定する.

(1) $\lim_{x \to a} f(x) = \lim_{x \to a} g(x) = 0$ 　　(2) $\lim_{x \to a} f(x) = \lim_{x \to a} g(x) = \infty$

このとき，$\lim_{x \to a} \dfrac{f'(x)}{g'(x)}$ が存在するならば，極限値 $\lim_{x \to a} \dfrac{f(x)}{g(x)}$ も存在して，

$$\lim_{x \to a} \frac{f(x)}{g(x)} = \lim_{x \to a} \frac{f'(x)}{g'(x)}.$$

> ### ロピタルの定理 II
>
> 関数 $f(x), g(x)$ は十分大きなすべての点 x で微分可能で, $g'(x) \neq 0$ とする. さらに, 次のいずれかが成立すると仮定する.
>
> (3) $\displaystyle\lim_{x \to \infty} f(x) = \lim_{x \to \infty} g(x) = 0$ (4) $\displaystyle\lim_{x \to \infty} f(x) = \lim_{x \to \infty} g(x) = \infty$
>
> このとき, $\displaystyle\lim_{x \to \infty} \frac{f'(x)}{g'(x)}$ が存在するならば, 極限値 $\displaystyle\lim_{x \to \infty} \frac{f(x)}{g(x)}$ も存在して, $\displaystyle\lim_{x \to \infty} \frac{f(x)}{g(x)} = \lim_{x \to \infty} \frac{f'(x)}{g'(x)}$.

証明　(1) $\displaystyle\lim_{x \to a} f(x) = \lim_{x \to a} g(x) = 0$ より, $f(a) = g(a) = 0$ とおけば関数 $f(x), g(x)$ は点 $x = a$ で連続である. $x \neq a$ のとき, コーシーの平均値の定理より

$$\frac{f(x)}{g(x)} = \frac{f(x) - f(a)}{g(x) - g(a)} = \frac{f'(c)}{g'(c)} \quad (a < c < x \text{ または } x < c < a)$$

となる点 c が少なくとも 1 つ存在する. $x \to a$ のとき $c \to a$ であるから求める極限値は

$$\lim_{x \to a} \frac{f(x)}{g(x)} = \lim_{c \to a} \frac{f'(c)}{g'(c)} = \lim_{x \to a} \frac{f'(x)}{g'(x)}.$$

(2) (1) と同様にコーシーの平均値の定理を用いるが, 議論が複雑になるため割愛する.

(3), (4) は $x = \dfrac{1}{t}$ とおき, 関数 $F(t) = f\left(\dfrac{1}{t}\right), G(t) = g\left(\dfrac{1}{t}\right)$ に (1) と (2) を用いればよい.

　ロピタルの定理では, **定理の仮定（不定形であるかどうか）が満たされていることを確認**する必要がある. 加えて, $\displaystyle\lim_{x \to a} \frac{f'(x)}{g'(x)}$ または $\displaystyle\lim_{x \to \infty} \frac{f'(x)}{g'(x)}$ が存在するならば, $\displaystyle\lim_{x \to a} \frac{f(x)}{g(x)}$ または $\displaystyle\lim_{x \to \infty} \frac{f(x)}{g(x)}$ も等しいことを主張しているのため, $\dfrac{f'(x)}{g'(x)}$ の極限が存在しない場合はロピタルの定理が利用できないことに注意が必要である.

　以降では, ロピタルの定理が利用できる場合について述べ, 利用できるかどうかの確認は行わない.

例 5.1

(1) $\displaystyle\lim_{x\to0}\frac{1-\cos x}{x}=\lim_{x\to0}\frac{(1-\cos x)'}{(x)'}=\lim_{x\to0}\frac{\sin x}{1}=\frac{0}{1}=0.$

(2) $\displaystyle\lim_{x\to\infty}\frac{x}{e^{2x}}=\lim_{x\to\infty}\frac{(x)'}{(e^{2x})'}=\lim_{x\to\infty}\frac{1}{2e^{2x}}=0.$

(3) $\displaystyle\lim_{x\to2}\frac{2x^2-x-6}{x^3-8}=\lim_{x\to2}\frac{(2x^2-x-6)'}{(x^3-8)'}=\lim_{x\to2}\frac{4x-1}{3x^2}=\frac{7}{12}.$

(4) $\displaystyle\lim_{x\to0}\frac{e^x-e^{-x}}{\sin x}=\lim_{x\to0}\frac{(e^x-e^{-x})'}{(\sin x)'}=\lim_{x\to0}\frac{e^x+e^{-x}}{\cos x}=2.$

上記で証明したロピタルの定理について，$f(x)$, $g(x)$, $f'(x)$, $g'(x)$ を $f'(x)$, $g'(x)$, $f''(x)$, $g''(x)$ に書き換えた条件を追加する（$f''(x)$, $g''(x)$ は $f'(x)$, $g'(x)$ をそれぞれ微分したものである）．これらの関数が条件を満せば，ロピタルの定理を繰り返し利用できる．同様にして，それぞれが条件を満たす限りロピタルの定理は繰り返し利用できる．

例 5.2

(1) $\displaystyle\lim_{x\to0}\frac{e^x+e^{-x}-2}{x^2}\overset{(*)}{=}\lim_{x\to0}\frac{e^x-e^{-x}}{2x}\overset{(*)}{=}\lim_{x\to0}\frac{e^x+e^{-x}}{2}=\frac{1+1}{2}=1.$

(2) $\displaystyle\lim_{x\to0}\frac{x-\sin x}{x^3}\overset{(*)}{=}\lim_{x\to0}\frac{1-\cos x}{3x^2}\overset{(*)}{=}\lim_{x\to0}\frac{\sin x}{6x}=\lim_{x\to0}\frac{\sin x}{x}\cdot\frac{1}{6}=\frac{1}{6}.$

上記の例では，$(*)$ でロピタルの定理を利用している．

● コラム 3　ロピタルの定理

ロピタルの定理 I を使うためには，仮定の部分

(1) $\displaystyle\lim_{x\to a}f(x)=\lim_{x\to a}g(x)=0$　　　　(2) $\displaystyle\lim_{x\to a}f(x)=\lim_{x\to a}g(x)=\infty$

のいずれかが成立することをチェックする必要がある．これをチェックせずにこの定理を使ってしまう学生が結構多い．実際に次のようなものにまでロピタルの定理を使うと答えは全然間違ったものになる．

$$\lim_{x\to0}\frac{x^2+1}{\cos x}=\lim_{x\to0}\frac{2x}{-\sin x}=\lim_{x\to0}\frac{2}{-\cos x}=-2.$$

一方，ロピタルの定理を使わず素直に計算すれば

$$\lim_{x\to0}\frac{x^2+1}{\cos x}=\frac{0+1}{1}=1$$

が正解となる．ロピタルの定理 II を使う際も，条件 (3), (4) の確認が必要である．

演習問題

5.1　次の関数を微分せよ.

(1)　$f(x) = -x^3 - 7x^2 + 2x + 4$

(2)　$f(x) = \dfrac{\sin x}{x}$

(3)　$f(x) = (x^3 - 2x)(3x + 1)$

(4)　$f(x) = \sqrt[4]{x^3}$

(5)　$f(x) = \log|2x + 3|$

(6)　$f(x) = \cos(x^2 + 3x + 1)$

(7)　$f(x) = e^{x^2}$

(8)　$f(x) = \tan^2 x$

(9)　$f(x) = x^{\sin x}$

5.2　ロピタルの定理を用いて次の極限を求めよ.

(1)　$\displaystyle \lim_{x \to \pi} \frac{\sin x}{x - \pi}$

(2)　$\displaystyle \lim_{x \to 0} \frac{e^x - \cos x}{\sin x}$

(3)　$\displaystyle \lim_{x \to \infty} \frac{\log x}{x^2}$

(4)　$\displaystyle \lim_{x \to \infty} \frac{\log(2x + 3)}{\log(3x + 1)}$

(5)　$\displaystyle \lim_{x \to 0} \frac{\sin 2x}{x + \sin x}$

(6)　$\displaystyle \lim_{x \to +0} x^2 \log x$

6 逆三角関数の導関数

6.1 逆関数の復習と逆三角関数

関数 $y = f(x)$ において，y の値を定めると x の値がただ 1 つ定まるとき，その変数 x と y を入れかえて $y = g(x)$ としたものを $y = f(x)$ の逆関数[1]といい，$f^{-1}(x)$ で表す．すなわち，$y = f(x) \iff x = f^{-1}(y)$．

ここで，区間 I 上で定義された関数 $f(x)$ が，常に

$$x_1 < x_2 \ \text{ならば} \ f(x_1) < f(x_2) \ \ (\text{または} \ f(x_1) > f(x_2))$$

となるとき，$f(x)$ は区間 I で**単調増加** (または**単調減少**) 関数であるといい，これらをあわせて**単調関数**という．グラフを考えれば単調関数は必ず逆関数をもつことがわかる．

例えば関数 $y = x^2$ では，定義域を $x \geq 0$ に制限しなければ，値 y_0 に対して $x_0{}^2 = y_0$ となる値 x_0 が 1 つに定まらず，逆関数は存在しないことに注意する．$y = f(x)$ と $y = f^{-1}(x)$ の関係をまとめると，次のような性質が得られる．

逆関数の性質

(1) 点 (a, b) が $y = f(x)$ 上にあるとき，$b = f(a) \iff a = f^{-1}(b)$．

(2) $f(x)$ と $f^{-1}(x)$ とでは，定義域と値域が入れ替わる．

(3) $y = f(x)$ と $y = f^{-1}(x)$ のグラフは，直線 $y = x$ に関して対称．

6.2 逆三角関数

三角関数は周期関数であるからそのままでは y の値を定めた際に x の値はただ 1 つに定まらない．そこで，逆関数を考えるためには定義域を適当な区間に制限して y の値を定めた際に x の値がただ 1 つに定まるように工夫する必要がある．

---

[1] この章を学習する前に，逆関数については第 I 部第 6 章を復習しておくと良いだろう．なお，逆関数の導関数は第 III 部第 1 章以降の不定積分の計算に現れる．ただ，これらが分からなくても積分の他の多くの部分は理解できるため，この章を学習するのは後回しにしてもよいかもしれない．

逆正弦関数

$y = \sin x$ の定義域を閉区間 $\left[-\dfrac{\pi}{2}, \dfrac{\pi}{2}\right]$ に制限すれば，単調関数である．
このとき，y の値を定めると，x の値がただ 1 つ定まる．すなわち，$y = \sin x$
の逆関数が定まり，$x = \arcsin y$ で与えられる．この逆関数を **逆正弦関数**
または **arcsine** といい，$y = \arcsin x$ で表す[※1]．したがって，

$$y = \arcsin x \iff x = \sin y \ \left(-1 \leq x \leq 1, \ -\dfrac{\pi}{2} \leq y \leq \dfrac{\pi}{2}\right)$$

また，$y = \arcsin x$ の値の変化を章末の表 II-1 にまとめた．

逆余弦関数

$y = \cos x$ の定義域を閉区間 $[0, \pi]$ に制限すると単調関数である．よって，
正弦関数の場合と同様に逆関数 $x = \arccos y$ が定まる．これを **逆余弦関数**
または **arccosine** といい，$y = \arccos x$ で表す．すなわち，

$$y = \arccos x \iff x = \cos y \ (-1 \leq x \leq 1, \ 0 \leq y \leq \pi)$$

また，$y = \arccos x$ の値の変化を章末の表 II-1 にまとめた．

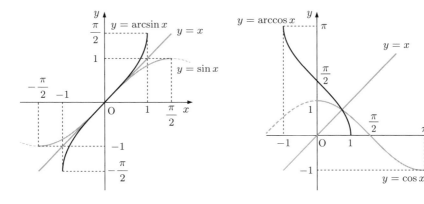

図 6.1 逆正弦関数（左）と逆余弦関数（右）

[※1] 普通 x を独立変数，y を従属変数と考えることが多いので変数の役割を交換して書き直した．

逆正接関数

$y = \tan x$ の定義域を開区間 $\left(-\dfrac{\pi}{2}, \dfrac{\pi}{2}\right)$ に制限すれば，単調関数である．したがって，その逆関数が定まる．これを**逆正接関数**または **arctangent** といい，$y = \arctan x$ で表す．以上より，次のことが成立する．

$$y = \arctan x \iff x = \tan y \quad \left(-\infty \leq x \leq \infty, \ -\dfrac{\pi}{2} < y < \dfrac{\pi}{2}\right)$$

ここで，$\displaystyle\lim_{x \to \infty} \arctan x = \dfrac{\pi}{2}$，$\displaystyle\lim_{x \to -\infty} \arctan x = -\dfrac{\pi}{2}$ となる．また，$y = \arctan x$ の値の変化を章末の表 II-2 にまとめた．

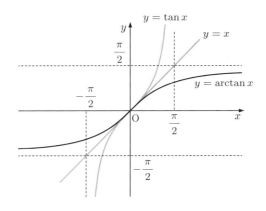

図 6.2　逆正接関数

　文献などによって，$\arcsin x, \arccos x, \arctan x$ は，それぞれ $\sin^{-1} x, \cos^{-1} x,$ $\tan^{-1} x$ と表されることがある．また，$\sin^{-1} x \neq \dfrac{1}{\sin x}$ 等に注意すること．

　ここまでに求めた逆正弦関数，逆余弦関数，逆正接関数をまとめて**逆三角関数**といい，それぞれアークサイン，アークコサイン，アークタンジェントと発音される．

例題 6.1　　$\arcsin x = \arccos \dfrac{4}{5}$ を満たす x を求めよ．

解　$\arcsin x = \arccos \dfrac{4}{5} = y$ とおくと，$-\dfrac{\pi}{2} \leq y \leq \dfrac{\pi}{2}$ かつ $0 \leq y \leq \pi$ より $0 \leq y \leq \dfrac{\pi}{2}$．よって，$\cos y = \dfrac{4}{5}$ より，$x = \sin y = \sqrt{1 - \cos^2 y} = \dfrac{3}{5}$．

例題 6.2　加法定理を用いて，$\arctan \dfrac{2}{3} + \arctan \dfrac{1}{5}$ の値を求めよ．

解　$\alpha = \arctan \dfrac{2}{3}$, $\beta = \arctan \dfrac{1}{5}$ とおくと $\tan \alpha = \dfrac{2}{3}$, $\tan \beta = \dfrac{1}{5}$

$\left(-\dfrac{\pi}{2} < \alpha < \dfrac{\pi}{2}, \ -\dfrac{\pi}{2} < \beta < \dfrac{\pi}{2} \right)$. このとき，

$$\tan(\alpha+\beta) = \frac{\tan \alpha + \tan \beta}{1 - \tan \alpha \tan \beta} = \left(\frac{2}{3} + \frac{1}{5} \right) \div \left(1 - \frac{2}{3} \cdot \frac{1}{5} \right) = 1 = \tan \frac{\pi}{4}.$$

よって，$0 < \alpha + \beta < \pi$ より $\alpha + \beta = \dfrac{\pi}{4}$. したがって，

$$\arctan \frac{2}{3} + \arctan \frac{1}{5} = \frac{\pi}{4}.$$

　逆三角関数に慣れるために，章末の表 II-1, II-2 をもとにして実際に座標をとり，逆三角関数のグラフを描いてみるとよい．

6.3　逆三角関数の導関数

　一般に，関数 $y = f(x)$ が単調関数ならば，$y = f(x)$ の逆関数 $x = g(y)$ が存在し，$x = g(y)$ は単調関数である．また，単調関数 $y = f(x)$ が連続ならば，その逆関数 $x = g(y)$ は連続である．このことから，次の定理が成立する[※2].

> **逆関数の導関数**
>
> 単調関数 $y = f(x)$ が微分可能で，$f'(x) \neq 0$ とする．このとき，$y = f(x)$ の逆関数 $x = g(y)$ は微分可能であり，
> $$g'(y) = \frac{1}{f'(x)} \qquad \text{すなわち} \qquad \frac{dx}{dy} = \frac{1}{\frac{dy}{dx}}.$$

例題 6.3　関数 $y = (x+3)^2 \ (x > -3)$ の逆関数を求め，その導関数を求めよ．

解　この関数の x と y を交換すれば $x = (y+3)^2$ である．これを解くと，$y > -3$ より逆関数は $y = \sqrt{x} - 3$. よって，これを微分すると，

$$\frac{dy}{dx} = \frac{d}{dx}(x^{\frac{1}{2}} - 3) = \frac{1}{2} x^{-\frac{1}{2}} = \frac{1}{2\sqrt{x}}.$$

[※2] この定理については第 2 章を参照．

上記で得た結果と $(\sin x)' = \cos x$, $(\cos x)' = -\sin x$, $(\tan x)' = \dfrac{1}{\cos^2 x}$ に注意すれば次が得られる.

逆三角関数の導関数

(1) $(\arcsin x)' = \dfrac{1}{\sqrt{1-x^2}}$ $(-1 < x < 1)$

(2) $(\arccos x)' = -\dfrac{1}{\sqrt{1-x^2}}$ $(-1 < x < 1)$

(3) $(\arctan x)' = \dfrac{1}{1+x^2}$ $(-\infty < x < \infty)$

証明 (1) は省略 ((2) と同様の方法で示される).

(2) $x = \cos y$ $(0 \leq y \leq \pi)$ の両辺を y で微分すると,

$$\frac{dx}{dy} = -\sin y \tag{II.6.1}$$

このとき, $y = 0$, π (すなわち, $x = \pm 1$) ならば, $\sin y = 0$ となる. よって, $-1 < x < 1$ のとき $\sin y > 0$ であるから, (II.6.1) より

$$(\arccos x)' = \frac{dy}{dx} = \frac{1}{\frac{dx}{dy}} = -\frac{1}{\sin y} = -\frac{1}{\sqrt{1-\cos^2 y}} = -\frac{1}{\sqrt{1-x^2}}.$$

(3) $x = \tan y$ $\left(-\dfrac{\pi}{2} < y < \dfrac{\pi}{2}\right)$ の両辺を y で微分すると, $\dfrac{dx}{dy} = \dfrac{1}{\cos^2 y} = 1 + \tan^2 y > 0$. よって, $-\infty < x < \infty$ (すなわち $x \in \mathbb{R}$) において

$$(\arctan x)' = \frac{dy}{dx} = \frac{1}{\frac{dx}{dy}} = \frac{1}{1+\tan^2 y} = \frac{1}{1+x^2}.$$

また, 合成関数の導関数を考えると, 次の公式が得られる.

逆三角関数の導関数 2

(1) $(\arcsin ax)' = \dfrac{a}{\sqrt{1-a^2x^2}}$ (2) $(\arccos ax)' = -\dfrac{a}{\sqrt{1-a^2x^2}}$

(3) $(\arctan ax)' = \dfrac{a}{1+a^2x^2}$

例 6.1

(1) $(\arcsin x - \arccos x)' = \dfrac{1}{\sqrt{1-x^2}} - \left(-\dfrac{1}{\sqrt{1-x^2}}\right) = \dfrac{2}{\sqrt{1-x^2}}.$

(2)　$\left(\dfrac{1}{\arctan x}\right)' = -\dfrac{1}{(\arctan x)^2} \cdot (\arctan x)' = -\dfrac{1}{(\arctan x)^2} \cdot \dfrac{1}{1+x^2}.$

演習問題

6.1　次の式の値を求めよ．

(1)　$\arcsin\left(-\dfrac{\sqrt{3}}{2}\right)$

(2)　$\arctan\left(\sqrt{\dfrac{2}{6}}\right)$

(3)　$\arctan(-1)$

(4)　$\arcsin\left(\dfrac{1}{\cos\pi}\right)$

6.2　次の関数を微分せよ．

(1)　$y = \arccos 2x$　　(2)　$y = \arctan(x+1)$　　(3)　$y = \arcsin\dfrac{x}{\sqrt{2}}$

(4)　$y = (1+x^2)\arctan 5x$　　　(5)　$y = \arcsin x \cdot \arccos x$

6.3　$\arccos x = \arctan\sqrt{5}$ を満たす x を求めよ．

6.4　加法定理を用いて，$\arctan\dfrac{1}{2} + \arctan\dfrac{1}{3}$ の値を求めよ．

6.5　$\sin y = \cos\left(\dfrac{\pi}{2} - y\right)$ を用いて，以下の等式が成り立つことをを証明せよ．

$$\arcsin x + \arccos x = \dfrac{\pi}{2}\quad(-1 \leq x \leq 1)$$

付録：逆三角関数の値

表 II-1　逆正弦関数，逆余弦関数の値

x	$\arcsin x$	$\arccos x$
-1	$-\dfrac{\pi}{2}$	π
$-\dfrac{\sqrt{3}}{2}$	$-\dfrac{\pi}{3}$	$\dfrac{5}{6}\pi$
$-\dfrac{1}{\sqrt{2}}$	$-\dfrac{\pi}{4}$	$\dfrac{3}{4}\pi$
$-\dfrac{1}{2}$	$-\dfrac{\pi}{6}$	$\dfrac{2}{3}\pi$
0	0	$\dfrac{\pi}{2}$
$\dfrac{1}{2}$	$\dfrac{\pi}{6}$	$\dfrac{\pi}{3}$
$\dfrac{1}{\sqrt{2}}$	$\dfrac{\pi}{4}$	$\dfrac{\pi}{4}$
$\dfrac{\sqrt{3}}{2}$	$\dfrac{\pi}{3}$	$\dfrac{\pi}{6}$
1	$\dfrac{\pi}{2}$	0

表 II-2　逆正接関数の値

x	$\arctan x$
$-\infty$	$-\dfrac{\pi}{2}$
$-\sqrt{3}$	$-\dfrac{\pi}{3}$
-1	$-\dfrac{\pi}{3}$
$-\dfrac{1}{\sqrt{3}}$	$-\dfrac{\pi}{4}$
0	0
$\dfrac{1}{\sqrt{3}}$	$\dfrac{\pi}{6}$
1	$\dfrac{\pi}{4}$
$\sqrt{3}$	$\dfrac{\pi}{3}$
∞	$\dfrac{\pi}{2}$

7 高階導関数とテイラーの定理

7.1 高階導関数

関数 $y = f(x)$ の導関数 $f'(x)$ は x の関数である．$f'(x)$ が微分可能であるとき，さらに微分して得られる導関数を $y = f(x)$ の **第 2 階導関数** または **2 次導関数** といい，次のような記号で表す．

$$y'', \quad f'', \quad f''(x), \quad \frac{d^2y}{dx^2}, \quad \frac{d^2f}{dx^2}, \quad \frac{d^2f(x)}{dx^2}$$

ここで，第 2 階導関数を微分すれば[※1]第 3 階導関数，第 3 階導関数を微分すれば第 4 階導関数が得られる．同様に微分を繰り返すことにより，次のように一般化することができる．

> **第 n 階導関数**
>
> 関数 $y = f(x)$ を n 回微分して得られる関数を $y = f(x)$ の第 n 階導関数といい，次のような記号で表す．
>
> $$y^{(n)}, \quad f^{(n)}, \quad f^{(n)}(x), \quad \frac{d^ny}{dx^n}, \quad \frac{d^nf}{dx^n}, \quad \frac{d^nf(x)}{dx^n}$$
>
> 特に，$f(x)$ は $f(x)$ を 0 回微分したものとして，$f^{(0)}(x) = f(x)$ とする．

第 n 階導関数は n 次導関数ともいう．また，2 階以上の導関数を総称して**高階導関数**と呼ぶ．

例 7.1 $y = x^4 - 3x^3$ のとき，$y' = y^{(1)} = 4x^3 - 9x^2$，$y'' = y^{(2)} = 12x^2 - 18x$，$y''' = y^{(3)} = 24x - 18$，$y'''' = y^{(4)} = 24$.

> **例題 7.1** 関数 $f(x) = x^n$ の第 n 階導関数を求めよ．
>
> **解** $y' = nx^{n-1}$，$y'' = n(n-1)x^{n-2}$，$y^{(3)} = n(n-1)(n-2)x^{n-3}$，$y^{(4)} = n(n-1)(n-2)(n-3)x^{n-4}$. よって，これを同様に n 回繰り返すと，
>
> $$y^{(n)} = n(n-1)(n-2)(n-3) \cdots \cdot 2 \cdot 1 = n!$$

[※1] 微分可能なとき．

次の積の高階導関数の公式が知られている.

積の高階導関数の公式（ライプニッツフォーミュラ）

関数の積 $f(x)g(x)$ の高階導関数は，二項係数 $_k\mathrm{C}_i$ を用いて次のように表される.

$$\{f(x)g(x)\}^{(k)} = \sum_{i=0}^{k} {_k\mathrm{C}_i} f^{(k-i)}(x)g^{(i)}(x)$$

$$= {_k\mathrm{C}_0} f^{(k)}(x)g(x) + {_k\mathrm{C}_1} f^{(k-1)}(x)g'(x) + \cdots$$

$$+ {_k\mathrm{C}_i} f^{(k-i)}(x)g^{(i)}(x) + \cdots + {_k\mathrm{C}_k} f(x)g^{(k)}(x). \tag{II.7.1}$$

ここで $_n\mathrm{C}_r = \begin{pmatrix} n \\ r \end{pmatrix} = \dfrac{n!}{r!(n-r)!}$.

証明には数学的帰納法を用いる. 第 I 部のパスカルの三角形も参照のこと.

7.2　テイラーの定理とマクローリンの定理

第 5 章で，微分可能な関数の基本的な定理として，ロルの定理や (Lagrange の) 平均値の定理を得た.

ここで，平均値の定理の拡張または一般化として，次の定理が知られている.

テイラー (Taylor) の定理

関数 $f(x)$ が閉区間 $[a,b]$ で $n+1$ 回微分可能ならば，次を満たす点 $c\,(a < c < b)$ が少なくとも 1 つ存在する.

$$f(b) = f(a) + f'(a)(b-a) + \frac{f''(a)}{2!}(b-a)^2 + \cdots$$

$$+ \frac{f^{(n)}(a)}{n!}(b-a)^n + \frac{f^{(n+1)}(c)}{(n+1)!}(b-a)^{n+1}$$

$$= \sum_{k=0}^{n} \frac{f^{(k)}(a)}{k!}(b-a)^k + R_{n+1}(b)$$

ただし，$R_{n+1}(b) = \dfrac{f^{(n+1)}(c)}{(n+1)!}(b-a)^{n+1}$.

証明 $f(b) = \displaystyle\sum_{k=0}^{n} f^{(k)}(a)\,\frac{(b-a)^k}{k!} + R\,\frac{(b-a)^{n+1}}{(n+1)!}$ となる R をとると，$f^{(n+1)}(c) = R$ となる点 c が存在することを示す．まず，関数 $F(x)$ を次のように定める．ただし，R は定数とする．

$$F(x) = f(b) - \left\{ f(x) + f'(x)(b-x) + \frac{f''(x)}{2!}(b-x)^2 + \cdots \right.$$
$$\left. + \frac{f^{(n)}(x)}{n!}(b-x)^n + R\frac{(b-x)^{n+1}}{(n+1)!} \right\}$$
$$= f(b) - \left\{ \sum_{k=0}^{n} f^{(k)}(x)\frac{(b-x)^k}{k!} + R\frac{(b-x)^{n+1}}{(n+1)!} \right\}.$$

このとき，$F(b) = 0$ であり，

$$F(a) = f(b) - \left\{ \sum_{k=0}^{n} f^{(k)}(a)\frac{(b-a)^k}{k!} + R\frac{(b-a)^{n+1}}{(n+1)!} \right\} = f(b) - f(b) = 0.$$

よって，$F(a) = F(b) = 0$ であるから，ロルの定理により $F'(c) = 0$ $(a < c < b)$ となる点 c が存在する．一方で，$F(x)$ を x で微分すると

$$F'(x) = -\left\{ f(x) + f'(x)(b-x) + \frac{f''(x)}{2!}(b-x)^2 + \cdots \right.$$
$$\left. + \frac{f^{(n)}(x)}{n!}(b-x)^n + R\frac{(b-x)^{n+1}}{(n+1)!} \right\}'$$
$$= -f'(x) - \{f'(x)(b-x)\}' - \left\{ \frac{f''(x)}{2!}(b-x)^2 \right\}' - \cdots$$
$$- \left\{ \frac{f^{(n)}(x)}{n!}(b-x)^n \right\}' - \left\{ R\frac{(b-x)^{n+1}}{(n+1)!} \right\}'$$
$$= -f'(x) - \{f''(x)(b-x) - f'(x)\}$$
$$- \left\{ \frac{f^{(3)}(x)}{2!}(b-x)^2 - f''(x)(b-x) \right\} - \cdots$$
$$- \left\{ \frac{f^{(n+1)}(x)}{n!}(b-x)^n - \frac{f^{(n)}(x)}{(n-1)!}(b-x)^{n-1} \right\}$$
$$+ (n+1)R\frac{(b-x)^n}{(n+1)!}$$
$$= -\frac{f^{(n+1)}(x)}{n!}(b-x)^n + R\frac{(b-x)^n}{n!} = \frac{(b-x)^n}{n!}\left\{ R - f^{(n+1)}(x) \right\}.$$

したがって，$0 = F'(c) = \dfrac{(b-c)^n}{n!}\left\{R - f^{(n+1)}(c)\right\}$ より $R = f^{(n+1)}(c)$. ∎

テイラーの定理において，$n=1$ のとき $f(b) = f(a) + f'(c)(b-a)$ となり，平均値の定理に一致する．また，$R_{n+1}(b)$ を**ラグランジュの剰余項**という[※2]．

ここで，テイラーの定理において，$a=0, b=x$ とおくと次の定理が得られる．

マクローリン (Maclaurin) の定理

関数 $f(x)$ が $x=0$ を含む区間で $n+1$ 回微分可能ならば，任意の x に対して，次を満たす θ が存在する．

$$f(x) = f(0) + f'(0)x + \frac{f''(0)}{2!}x^2 + \cdots$$
$$+ \frac{f^{(n)}(0)}{n!}x^n + \frac{f^{(n+1)}(\theta x)}{(n+1)!}x^{n+1}$$
$$= \sum_{k=0}^{n} \frac{f^{(k)}(0)}{k!}x^k + R_{n+1}(x) \quad (0 < \theta < 1)$$

7.3　テイラー展開とマクローリン展開

テイラーの定理より，ラグランジュの剰余項 $R_{n+1}(b)$ を定めた．ここで，$b \in (a-r, a+r)$ ならば $R_{n+1}(b) \to 0 \ (n \to \infty)$ となるような開区間 $(a-r, a+r)$ が存在するとき，r を**収束半径**という．このとき，テイラーの定理において b を x に置き換えると，関数 $f(x)$ は次のように表すことができる．

テイラー展開

関数 $f(x)$ が $x=a$ を含む開区間で何回でも微分可能であるとする．このとき，$\displaystyle\lim_{n\to\infty} R_n(x) = 0$ ならば，

$$f(x) = f(a) + f'(a)(x-a) + \frac{1}{2!}f''(a)(x-a)^2 + \cdots$$
$$+ \frac{1}{n!}f^{(n)}(a)(x-a)^n + \cdots$$
$$= \sum_{k=0}^{\infty} \frac{f^{(k)}(a)}{k!}(x-a)^k$$

[※2] 剰余項をあらわす方法としてはラグランジュの剰余項以外に積分による方法もある．これについてはコラム 9 をご覧いただきたい．

テイラー展開は**テイラー級数**ともいう．また，$a = 0$ としたものをマクローリン展開または**マクローリン級数**という．

> **マクローリン展開**
>
> 関数 $f(x)$ が $x = 0$ を含む区間で何回でも微分可能であるとする．このとき，$\displaystyle\lim_{n \to \infty} R_n(x) = 0$ ならば，
>
> $$f(x) = f(0) + f'(0)x + \frac{1}{2!}f''(0)x^2 + \cdots + \frac{1}{n!}f^{(n)}(0)x^n + \cdots$$
> $$= \sum_{k=0}^{\infty} \frac{f^{(k)}(0)}{k!}x^k.$$

例えば，$f(x)$ のマクローリン展開を 5 次の項まで求めるときは，

$$f(x) = f(0) + f'(0)x + \frac{1}{2!}f''(0)x^2 + \frac{1}{3!}f^{(3)}(0)x^3$$
$$+ \frac{1}{4!}f^{(4)}(0)x^4 + \frac{1}{5!}f^{(5)}(0)x^5 + \cdots$$

とすればよい．

例題 7.2　$f(x) = \log(1 + x)$ $(-1 < x \leq 1)$ のマクローリン展開を 3 次の項まで求めよ．

解　$f(x) = \log(1 + x)$ より

$$f'(x) = \frac{1}{1+x} = (1+x)^{-1},\ f''(x) = (-1)(1+x)^{-2},$$
$$f^{(3)}(x) = (-1)(-2)(1+x)^{-3} = (-1)^2 \cdot 2! \cdot (1+x)^{-3}$$

より $f^{(n)}(x) = (-1)^{n-1}(n-1)!\,(1+x)^{-n}$．よって，

$$f(0) = \log(1+0) = 0,\ f'(0) = 1,\ f''(0) = -1,\ f^{(3)}(0) = 2.$$

したがって，

$$f(x) = f(0) + f'(0)x + \frac{1}{2!}f''(0)x^2 + \frac{1}{3!}f^{(3)}(0)x^3 + \cdots$$
$$= x - \frac{1}{2}x^2 + \frac{1}{3}x^3 + \cdots.$$

上記の**例題 7.2** を 5 次の項まで展開すると

$$f(x) = x - \frac{1}{2}x^2 + \frac{1}{3}x^3 - \frac{1}{4}x^4 + \frac{1}{5}x^5 + \cdots$$

である.これは $x = 0$ の近くで $\log(1 + x)$ と近似した関数であり,項の個数が増えるほどその精度は高くなる.

図 7.1 は $f(x) = \log(1 + x)$ のマクローリン展開を 2 次と 5 次の項まで計算したものである.右図は左図を拡大したものであり,項の数が増えると原点の近くでより $f(x) = \log(1 + x)$ に似た関数として振る舞うことが分かる.

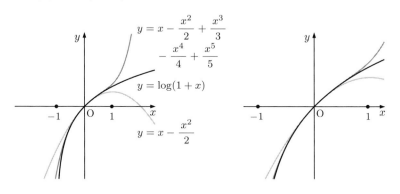

図 7.1 $y = \log(1 + x)$ と $x = 0$ の近くで近似した関数

演習問題

7.1 次の関数の第 1 次導関数,第 2 次導関数,第 3 次導関数を求めよ.

(1) $f(x) = \sin 2x$ (2) $g(x) = x^2 \log x$ (3) $h(x) = \dfrac{1}{x + 1}$

7.2 次の関数のマクローリン展開を 3 次の項まで求めよ.

(1) $f(x) = e^{2x}$ (2) $f(x) = \log(1 - 3x)$

(3) $f(x) = x \cos x$ (4) $f(x) = e^x \sin x$

8 導関数と関数の増減, 凹凸

8.1 導関数と関数の増減

関数の導関数を見ることで関数の増減が判断できる.

> **導関数と関数の増減の関係**
>
> 関数 $f(x)$ が閉区間 $[a,b]$ で連続, 開区間 (a,b) で微分可能であるとき次が成立する.
> (1) (a,b) で $f'(x) = 0 \iff f(x)$ は $[a,b]$ で定数関数.
> (2) (a,b) で $f'(x) > 0 \implies f(x)$ は $[a,b]$ で単調増加関数.
> (3) (a,b) で $f'(x) < 0 \implies f(x)$ は $[a,b]$ で単調減少関数.

証明 ラグランジュの平均値の定理より, $a \le x_1 < x_2 \le b$ を満たす任意の x_1, x_2 に対して $\dfrac{f(x_2) - f(x_1)}{x_2 - x_1} = f'(c) \ (x_1 < c < x_2)$ を満たす点 c が存在する.

(1) ($\Rightarrow$) 仮定より $f'(c) = 0$ であるから, $f(x_1) = f(x_2)$. よって, $f(x)$ は $[a,b]$ で定数関数である. ($\Leftarrow$) は明らか.

(2) 仮定より $f'(c) > 0$ であるから, $f(x_1) < f(x_2)$. よって, $f(x)$ は $[a,b]$ で単調増加関数である. (3) も同様に示せる. ∎

8.2 極値

関数 $f(x)$ が, 点 a の十分近くにあるすべての点 $x \, (\neq a)$ に対して $f(x) < f(a)$ ならば, $f(x)$ は点 a で**極大**であるといい, $f(a)$ を**極大値**という. 同様に, 点 b の十分近くにあるすべての点 $x \, (\neq b)$ に対して $f(x) > f(b)$ ならば, $f(x)$ は点 b で**極小**であるといい, $f(b)$ を**極小値**という. 極大値と極小値をあわせて**極値**という.

例えば，右図のような関数 $y = f(x)$ において極値を考えると

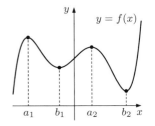

- $x = a_1, a_2$ で極大であり，極大値は $f(a_1)$, $f(a_2)$.
- $x = b_1, b_2$ で極小であり，極小値は $f(b_1)$, $f(b_2)$.

経済学などの分野では，極大 (極小) の定義を次のようにすることがある．関数 $f(x)$ が，点 a の十分近くにあるすべての点 x に対して $f(x) \le f(a)$ $(f(x) \ge f(a))$ を満たすとき，点 a で $f(x)$ は極大 (極小) であるという．

極値をもつ点での微分係数

関数 $y = f(x)$ が微分可能であるとする．$f(x)$ が $x = a$ で極値をとるならば，$f'(a) = 0$.

証明 $y = f(x)$ が $x = a$ で極大であるとする．このとき，a に十分近いすべての $x (\ne a)$ について $f(x) < f(a)$ であるから，

$$x > a \text{ ならば } \frac{f(x) - f(a)}{x - a} < 0 \text{ すなわち } \lim_{x \to a+0} \frac{f(x) - f(a)}{x - a} \le 0 \quad \text{(II.8.1)}$$

$$x < a \text{ ならば } \frac{f(x) - f(a)}{x - a} > 0 \text{ すなわち } \lim_{x \to a-0} \frac{f(x) - f(a)}{x - a} \ge 0 \quad \text{(II.8.2)}$$

ここで，$y = f(x)$ は微分可能であるから，(II.8.1), (II.8.2) の左辺は $f(x)$ の $x = a$ における微分係数 $f'(a)$ に等しい．したがって，$f'(a) \le 0$ かつ $f'(a) \ge 0$ より $f'(a) = 0$. $x = a$ で極小であるときも同様に示される．

この定理の逆「$f'(a) = 0$ ならば，$f(x)$ が $x = a$ で極値をとる」は一般に成立しないことに注意する．

例 8.1 $f(x) = x^3$ のとき $f'(x) = 3x^2$ より $f'(0) = 0$ となるが，$f(x) = x^3$ は $x = 0$ の前後で増加する．よって，$f(x)$ は $x = 0$ で極大にも極小にもならない．

次のように，第 2 次導関数を用いて極値の判定ができる．

極値の判定法

関数 $f(x)$ が 2 回微分可能で $f''(x)$ が連続であるとき次が成立する．

(1) $f'(a) = 0$ かつ $f''(a) > 0 \implies f(a)$ は極小値．

(2) $f'(a) = 0$ かつ $f''(a) < 0 \implies f(a)$ は極大値.

証明 (1) 第 7 章のテイラーの定理で $n = 1$ とすると,

$$f(x) = f(a) + f'(a)(x - a) + \frac{f''(c)}{2!}(x - a)^2.$$

ただし, c は a と x の間の適当な数である. $f'(a) = 0$ と, $f''(x)$ が連続であるので a の近くでは $f''(x) > 0$ であることに注意すると, $f(x) > f(a)$ が a の近くの $x (\neq a)$ で成立する. よって, $f(a)$ は極小値である. (2) も同様に示せる. ▮

例 8.2 (1) $f(x) = x^2 - 2x$ に対し $f'(x) = 2x - 2 = 2(x - 1)$, $f''(x) = 2$. $f'(x) = 0$ を解くと $x = 1$. $f''(1) = 2 > 0$ より $x = 1$ で $f(x)$ は極小となり, 極小値 $f(1) = -1$ をとる.

(2) $f(x) = x^3 - 3x^2 - 9x + 5$ に対し $f'(x) = 3x^2 - 6x - 9 = 3(x^2 - 2x - 3)$ $= 3(x+1)(x-3)$, $f''(x) = 6x - 6$. $f'(x) = 0$ を解くと $x = -1, 3$. $f''(-1) = -12 < 0$ より $x = -1$ で $f(x)$ は極大となり, 極大値 $f(-1) = 10$ をとる. $f''(3) = 12 > 0$ より $x = 3$ で $f(x)$ は極小となり, 極小値 $f(3) = -22$ をとる.

8.3 関数の凹凸

> **関数の凹凸**
>
> 区間 I の任意の 3 点 x, x_1, x_2 $(x_1 < x < x_2)$ に対し, 点 $A(x, f(x))$ が常に点 $P(x_1, f(x_1))$, $Q(x_2, f(x_2))$ を結ぶ線分より下にあるとき, 関数 $f(x)$ は区間 I で**下に凸**であるという (図 8.1 左). 逆に, 点 A が線分 PQ より上にあるとき, 関数 $f(x)$ は区間 I で**上に凸**であるという (図 8.1 右). 下に凸を単に**凸**, 上に凸を**凹**と呼ぶ場合もある.

関数 $f(x)$ のグラフの凹凸の定義は次のように述べることもできる. 区間 I の任意の 3 点 x, x_1, x_2 $(x_1 < x < x_2)$ に対し, 点 A, P, Q を上記と同様に考えたとき, 線分 PA の傾きが線分 AQ を結ぶ線分の傾きより小さく (大きく) なるとき, $f(x)$ は区間 I で下に凸 (上に凸) であるという.

分野によっては, 条件を少し緩め, 区間 I で点 A が常に線分 PQ より上に行かない (線分 PA の傾きが線分 AQ の傾き以下である) とき下に凸, 点 A が常に線分

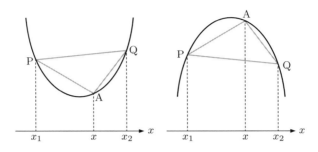

図 8.1 下に凸 (左) と上に凸 (右)

PQ より下に行かない (線分 PA の傾きが線分 AQ の傾き以上である) とき上に凸と定義することがある.

関数の凹凸の判定

関数 $f(x)$ が区間 I で微分可能であるとき,
(1) $f'(x)$ が I で単調増加 $\implies$ $f(x)$ は I で下に凸.
(2) $f'(x)$ が I で単調減少 $\implies$ $f(x)$ は I で上に凸.
この条件は, $f(x)$ が区間 I で 2 回微分可能ならば, 次のように書き換えられる.
(1)' I で $f''(x) > 0$ $\implies$ $f(x)$ は I で下に凸.
(2)' I で $f''(x) < 0$ $\implies$ $f(x)$ は I で上に凸.

証明 $x_1 < x < x_2$ とする. $(x_1, f(x_1))$, $(x, f(x))$ を結ぶ線分と $(x, f(x))$, $(x_2, f(x_2))$ を結ぶ線分の傾きはそれぞれ $\dfrac{f(x) - f(x_1)}{x - x_1}$, $\dfrac{f(x_2) - f(x)}{x_2 - x}$ である.
 (1) を示す. 区間 $[x_1, x]$, $[x, x_2]$ にそれぞれ平均値の定理を用いると,

$$\frac{f(x) - f(x_1)}{x - x_1} = f'(c_1), \qquad \frac{f(x_2) - f(x)}{x_2 - x} = f'(c_2),$$

を満たす c_1 $(x_1 < c_1 < x)$, c_2 $(x < c_2 < x_2)$ が存在する. $f'(x)$ が単調増加より, $\dfrac{f(x) - f(x_1)}{x - x_1} = f'(c_1) < f'(c_2) = \dfrac{f(x_2) - f(x)}{x_2 - x}$. よって, $f(x)$ は下に凸である. (2) も同様に示せる.
 $f(x)$ が 2 回微分可能なとき, $f''(x) > 0$ (< 0) ならば, $f'(x)$ は単調増加 (単調減少) であるから, (1)', (2)' は (1), (2) から導かれる.

関数の凹凸が変化する点を**変曲点**と呼ぶ. ある点の前後で $f''(x)$ の符号が変わるとき, その点は変曲点である.

8.4 増減表とグラフの概形

これまで見てきた関数 $f(x)$ のグラフの増減, 凹凸の条件をまとめると次のようになる.

$f'(x)$	0	0	+	+	−	−
$f''(x)$	+	−	+	−	+	−
$f(x)$	極小	極大	↗ 増加 下に凸	↶ 増加 上に凸	↘ 減少 下に凸	↘ 減少 上に凸

$f(x)$ の第 1 次, 第 2 次導関数からグラフの概形をまとめた表を**増減表**という.

例 8.3　関数の 1 次, 2 次導関数を計算し, グラフの概形を描く.

(1) $f(x) = x^3 - 3x^2 - 9x + 11$ に対し, $f'(x) = 3x^2 - 6x - 9 = 3(x+1)(x-3)$, $f''(x) = 6x - 6$. $f'(x) = 0$ を解くと $x = -1, 3$. $f''(x) = 0$ を解くと $x = 1$. これらより, グラフの様子を増減表にまとめる.

x	$\cdots$	-1	$\cdots$	1	$\cdots$	3	$\cdots$
$f'(x)$	+	0	−	−	−	0	+
$f''(x)$	−	−	−	0	+	+	+
$f(x)$	↶	16 極大	↘	0 変曲点	↘	-16 極小	↗

$f(x) = (x-1)(x^2 - 2x - 11)$ より $f(x) = 0$ の解は $x = 1, 1 \pm 2\sqrt{3}$ であり, その点で x 軸と交わる. $f(0) = 11$ より, $y = 11$ で y 軸と交わる. また, $\displaystyle\lim_{x \to +\infty} = +\infty$, $\displaystyle\lim_{x \to -\infty} = -\infty$. グラフの概形は図 8.2 左になる.

(2) $f(x) = \dfrac{x^2 + 1}{x}$ $(x \neq 0)$ に対し, $f'(x) = \dfrac{x^2 - 1}{x^2}$, $f''(x) = \dfrac{2}{x^3}$. $f'(x) = 0$ を解くと $x = -1, 1$. $f''(x) = 0$ の解はなし. $x \neq 0$ に注意して, グラフの様子を増減表にまとめる.

x	$\cdots$	-1	$\cdots$	0	$\cdots$	1	$\cdots$
$f'(x)$	+	0	−		−	0	+
$f''(x)$	−	−	−		+	+	+
$f(x)$	↶	-2 極大	↘		↘	2 極小	↗

$f(x) = 0$ の解はないので, x 軸とは交わらない. また, $\displaystyle\lim_{x\to+\infty} = +\infty$,
$\displaystyle\lim_{x\to-\infty} = -\infty$, $\displaystyle\lim_{x\to+0} = +\infty$, $\displaystyle\lim_{x\to-0} = -\infty$. さらに, $f(x) = x + \dfrac{1}{x}$ より,
$x \to \pm\infty$ のとき, 第 2 項が十分小さくなるので $f(x)$ のグラフは直線 $y = x$ に近づいていく. このような直線をグラフの**漸近線**という. グラフの概形は図 8.2 右になる.

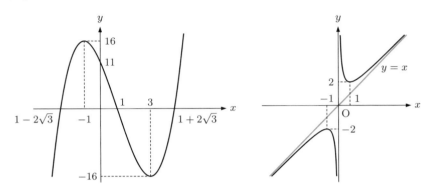

図 **8.2**　$y = x^3 - 3x^2 - 9x + 11$ のグラフ (左) と $y = \dfrac{x^2 + 1}{x}$ のグラフ (右)

演習問題

8.1　次の関数 $f(x)$ の第 1 次, 第 2 次導関数を計算し極値を求めよ.

(1)　$x^3 + 3x^2 - 24x + 3$ (2)　$x^4 - 4x^3 - 2x^2 + 12x$

(3)　$(\log x)^2$ $(x > 0)$

8.2　次の関数 $f(x)$ のグラフの概形を描け.

(1)　$x^3 - x$ (2)　$-\dfrac{x^2}{x + 1}$ $(x \neq -1)$

(3)　$x^2 e^{-x}$ (4)　$\dfrac{x}{\log x}$ $(x > 0, x \neq 1)$

9 偏微分

9.1 2変数関数の定義

3つの変数 x, y, z の間にある関係 f があり，x と y の値が定まるとそれに対応して z の値がただ 1 つに定まるとき，z は x と y の **2 変数関数**であるという．これを $z = f(x, y)$ で表す．ここで，x と y を**独立変数**，z を**従属変数**という．

2 変数関数 $z = f(x, y)$ には様々なものがある．そのなかでも基本的な $z = f(x, y)$ のグラフの概形を以下で紹介する．

例 9.1

(1)　$z = x + y$

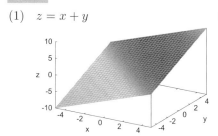

(2)　$z = x^2 + y^2$

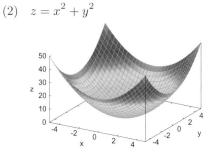

(3)　$z = xy$

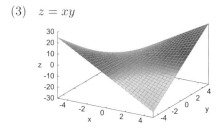

x, y に関する不等式があるとき，座標平面上でその不等式を満たす点 (x, y) の集合を，その不等式の表す**領域**という．また，領域の部分とそうでない部分を分ける図形を，その領域の**境界線**という．関数 $z = f(x, y)$ に対して，独立変数の組 (x, y) が取りうる領域を**定義域**といい，D などで表す．

(x, y) が平面 (2 次元**ユークリッド 空間**) 上の点であることを $(x, y) \in \mathbb{R}^2$ と表す．すなわち，$(x, y) \in \mathbb{R}^2$ は $x \in \mathbb{R}$ かつ $y \in \mathbb{R}$ を表している．

例題 9.1　次で表される領域を図示せよ.

(1)　$D_1 = \left\{ (x,y) \in \mathbb{R}^2 \mid x^2 + y^2 < 1 \right\}$

(2)　$D_2 = \left\{ (x,y) \in \mathbb{R}^2 \mid 0 \le x \le 1, \, 0 \le y \le 1 \right\}$

解

(1)　　　　　　　　　　　　　　　　(2)

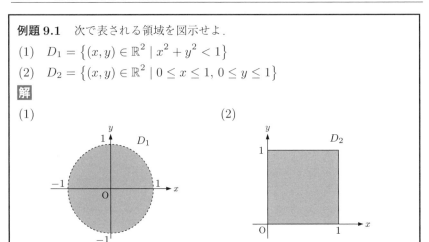

上記の**例題 9.1** (1) のように境界を含まない領域を**開領域**, (2) のように境界を含む領域を**閉領域**ということがある.

$f(x,y)$ の定義域が明記されていないとき, $f(x,y)$ に意味のある (x,y) 全体の集合が f の定義域となることに注意する. 一般に, $D \subset \mathbb{R}^2$ または $D = \mathbb{R}^2$ である. すなわち, D は平面の一部分かその全体である.

9.2　2 変数関数の極限と連続性

2 変数関数の極限

関数 $f(x,y)$ を $\mathbb{R}^2$ の部分集合 D で定義された関数とし, 点 (a,b) を D または D の境界の定点とする. 点 (x,y) が D 内を動き, 点 (a,b) に限りなく近づくとき, $f(x,y)$ が限りなく一定の値 α に近づくならば

$$\lim_{(x,y)\to(a,b)} f(x,y) = \alpha \quad または \quad f(x,y) \to \alpha \ \ ((x,y) \to (a,b))$$

と表す. このとき, α を $f(x,y)$ の点 (a,b) における極限といい, $f(x,y)$ は α に**収束する**という.

1 変数関数 $f(x)$ の極限では右側極限と左側極限を考えたが, 2 変数関数 $f(x,y)$ の場合は点 (a,b) への様々な近づき方が考えられる. そのため, どのように近づいても同じ値 α に収束しなければ, $f(x,y)$ が α に収束するとは言えないことに注意する.

例題 9.2　関数 $\dfrac{x^2 y}{x^2 + y^2}$ の原点における極限を求めよ.

解　三角関数の定義より, $x = r \cos\theta$, $y = r \sin\theta$ である. ここで, $(x,y) \to (0,0)$ のとき $r \to 0$ である. よって,

$$\frac{x^2 y}{x^2 + y^2} = \frac{r^3 \cos^2\theta \sin\theta}{r^2} = r \cos^2\theta \sin\theta \ (< r)$$

より $\displaystyle\lim_{(x,y)\to(0,0)} \frac{x^2 y}{x^2 + y^2} = \lim_{r\to 0} r \cos^2\theta \sin\theta = 0.$

例題 9.3　関数 $\dfrac{xy}{x^2 + y^2}$ の原点における極限を求めよ.

解　例題 **9.2** と同様に考えると, $\dfrac{xy}{x^2 + y^2} = \dfrac{r^2 \cos\theta \sin\theta}{r^2} = \cos\theta \sin\theta.$
この値は θ のとり方によって異なる. したがって, 極限 $\displaystyle\lim_{(x,y)\to(0,0)} \frac{xy}{x^2 + y^2}$
は存在しない.

　例題 9.2 や**例題 9.3** のように, 半径 r と角 θ により平面上の点を表現すること
を**極座標表示**という.

---

2 変数関数の連続性

次の 3 条件を満たすとき, 関数 $z = f(x,y)$ は $(x,y) = (a,b)$ で**連続**で
あるという.
(1)　$f(a,b)$ が定義されている.
(2)　極限 $\displaystyle\lim_{(x,y)\to(a,b)} f(x,y)$ が存在する.
(3)　(1) と (2) の値が等しい.

関数 $f(x,y)$ が領域 D のすべての点で連続であるとき, D で**連続**であるという.

例題 9.4　関数 $f(x,y) = \begin{cases} \dfrac{xy}{\sqrt{x^2 + y^2}} & (x,y) \neq (0,0) \\ 0 & (x,y) = (0,0) \end{cases}$ は原点で連続であ
るか調べよ.

解　$x = r\cos\theta, y = r\sin\theta$ とおくと，$(x,y) \to (0,0)$ のとき $r \to 0$ であり，

$$\frac{xy}{\sqrt{x^2 + y^2}} = \frac{r^2\cos\theta\sin\theta}{r} = r\cos\theta\sin\theta.$$

よって，$\displaystyle\lim_{(x,y)\to(0,0)} \frac{xy}{\sqrt{x^2 + y^2}} = 0$ であり，$f(0,0) = 0$．したがって，$f(x,y)$ は原点で連続である．

9.3　偏微分係数と偏導関数

D 上で定義される 2 変数関数 $z = f(x,y)$ が表す曲面に対して，D 上の点 (a,b) を通り y 軸または x 軸に垂直な平面での切断を考える．このとき，これらの切り口はそれぞれ

$$z = f(x,b), \quad z = f(a,y)$$

で与えられる曲線である．これらはそれぞれ x と y についての 1 変数関数であるから，x 方向のみ，または y 方向のみに偏った微分を考えることができる．

偏微分係数

D 上で定義される関数 $z = f(x,y)$ が D に属する点 (a,b) において，極限

$$\lim_{h\to 0} \frac{f(a+h,b) - f(a,b)}{h}$$

をもつとき，$f(x,y)$ は点 (a,b) で x に関して**偏微分可能**であるといい，$f_x(a,b)$ や $\dfrac{\partial f}{\partial x}(a,b)$ で表す．同様に，極限

$$\lim_{k\to 0} \frac{f(a,b+k) - f(a,b)}{k}$$

をもつとき，$f(x,y)$ は点 (a,b) で y に関して偏微分可能であるといい，$f_y(a,b)$ や $\dfrac{\partial f}{\partial y}(a,b)$ で表す．これらの極限値を，それぞれ $f(x,y)$ の x に関する**偏微分係数**，y に関する偏微分係数という．

例題 9.5　$f(x,y) = x^2 - y^2$ の偏微分係数 $f_x(2,1)$ を求めよ．
解　$y = 1$ とすると，曲面 $f(x,y) = x^2 - y^2$ は平面 $y = 1$ で切断される．このとき，曲線は $f(x,1) = x^2 - 1$ であり，x で微分すれば $f_x(x,1) = 2x$．よって，$f_x(2,1) = 4$．

偏導関数

$f(x, y)$ が開領域 D の各点 (x, y) で，x または y に関して偏微分可能である
とする．このとき，D 上の任意の点 (x, y) に対し，x に関する偏微分係数
または y に関する偏微分係数を対応させると D 上の関数が得られる．
これらの関数を x に関する**偏導関数**または y に関する偏導関数といい，
次で定義される．

$$f_x(x, y) = \lim_{h \to 0} \frac{f(x+h, y) - f(x, y)}{h},$$

$$f_y(x, y) = \lim_{k \to 0} \frac{f(x, y+k) - f(x, y)}{k}.$$

偏導関数を求めることを**偏微分する**という．

---

x に関する偏導関数 $f_x(x, y)$ を $\dfrac{\partial f}{\partial x}(x, y)$, $\dfrac{\partial f}{\partial x}$, f_x, z_x などで表すことが
ある．y についても同様である．

例 9.2

(1)　$f(x, y) = x + y$ のとき $f_x(x, y) = 1$, $f_y(x, y) = 1$.

(2)　$z = x^2 + y^2$ のとき $z_x = 2x$, $z_y = 2y$.

(3)　$f(x, y) = xy$ のとき $f_x = y$, $f_y = x$.

(4)　$f(x, y) = x^3 - 2xy + 3y^2$ のとき $\dfrac{\partial f}{\partial x} = 3x^2 - 2y$, $\dfrac{\partial f}{\partial y} = -2x + 6y$.

(5)　$z = x \sin y$ のとき $\dfrac{\partial z}{\partial x} = \sin y$, $\dfrac{\partial z}{\partial y} = x \cos y$.

(6)　$f(x, y) = 3e^y$ のとき $\dfrac{\partial f}{\partial x}(x, y) = 0$, $\dfrac{\partial f}{\partial y}(x, y) = 3e^y$.

9.4　いろいろな 2 変数関数のグラフ

2 変数関数には様々なものが存在する．以下では視覚的にこれらを見るため，
いくつかのグラフを紹介する．

例 9.3

(1)　$z = x^3 - 2xy + 3y^2$

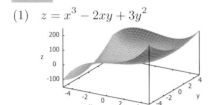

(2)　$z = x \sin y$

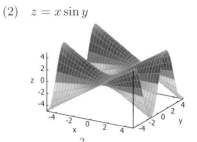

(3)　$z = 3e^y$

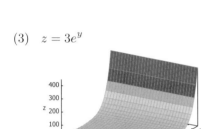

(4)　$z = \dfrac{x^2}{x^2 + y^2}$

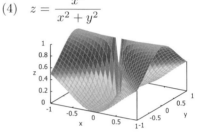

(5)　$z = \dfrac{\sin(x^2 + y^2)}{x^2 + y^2}$

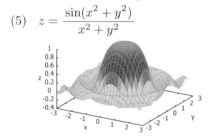

(6)　$z = 3x + 4y - xy$

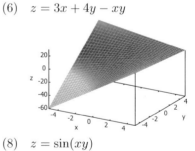

(7)　$z = x^2 e^y$

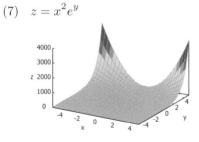

(8)　$z = \sin(xy)$

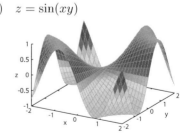

(9)　$z = \sin x + \cos y$　　　　　　　(10)　$z = e^y \log x$

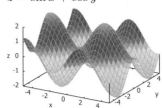 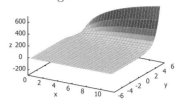

演習問題

9.1　次の関数の極限が存在するか調べよ.

(1)　$\displaystyle \lim_{(x,y)\to(0,0)} \frac{x^2}{x^2 + y^2}$　　　　　　(2)　$\displaystyle \lim_{(x,y)\to(0,0)} \frac{\sin(x^2 + y^2)}{x^2 + y^2}$

9.2　前問の結果を用いて, 次の関数は $(0,0)$ で連続であるか調べよ.

(1)　$f(x,y) = \begin{cases} \dfrac{x^2}{x^2 + y^2} & (x,y) \neq (0,0) \\ 0 & (x,y) = (0,0) \end{cases}$

(2)　$f(x,y) = \begin{cases} \dfrac{\sin(x^2 + y^2)}{x^2 + y^2} & (x,y) \neq (0,0) \\ 1 & (x,y) = (0,0) \end{cases}$

9.3　次の関数を偏微分せよ.

(1)　$f(x,y) = 3x + 4y - xy$　　　　　(2)　$f(x,y) = \dfrac{x}{y}$

(3)　$f(x,y) = x^2 e^y$　　　　　　　　(4)　$f(x,y) = \log \dfrac{y}{x}$

(5)　$f(x,y) = \sin x + \cos y$　　　　(6)　$f(x,y) = y^2 \sin x$

10 全微分，接平面，勾配

10.1 合成関数の偏導関数

1 変数関数 $y = f(u)$, $u = g(x)$ がそれぞれ微分可能であるとき，$y = f(u)$ と $u = g(x)$ の合成関数 $y = f(g(x))$ は x の関数として微分可能であり，導関数は次のように表された.

$$\frac{dy}{dx} = \frac{dy}{du}\frac{du}{dx}$$

2 変数関数 $f(x,y)$ において，x に関する偏導関数 $f_x(x,y)$ は y を定数とした x についての導関数と考えることができる．よって，合成関数の偏導関数は，以下のように 1 変数関数の場合と同様に計算することができる.

> **合成関数の偏微分公式**
>
> 1 変数関数 $z = f(u)$ と 2 変数関数 $u = g(x,y)$ との合成関数 $z = f(g(x,y))$ の偏導関数は
>
> $$z_x = f'(g(x,y)) \cdot g_x(x,y), \quad z_y = f'(g(x,y)) \cdot g_y(x,y)$$
>
> または，より正確に
>
> $$\frac{\partial(f \circ g)}{\partial x} = \left(\frac{df}{du}\Big|_{u=u(x)}\right)\frac{\partial u}{\partial x}, \quad \frac{\partial(f \circ g)}{\partial y} = \left(\frac{df}{du}\Big|_{u=u(x)}\right)\frac{\partial u}{\partial y}$$
>
> である．ここで，$\Big|_{u=u(x)}$ は微分を計算した後で $u = u(x)$ を代入するという演算を意味する.

微分と偏微分の表記について，1 変数のときは「d」，2 変数以上のときは「∂」を用いることに注意する.

例 10.1

(1) $f(u) = e^u$, $u = g(x,y) = xy$ とおくと $\dfrac{df}{du} = e^u$, $\dfrac{\partial u}{\partial x} = y$, $\dfrac{\partial u}{\partial y} = x$.

よって,

$$(f \circ g)_x = \frac{df}{du}\frac{\partial u}{\partial x} = ye^u = ye^{xy}, \quad (f \circ g)_y = \frac{df}{du}\frac{\partial u}{\partial y} = xe^u = xe^{xy}.$$

(2)　$z = \log(x + 3y)$ のとき $z_x = \dfrac{1}{x + 3y} \cdot \dfrac{\partial}{\partial x}(x + 3y) = \dfrac{1}{x + 3y}$,

$z_y = \dfrac{1}{x + 3y} \cdot \dfrac{\partial}{\partial y}(x + 3y) = \dfrac{1}{x + 3y} \cdot 3 = \dfrac{3}{x + 3y}$.

(3)　$f(x, y) = \dfrac{x - y}{x + y}$ のとき

$$f_x = \frac{1}{(x + y)^2}\left\{\frac{\partial}{\partial x}(x - y) \cdot (x + y) - (x - y)\frac{\partial}{\partial x}(x + y)\right\}$$

$$= \frac{1}{(x + y)^2}\left\{(x + y) - (x - y)\right\} = \frac{2y}{(x + y)^2},$$

$$f_y = \frac{1}{(x + y)^2}\left\{\frac{\partial}{\partial y}(x - y) \cdot (x + y) - (x - y)\frac{\partial}{\partial y}(x + y)\right\}$$

$$= \frac{1}{(x + y)^2}\left\{-(x + y) - (x - y)\right\} = -\frac{2x}{(x + y)^2}.$$

以上の計算では, 微分を計算した後の代入 $\Big|_{u=u(x)}$ を省略している. 多くの数学や物理学, 理論経済学などの書籍ではこのように省略をして書かれることが多いので注意すること.

10.2　全微分

1 変数関数 $y = f(x)$ が $x = c$ で微分可能であるとき, 定義より

$$f'(c) = \lim_{h \to 0}\frac{f(c + h) - f(c)}{h}$$

となる $f'(c)$ が存在する. この式を変形すると

$$\lim_{h \to 0}\frac{f(c + h) - f(c) - f'(c)h}{h} = 0$$

である. 1 変数関数の微分可能性の特徴として, 微分可能な点で連続であることやその関数のグラフ上の微分可能な点に対応するところで接線が存在することが挙げられる. しかし, 2 変数関数についてはある点で偏微分可能であってもその点で連続とは限らない. そこで, 2 変数 (または多変数) 関数の場合でも 1 変数関数の微分と同様の性質をもつように拡張したものが次の定義である.

全微分可能

2 変数関数 $z = f(x, y)$ が点 (a, b) を含む領域で定義されているとする．
このとき，ある実数 α, β が存在して

$$\lim_{(h,k) \to (0,0)} \frac{f(a + h, b + k) - f(a, b) - \alpha h - \beta k}{\sqrt{h^2 + k^2}} = 0 \qquad (\text{II}.10.1)$$

となるとき，$z = f(x, y)$ が点 (a, b) で**全微分可能**であるという．

ここで，

$$\varepsilon(h, k) = f(a + h, b + k) - f(a, b) - (\alpha h + \beta k) \qquad (\text{II}.10.2)$$

とすると，(II.10.1) は

$$\lim_{(h,k) \to (0,0)} \frac{\varepsilon(h, k)}{\sqrt{h^2 + k^2}} = 0 \qquad (\text{II}.10.3)$$

となる．よって，(II.10.1) から (II.10.2) と (II.10.3) が得られ，逆に (II.10.2) と (II.10.3) から (II.10.1) が得られる．これより，関数 $z = f(x, y)$ が点 (a, b) で全微分可能であることと，ある実数 α, β が存在して

$$f(a + h, b + k) - f(a, b) = \alpha h + \beta k + \varepsilon(h, k),$$

$$\lim_{(h,k) \to (0,0)} \frac{\varepsilon(h, k)}{\sqrt{h^2 + k^2}} = 0$$

となることは同値である．

　関数 $f(x, y)$ が全微分可能であるかどうかについて，以下の必要条件が知られている．

全微分可能の必要条件

関数 $f(x, y)$ が点 (a, b) で全微分可能ならば，$f(x, y)$ は点 (a, b) で連続である．

証明　関数 $f(x, y)$ が点 (a, b) で全微分可能であるとき，ある実数 α, β に対し

$$\varepsilon(h, k) = f(a + h, b + k) - f(a, b) - \alpha h - \beta k$$

とすると $\displaystyle \lim_{(h,k) \to (0,0)} \frac{\varepsilon(h, k)}{\sqrt{h^2 + k^2}} = 0$ が成立する．$h \neq 0$ または $k \neq 0$ のとき

$$f(a + h, b + k) = f(a, b) + \alpha h + \beta k + \frac{\varepsilon(h, k)}{\sqrt{h^2 + k^2}} \sqrt{h^2 + k^2}$$

と変形すると

$$\lim_{(h,k)\to(0,0)} f(a+h,b+k) = \lim_{(h,k)\to(0,0)} \left\{ f(a,b) + \frac{\varepsilon(h,k)}{\sqrt{h^2+k^2}} \sqrt{h^2+k^2} \right\}$$

$$= f(a,b) + 0 \cdot \sqrt{0^2+0^2} = f(a,b).$$

したがって，$f(x,y)$ は点 (a,b) において連続である．

上記の主張の対偶[1]をとると，$f(x,y)$ は点 (a,b) で連続でないならば，$f(x,y)$ が点 (a,b) で全微分可能でないことが分かる．

また，関数 $f(x,y)$ が点 (a,b) で全微分可能ならば，$f(x,y)$ は点 (a,b) で偏微分可能である．このとき，(II.10.1) における α, β は $\alpha = f_x(a,b)$, $\beta = f_y(a,b)$ である．

さらに，関数 $f(x,y)$ が点 (x,y) で全微分可能であるとき，

$$df = f_x(x,y)h + f_y(x,y)k$$

を点 (x,y) における**全微分**という．特に，$f(x,y) = x$ のとき $df = dx = h$，$f(x,y) = y$ のとき $df = dy = k$ である．これより，全微分は次のように定める ことができる．

全微分

開領域 D 上で定義された関数 $z = f(x,y)$ が D のすべての点で全微分可能であるとき，$z = f(x,y)$ の全微分 df または dz を

$$df = dz = f_x(x,y)\,dx + f_y(x,y)\,dy$$

によって定義する．

例題 10.1　　次の関数を全微分せよ．

(1)　$f(x,y) = \log \dfrac{x}{y} \; (= \log x - \log y)$

(2)　$z = x^2 y^3 + x^3 y^2$

---

(1)　$f_x(x,y) = \dfrac{1}{x}$, $f_y(x,y) = -\dfrac{1}{y}$ より

$$df = \frac{1}{x}\,dx - \frac{1}{y}\,dy \left(= \frac{y\,dx - x\,dy}{xy}\right).$$

(2)　$z_x = 2xy^3 + 3x^2y^2$, $z_y = 3x^2y^2 + 2x^3y$ より

$$dz = (2xy^3 + 3x^2y^2)\,dx + (3x^2y^2 + 2x^3y)\,dy.$$

10.3　接平面

2 変数関数 $z = f(x,y)$ のグラフは曲面を表現している．この曲面上の点 (a,b,c) で，この曲面に接する平面を**接平面**という．図 10.1 のように，y を $y = b$ で一定として得られる x の関数の接線と，x を $x = a$ で一定として得られる y の関数の接線を含む平面が，この点における接平面となる．

ここで，曲面 $z = f(x,y)$ 上の点 (a,b,c) における接平面の方程式を考えると，点 (a,b,c) を含む平面の方程式は以下のように表される．

$$z - c = A(x - a) + B(y - b)$$

ただし，係数 A, B はそれぞれ $y = b$, $x = a$ とした曲線 $z = f(x,b)$, $z = f(a,y)$ の接線の傾きである．よって，$A = f_x(a,b)$, $B = f_y(a,b)$ であり，$c = f(a,b)$ により，次の公式が得られる．

接平面の方程式

曲面 $z = f(x,y)$ 上の点 $(a,b,f(a,b))$ における接平面の方程式は

$$z - f(a,b) = f_x(a,b)(x - a) + f_y(a,b)(y - b)$$

または

$$z - f(a,b) = \left(\frac{\partial f}{\partial x}\bigg|_{x=a,y=b}\right)(x - a) + \left(\frac{\partial f}{\partial y}\bigg|_{x=a,y=b}\right)(y - b)$$

である．ここで，$\bigg|_{x=a,\,y=b}$ は偏微分して得られた偏導関数に $x = a$, $y = b$ を代入するという演算を意味する．

上記で与えられた接平面は xy 平面と垂直ではないことに注意する．特に，接平面は常に存在するとは限らず，その十分条件は曲面がその点で全微分可能であることである．すなわち，$z = f(x,y)$ が点 (a,b) で全微分可能ならば，$z = f(x,y)$

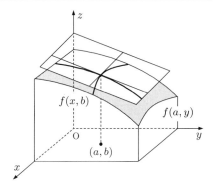

図 10.1 接平面

上の点 $(a, b, f(a, b))$ における接平面が存在する．また，補足として，全微分可能
であるとき接平面に垂直な法線も存在する．詳細は省くが，法線の方程式は次で
与えられる．

$$\frac{x - a}{f_x(a, b)} = \frac{y - b}{f_y(a, b)} = \frac{z - f(x, y)}{-1} \tag{II.10.4}$$

または

$$x = a + t f_x(a, b), \ \ y = b + t f_y(a, b), \ \ z = f(x, y) - t \ \ (t \in \mathbb{R}) \tag{II.10.5}$$

(II.10.4) の等式をすべて t とおけば，(II.10.5) の各成分による表現が得られる．
実数 t を用いた表現を**媒介変数表示**という．

例題 10.2 次の曲面上の点における接平面の方程式を求めよ．

(1) $z = x^2 + y^2$，点 $(1, 1, 2)$

(2) $z = \sin x - \cos y$，点 $\left(0, \dfrac{\pi}{2}, 0\right)$

解

(1) $f(x, y) = x^2 + y^2$ とおくと，$f_x(x, y) = 2x$, $f_y(x, y) = 2y$ より
$f_x(1, 1) = f_y(1, 1) = 2$．よって，求める接平面の方程式は

$$z - 2 = 2(x - 1) + 2(y - 1).$$

すなわち，$z = 2x + 2y - 2$．

(2) $f(x, y) = \sin x - \cos y$ とおくと，$f_x(x, y) = \cos x$, $f_y(x, y) = \sin y$
より $f_x\left(0, \dfrac{\pi}{2}\right) = 1$, $f_y\left(0, \dfrac{\pi}{2}\right) = 1$．

よって，求める接平面の方程式は $z - 0 = 1 \cdot (x - 0) + 1 \cdot \left(y - \dfrac{\pi}{2} \right)$.
すなわち，$z = x + y - \dfrac{\pi}{2}$.

10.4 勾配

2 変数関数 $f(x, y)$ が全微分可能であるとき，

$$df = f_x(x, y)\, dx + f_y(x, y)\, dy$$

で $f(x, y)$ の全微分が定義された．これより，$f(x, y)$ の勾配が以下のように定義
される．

勾配

関数 $f(x, y)$ の x と y に関する偏導関数を並べた組を勾配または勾配ベク
トル場といい，次のように表す．

$$\operatorname{grad} f = \nabla f = \nabla_{(x,y)} f = (f_x(x, y), f_y(x, y))$$

∇ を**ナブラ**という．$f_x(x, y)$, $f_y(x, y)$ はそれぞれ $\dfrac{\partial f}{\partial x}$, $\dfrac{\partial f}{\partial y}$ などで表しても
よい．一般に，n 変数関数 $f(x_1, x_2, \ldots, x_n)$ について，n 次元ベクトル $\nabla f = \left(\dfrac{\partial f}{\partial x_1}, \dfrac{\partial f}{\partial x_2}, \ldots, \dfrac{\partial f}{\partial x_n} \right)$ を**勾配**という．特に，$n = 1$ のときは接線の傾きを表す．

例 10.2 $f(x, y) = x^2 - 2y^2$ のとき，勾配は $f_x(x, y) = 2x$, $f_y(x, y) = -4y$
より $\operatorname{grad} f = (2x, -4y)$.

勾配はその傾きの向きや傾斜のきつさを表しており，イメージとしては，等高
線のある山の地図において，等高線と垂直方向に山頂を向くベクトルとして考え
ることができる．すなわち，$\operatorname{grad} f$ は最も急に登る向きを表し，大きいほど急で
ある[*2]．

[*2] 与えられた関数の勾配ベクトル場をグラフと一緒に表すにはどのようにすればよいだろう
か．また，実際に関数 $f(x, y) = \pm(x^2 + y^2)$ が与えられたとき，そのグラフと等高線を描
いて勾配ベクトル場が等高線と直交することや勾配ベクトル場の向きを確認せよ．

● コラム 4　接平面について

グラフ上の接点 $(a, b, f(a, b))$ における接平面の方程式は以下のようであった：

$$z - f(a, b) = \left(\left. \frac{\partial f(x, y)}{\partial x} \right|_{(x=a, y=b)} \right) \times (x-a) + \left(\left. \frac{\partial f(x, y)}{\partial y} \right|_{(x=a, y=b)} \right) \times (y-b).$$

この式を誤って次のように覚えて使ってしまう学生が多い．

$$z - f(a, b) = \left(\frac{\partial f(x, y)}{\partial x} \right) \times (x-a) + \left(\frac{\partial f(x, y)}{\partial y} \right) \times (y-b).$$

どこが違うかよく見ると $\left. \right|_{(x=a, y=b)}$ の部分が抜けている．これは偏導関数の計算を行った後に変数に $(x, y) = (a, b)$ を代入するということなのだが，これを忘れて式を導くとその式は 1 次式にはならないことが多い．例を挙げて説明する．関数 $z = f(x, y) = x^2 + 2y^2$ において接点 $(a, b, f(a, b)) = (2, 1, 6)$ における接平面の方程式を計算してみよう．まずは間違えているほうの式を用いて計算してみよう．

$$z - 6 = (2x) \times (x-2) + (4y) \times (y-1)$$

となるが，この式は x, y, z に関して 1 次式になっていない．接平面の方程式はグラフを接点の周りで 1 次近似しているのであるから x, y, z に関して 1 次式でなければならないことに反する．ここで，正しい式を用いて計算すると

$$z - 6 = \left(2x \big|_{(x=2, y=1)} \right) \times (x-2) + \left(4y \big|_{(x=2, y=1)} \right) \times (y-1)$$

$$z - 6 = 4(x-2) + 4(y-1)$$

$$z = 4x + 4y - 6$$

となり x, y, z に関する 1 次式が得られる．記法 $\left. \right|_{(x=a, y=b)}$ を使わずに

$$z - f(a, b) = \left(\frac{\partial f(a, b)}{\partial x} \right) \times (x-a) + \left(\frac{\partial f(a, b)}{\partial y} \right) \times (y-b)$$

と書かれてある書籍も多いので注意すること．

接線の方程式について．これも接平面と同様な間違いを起こしやすいので注意が必要である．接線と接している座標を代入し忘れないようにすること．

演習問題

10.1　次の関数を偏微分せよ．

(1)　$f(x, y) = \cos(x^2 - y)$ 　　　　(2)　$f(x, y) = e^{3xy^2}$

(3)　$f(x, y) = \log(1 + x^2 y)$ 　　　(4)　$f(x, y) = \sqrt{x^2 - y^2}$

10.2　次の曲面上の点における接平面の方程式を求めよ．

(1)　$f(x, y) = x^2 - y^2, \ (1, 1, 0)$

(2)　$f(x, y) = x^2 + 4x + y^2 - 2y + 5, \ (1, 2, 10)$

(3)　$f(x, y) = x^2 + 2xy + 4y^2, \ (1, 1, 7)$

(4)　$f(x, y) = x^2 - 4y^2, \ (3, 1, 5)$

10.3　次の関数の勾配と全微分を求めよ．

(1)　$f(x, y) = x^3 + y^3$

(2)　$f(x, y) = \dfrac{x}{y}$

(3)　$f(x, y) = \sin(xy)$

(4)　$f(x, y) = \log \dfrac{x - y}{x + y}$

11 合成関数の偏微分と高階偏導関数

11.1 合成関数の偏微分

全微分可能な関数 $z = f(x, y)$ における合成関数の偏微分は，次のような**連鎖律**(合成関数の微分法，チェインルールとも呼ばれることは 1 変数の場合と同様である) によって与えられる．

> **合成関数の偏微分公式 1**
>
> 2 変数関数 $z = f(x, y)$ が全微分可能であり，1 変数関数 $x = g(t)$,
> $y = h(t)$ がいずれも t に関して微分可能とする．このとき，合成関数
> $z = f(g(t), h(t))$ は t に関して微分可能で
> $$\frac{dz}{dt} = f_x(g(t), h(t)) \cdot g'(t) + f_y(g(t), h(t)) \cdot h'(t)$$
> または
> $$\frac{dz}{dt} = \frac{\partial z}{\partial x}\frac{dx}{dt} + \frac{\partial z}{\partial y}\frac{dy}{dt}.$$
> あるいは
> $$\frac{df(g(t), h(t))}{dt} = \left(\frac{\partial f(x, y)}{\partial x}\Big|_{\substack{x=g(t)\\y=h(t)}} \right)\left(\frac{dg(t)}{dt} \right)$$
> $$+ \left(\frac{\partial f(x, y)}{\partial y}\Big|_{\substack{x=g(t)\\y=h(t)}} \right)\left(\frac{dh(t)}{dt} \right)$$
> となる．ここで $\Big|_{\substack{x=g(t)\\y=h(t)}}$ は微分してから $x = g(t)$, $y = h(t)$ を代入すると
> いう演算を意味する．

証明 $\Delta x = g(t + \Delta t) - g(t)$, $\Delta y = h(t + \Delta t) - h(t)$ とおくと
$$\Delta z = f(g(t + \Delta t), h(t + \Delta t)) - f(g(t), h(t)) = f(x + \Delta x, y + \Delta y) - f(x, y)$$
$$= f_x(x, y)\Delta x + f_y(x, y)\Delta y + \varepsilon(\Delta x, \Delta y).$$

このとき，両辺を Δt で割ると

$$\frac{\Delta z}{\Delta t} = f_x(x,y)\frac{\Delta x}{\Delta t} + f_y(x,y)\frac{\Delta y}{\Delta t}$$
$$+ \frac{\varepsilon(\Delta x, \Delta y)}{\sqrt{(\Delta x)^2 + (\Delta y)^2}}\sqrt{\left(\frac{\Delta x}{\Delta t}\right)^2 + \left(\frac{\Delta y}{\Delta t}\right)^2}.$$

ここで，$f(x,y)$ は全微分可能であるから $\displaystyle\lim_{(\Delta x, \Delta y)\to(0,0)} \frac{\varepsilon(\Delta x, \Delta y)}{\sqrt{(\Delta x)^2 + (\Delta y)^2}} = 0$ となり，

$$\frac{dz}{dt} = \frac{\partial z}{\partial x}\frac{dx}{dt} + \frac{\partial z}{\partial y}\frac{dy}{dt}.$$

例題 11.1 $z = x^2 y^2$, $x = t + e^t$, $y = t - e^t$ のとき，$\dfrac{dz}{dt}$ を t の式で表せ.

解 $\dfrac{dz}{dt} = \dfrac{\partial z}{\partial x}\dfrac{dx}{dt} + \dfrac{\partial z}{\partial y}\dfrac{dy}{dt} = 2xy^2(1 + e^t) + 2x^2 y(1 - e^t)$

$= 2xy\left\{y(1 + e^t) + x(1 - e^t)\right\} = 2xy\left\{(x + y) + (y - x)e^t\right\}$

$= 2xy(2t - 2e^t \cdot e^t) = 4(t + e^t)(t - e^t)(t - e^{2t}).$

合成関数の偏微分公式 2

2 変数関数 $z = f(x,y)$ が全微分可能で，2 変数関数 $x = g(u,v)$, $y = h(u,v)$ がいずれも u, v に関して偏微分可能とする．このとき，合成関数 $z = f(g(u,v), h(u,v))$ は u, v に関して偏微分可能で

$$\frac{\partial z}{\partial u} = f_x(x,y) \cdot g_u(u,v) + f_y(x,y) \cdot h_u(u,v),$$

$$\frac{\partial z}{\partial v} = f_x(x,y) \cdot g_v(u,v) + f_y(x,y) \cdot h_v(u,v)$$

または

$$\frac{\partial z}{\partial u} = \frac{\partial z}{\partial x}\frac{\partial x}{\partial u} + \frac{\partial z}{\partial y}\frac{\partial y}{\partial u}, \quad \frac{\partial z}{\partial v} = \frac{\partial z}{\partial x}\frac{\partial x}{\partial v} + \frac{\partial z}{\partial y}\frac{\partial y}{\partial v}.$$

または，より正確には

$$\frac{\partial(f(g(u,v), h(u,v)))}{\partial u}$$

$$= \left(\frac{\partial f(x,y)}{\partial x}\bigg|_{\substack{x=g(u,v)\\y=h(u,v)}}\right)\left(\frac{\partial g(u,v)}{\partial u}\right) + \left(\frac{\partial f(x,y)}{\partial y}\bigg|_{\substack{x=g(u,v)\\y=h(u,v)}}\right)\left(\frac{\partial h(u,v)}{\partial u}\right)$$

$$\frac{\partial(f(g(u,v),h(u,v)))}{\partial v}$$

$$= \left(\frac{\partial f(x,y)}{\partial x}\bigg|_{\substack{x=g(u,v)\\y=h(u,v)}}\right)\left(\frac{\partial g(u,v)}{\partial v}\right) + \left(\frac{\partial f(x,y)}{\partial y}\bigg|_{\substack{x=g(u,v)\\y=h(u,v)}}\right)\left(\frac{\partial h(u,v)}{\partial v}\right)$$

となる．ここで $\bigg|_{\substack{x=g(u,v)\\y=h(u,v)}}$ 微分してから $x=g(u,v)$, $y=h(u,v)$ を代入するという演算を意味する．

1 変数の場合もそうであったが，合成関数などを含む式の微分は**代入してから微分するのか，微分してから代入するのか**を明確に意識して計算しないと間違いのもととなるので注意すること．

証明 z を u で偏微分するとは，v を定数とみなして u で微分することである．これより，v を固定して $u=t$ とおくと，

$$x = g(t,v) = G(t), \ y = h(t,v) = H(t),$$

$$z = f(g(t,v),h(t,v)) = f(G(t),H(t))$$

は t に関して微分可能な関数とみなせる．このとき，合成関数の偏微分公式 1 より

$$\frac{\partial z}{\partial u} = \frac{dz}{dt} = \frac{\partial z}{\partial x}\frac{\partial G(t)}{\partial t} + \frac{\partial z}{\partial y}\frac{\partial H(t)}{\partial t} = \frac{\partial z}{\partial x}\frac{\partial x}{\partial u} + \frac{\partial z}{\partial y}\frac{\partial y}{\partial u}.$$

また，u と v を入れ換えると $\dfrac{\partial z}{\partial v} = \dfrac{\partial z}{\partial x}\dfrac{\partial x}{\partial v} + \dfrac{\partial z}{\partial y}\dfrac{\partial y}{\partial v}$ も同様に得られる． ∎

例題 11.2 $z = \log(x+y)$, $x = u+v$, $y = uv$ のとき，偏導関数 $\dfrac{\partial z}{\partial u}$, $\dfrac{\partial z}{\partial v}$ を求めよ．

解
$$\frac{\partial z}{\partial u} = \frac{\partial z}{\partial x}\frac{\partial x}{\partial u} + \frac{\partial z}{\partial y}\frac{\partial y}{\partial u} = \frac{1}{x+y}\cdot 1 + \frac{1}{x+y}\cdot v = \frac{1+v}{x+y}$$

$$= \frac{1+v}{u+v+uv},$$

$$\frac{\partial z}{\partial v} = \frac{\partial z}{\partial x}\frac{\partial x}{\partial v} + \frac{\partial z}{\partial y}\frac{\partial y}{\partial v} = \frac{1}{x+y}\cdot 1 + \frac{1}{x+y}\cdot u = \frac{1+u}{x+y}$$

$$= \frac{1+u}{u+v+uv}.$$

例題 11.3　$z = f(x, y)$, $x = r \cos\theta$, $y = r \sin\theta$ のとき，次の等式が成立することを証明せよ．

$$\left(\frac{\partial z}{\partial x}\right)^2 + \left(\frac{\partial z}{\partial y}\right)^2 = \left(\frac{\partial z}{\partial r}\right)^2 + \frac{1}{r^2}\left(\frac{\partial z}{\partial \theta}\right)^2$$

解　$\dfrac{\partial x}{\partial r} = \cos\theta$, $\dfrac{\partial x}{\partial \theta} = -r\sin\theta$, $\dfrac{\partial y}{\partial r} = \sin\theta$, $\dfrac{\partial y}{\partial \theta} = r\cos\theta$ より

$$\frac{\partial z}{\partial r} = \frac{\partial z}{\partial x}\frac{\partial x}{\partial r} + \frac{\partial z}{\partial y}\frac{\partial y}{\partial r} = z_x \cos\theta + z_y \sin\theta,$$

$$\frac{\partial z}{\partial \theta} = \frac{\partial z}{\partial x}\frac{\partial x}{\partial \theta} + \frac{\partial z}{\partial y}\frac{\partial y}{\partial \theta} = z_x(-r\sin\theta) + z_y(r\cos\theta)$$

$$= -z_x r\sin\theta + z_y r\cos\theta.$$

したがって，

$$\left(\frac{\partial z}{\partial r}\right)^2 + \frac{1}{r^2}\left(\frac{\partial z}{\partial \theta}\right)^2$$

$$= (z_x \cos\theta + z_y \sin\theta)^2 + \frac{1}{r^2}(-z_x r\sin\theta + z_y r\cos\theta)^2$$

$$= \left\{(z_x)^2 \cos^2\theta + 2z_x z_y \cos\theta\sin\theta + (z_y)^2 \sin^2\theta\right\}$$

$$+ \left\{(z_x)^2 \sin^2\theta - 2z_x z_y \sin\theta\cos\theta + (z_y)^2 \cos^2\theta\right\}$$

$$= (z_x)^2 + (z_y)^2 = \left(\frac{\partial z}{\partial x}\right)^2 + \left(\frac{\partial z}{\partial y}\right)^2.$$

11.2　高階偏導関数

2 変数関数 $f(x, y)$ の偏微分について，1 変数のときと同様に高階の偏導関数を考えることができる．

── 第 2 階偏導関数 ──

関数 $z = f(x, y)$ の偏導関数 $f_x(x, y)$, $f_y(x, y)$ が偏微分可能ならば，それらの偏導関数 $(f_x)_x$, $(f_x)_y$, $(f_y)_x$, $(f_y)_y$ が得られる．これらを $f(x, y)$ の**第 2 階偏導関数**または**第 2 次偏導関数**といい，それぞれ次の記号で表す．

$$(f_x)_x = f_{xx} = \frac{\partial^2 f}{\partial x^2} = \frac{\partial}{\partial x}\left(\frac{\partial f}{\partial x}\right) = z_{xx} = \frac{\partial^2 z}{\partial x^2},$$

$$(f_x)_y = f_{xy} = \frac{\partial^2 f}{\partial y \partial x} = \frac{\partial}{\partial y}\left(\frac{\partial f}{\partial x}\right) = z_{xy} = \frac{\partial^2 z}{\partial y \partial x},$$

$$(f_y)_x = f_{yx} = \frac{\partial^2 f}{\partial x \partial y} = \frac{\partial}{\partial x}\left(\frac{\partial f}{\partial y}\right) = z_{yx} = \frac{\partial^2 z}{\partial x \partial y},$$

$$(f_y)_y = f_{yy} = \frac{\partial^2 f}{\partial y^2} = \frac{\partial}{\partial y}\left(\frac{\partial f}{\partial y}\right) = z_{yy} = \frac{\partial^2 z}{\partial y^2}$$

このとき，$f(x, y)$ は **2 回偏微分可能**であるという．

上記と同様に，**n 回偏微分可能**な関数を n 回偏微分して得られる関数を，**第 n 階偏導関数**または **n 次偏導関数**という．特に，2 階以上の偏導関数を総称して**高階偏導関数**という．第 13 章において詳しく述べるが，第 2 階偏導関数の値を並べた次の行列を**ヘッセ（Hesse）行列**という．

$$H(a, b) = \mathrm{Hesse}(f) = \nabla^2(f) = \begin{pmatrix} f_{xx}(a, b) & f_{xy}(a, b) \\ f_{yx}(a, b) & f_{yy}(a, b) \end{pmatrix}.$$

これは停留点で実際に極値をとるかどうかを判定する上で重要な役割を果たす．

例題 11.4 $f(x, y) = x^3 - x^2 y + y^3$ の第 2 階偏導関数を求めよ．
解 $f_x = 3x^2 - 2xy,\ f_y = -x^2 + 3y^2$ より $f_{xx} = 6x - 2y,\ f_{xy} = -2x,$ $f_{yx} = -2x,\ f_{yy} = 6y.$

例題 11.5 $f(x, y) = x^3 - x^2 y + y^3$ の第 3 階偏導関数を求めよ．
解 例題 11.4 より $f_{xxx} = 6,\ f_{xxy} = -2,\ f_{xyx} = -2,\ f_{xyy} = 0,\ f_{yxx} = -2,\ f_{yxy} = 0,\ f_{yyx} = 0,\ f_{yyy} = 6.$

例題 11.4，**例題 11.5** から分かるように，第 2 階偏導関数は 2^2 個あり，第 3 階偏導関数は 2^3 個ある．よって，ある関数が n 回偏微分可能であれば，2^n 個の第 n 階偏導関数が定義される．

例題 11.6 $f(x, y) = \begin{cases} \dfrac{xy(x^2 - y^2)}{x^2 + y^2} & (x, y) \neq (0, 0) \\ 0 & (x, y) = (0, 0) \end{cases}$ において，第 2 階

偏微分係数 $f_{xy}(0,0)$, $f_{yx}(0,0)$ の値を求めよ.

解　$f_x(0,y) = \lim_{h \to 0} \dfrac{f(h,y) - f(0,y)}{h} = \lim_{h \to 0} \dfrac{y(h^2 - y^2)}{h^2 + y^2} = -y$,

$f_y(x,0) = \lim_{k \to 0} \dfrac{f(x,k) - f(x,0)}{k} = \lim_{k \to 0} \dfrac{x(x^2 - k^2)}{x^2 + k^2} = x$.

よって, $f_{xy}(0,y) = -1$, $f_{yx}(x,0) = 1$ より $f_{xy}(0,0) = -1$, $f_{yx}(0,0) = 1$.

例題 **11.6** のように, x と y の偏微分の順序を入れ換えるとそれらの第 n 階導関数は一般には一致しない.

11.3　偏微分の順序変更

第 5 章で微分可能な関数の基本的な定理として, (ラグランジュの) 平均値の定理を得た. 平均値の定理の式は次のように書き換えることができる.

$$f(b) - f(a) = (b-a)f'(c) \quad (a < c < b)$$

また, $h = b - a$ とおくと図 11.1 により, 次の等式が成立する.

$$b = a + h, \ c = a + \theta h \quad (0 < \theta < 1)$$

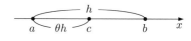

図 11.1

したがって, 平均値の定理は次のように書き換えることができる.

$$f(a+h) - f(a) = f'(a + \theta h) \cdot h \quad (0 < \theta < 1)$$

この結果を 2 変数関数の場合に拡張すると, 次の定理が得られる.

2 変数関数の平均値の定理

関数 $f(x,y)$ が開領域 D において偏微分可能で, $f_x(x,y)$ と $f_y(x,y)$ がそれぞれ連続であるとする. このとき, D に属する任意の 2 点 $(a+h, b+k)$, (a,b) を結ぶ線分が D に含まれるならば

$$f(a+h, b+k) - f(a,b) = f_x(a + \theta h, b + \theta k) \cdot h + f_y(a + \theta h, b + \theta k) \cdot k$$

を満たす θ $(0 < \theta < 1)$ が存在する.

証明 1 変数関数 $g(t) = f(a + ht, b + kt)$ $(0 \le t \le 1)$ を考える.これは,$f(x, y)$ を $(a + h, b + k)$ と (a, b) を結ぶ線分に制限したものである[※1].合成関数の微分法より,

$$g'(t) = f_x(a + ht, b + kt) \cdot h + f_y(a + ht, b + kt) \cdot k \tag{II.11.1}$$

となる.一方,1 変数の平均値の定理より,$g(1) - g(0) = g'(\theta)$ を満たす θ $(0 < \theta < 1)$ が存在する.この式の右辺を (II.11.1) を用いて表せばよい. ∎

ここで,1 変数と 2 変数の平均値の定理を利用することにより,次の定理が得られる.

> **偏微分の順序変更**
>
> 関数 $f(x, y)$ の第 2 次偏導関数において,$f_{xy}(x, y)$ と $f_{yx}(x, y)$ がともに連続ならば,
>
> $$f_{xy}(x, y) = f_{yx}(x, y)$$
>
> が成立する[※2].

証明 $\Delta(h, k) = f(a + h, b + k) - f(a + h, b) - f(a, b + k) + f(a, b)$ とおく.ここで,2 つの関数 $\varphi(x) = f(x, b + k) - f(x, b)$,$\psi(y) = f(a + h, y) - f(a, y)$ について,平均値の定理をそれぞれ 2 回ずつ用いると

$$\varphi(a + h) - \varphi(a) = \varphi'(a + \theta_1 h)h = \{f_x(a + \theta_1 h, b + k) - f_x(a + \theta_1 h, b)\} h$$
$$= f_{xy}(a + \theta_1 h, b + \theta_2 k)hk,$$

$$\psi(b + k) - \psi(b) = \psi'(b + \theta_3 k)k = \{f_y(a + h, b + \theta_3 k) - f_y(a, b + \theta_3 k)\} k$$
$$= f_{yx}(a + \theta_4 h, b + \theta_3 k)hk$$

を満たす $0 < \theta_i < 1$ $(i = 1, 2, 3, 4)$ が存在する.これより,

$$\Delta(h, k) = \varphi(a + h) - \varphi(a) = f_{xy}(a + \theta_1 h, b + \theta_2 k)hk,$$

$$\Delta(h, k) = \psi(b + k) - \psi(b) = f_{yx}(a + \theta_4 h, b + \theta_3 k)hk$$

[※1] 開領域 D に課された仮定から $g(t)$ はきちんとした 1 変数関数として定義される.

[※2] 微分は極限操作の一種である.この定理は偏微分という極限計算の順番を (適切な仮定のもとで) 変えてもよいことを主張している.第 III 部第 3 章で累次積分の順序変更も扱う.これらのような定理で保障されている範囲では極限計算の順番を変えることは可能であるが,一般には極限計算の順番を変える際には細心の注意が必要である.例えば $\lim$ と $\lim$,$\lim$ と微分,$\lim$ と積分,微分と積分などの計算の順番は気楽に変えてはいけない.

であり，第 2 次偏導関数 $f_{xy}(x, y)$, $f_{yx}(x, y)$ はともに点 (a, b) で連続であるから

$$\lim_{(h,k)\to(0,0)} \frac{\Delta(h,k)}{hk} = f_{xy}(a,b) = f_{yx}(a,b).$$

したがって，$f_{xy}(x, y) = f_{yx}(x, y)$.

関数 $f(x, y)$ が第 n 階までの偏導関数をもち，それらがすべて連続であるとき，$f(x, y)$ は $\boldsymbol{C^n}$ 級であるという．上記の偏微分の順序変更を言い換えると，「$f(x, y)$ が C^2 級ならば $f_{xy}(x, y) = f_{yx}(x, y)$」である．

以降，高階偏導関数を考えるとき，その存在と連続性は常に満たされているものとする．これより，第 2 階偏導関数は f_{xx}, f_{xy}, f_{yy} の 3 種類のみを考えればよい．

●コラム 5 チェインルール (chain rule)

まずは 1 変数関数について考えよう．合成関数 $f(x(t))$ を考えたときのチェインルールは

$$\frac{f(x(t))}{dt} = \left(\frac{df(x)}{dx}\Big|_{x=x(t)} \right) \times \frac{dx}{dt}.$$

多くの教科書ではこれを

$$\frac{df}{dt} = \frac{df}{dx}\frac{dx}{dt} \qquad \text{あるいは} \qquad \frac{dy}{dt} = \frac{dy}{dx}\frac{dx}{dt}$$

と略記しているが，初心者は気を付けて読むようにした方が良い．ここで $f(x(t))$ の x を中間変数と呼ぶことにしてみよう（この本だけの用語なので注意．）略記された式を使って計算している者の中には次のように計算をしてしまう者がいる．$y = f(x) = x^3$, $x = x(t) = t^2 + 2t$ のとき，合成によって得られる関数を t で微分してみると，

$$\frac{dy}{dt} = \frac{dy}{dx}\frac{dx}{dt} = (x^3)'(t^2 + 2t)' = 3x^2(2t + 2)$$

となる．この後式の最右辺で $x = t^2 + 2t$ を代入し忘れなければ正解であるが，それをし忘れてしまい本当の変数 t と中間変数 x が混在させてしまうことがある (チェインルールで使われている中間変数は最後の式では消えていなければならない)．正しくは

$$\frac{dy}{dt} = \frac{dy}{dx}\frac{dx}{dt} = (x^3)'(t^2 + 2t)' = 3(t^2 + 2t)^2(2t + 2)$$

となり導関数は変数 t に関する 1 変数関数となる．合成関数 $f(x(t), y(t))$ を考えたとき，全微分形式の両辺と dt との比をとったものが 2 変数関数のチェインルー

ルである.

$$\frac{df(x(t), y(t))}{dt} = \left(\frac{\partial f(x, y)}{\partial x} \bigg|_{x=x(t), y=y(t)} \right) \times \frac{dx}{dt}$$
$$+ \left(\frac{\partial f(x, y)}{\partial y} \bigg|_{x=x(t), y=y(t)} \right) \times \frac{dy}{dt}.$$

1変数チェインルールと異なり中間変数に相当するのは x, y の2つである. この2つの中間変数に $x = x(t)$, $y = y(t)$ を代入して得られる t に関する1変数合成関数を微分すると上式の右辺になるというのが主張である. これもよく次のように略記される.

$$\frac{df}{dt} = \frac{\partial f}{\partial x} \frac{dx}{dt} + \frac{\partial f}{\partial y} \frac{dy}{dt}.$$

2変数のチェインルールでも使われている中間変数は最後の式では消えていなければならないのだが, 1変数のときのような混在現象が起こることがある. 実際に例で見てみよう. $f(x, y) = xy^2$, $x(t) = t^3$, $y(t) = 2t^2 + 1$ とする. 略記した式を使うと

$$\frac{df}{dt} = \frac{\partial(xy^2)}{\partial x} \frac{dt^3}{dt} + \frac{\partial(xy^2)}{\partial y} \frac{d(2t^2+1)}{dt} = y^2 3t^2 + 2xy4t.$$

このように略した式を機械的に記憶して計算を進めるとミスをしかねない. 正しくは $x = t^3$, $y = 2t^2 + 1$ を代入して

$$\frac{df}{dt} = (2t^2 + 1)^2 3t^2 + 2(t^3)(2t^2 + 1)4t$$

となる.

演習問題

11.1 次の関数の第1階導関数, 第2階導関数, 第3階導関数を求めよ.

(1) $f(x) = \sin 2x$ (2) $g(x) = x^2 \log x$ (3) $h(x) = \dfrac{1}{x+1}$

11.2 次の関数の第2階偏導関数 f_{xx}, f_{xy}, f_{yy} を求めよ.

(1) $f(x, y) = x^2 + 5xy + y^2$ (2) $f(x, y) = \sin x \cos y$

(3) $f(x, y) = e^{x^2 + y}$ (4) $f(x, y) = \sin(x^2 y)$

11.3 次の式で与えられる合成関数について, $\dfrac{dz}{dt}$ を t の式で表せ.

(1) $z = x^2 y$, $x = t^2$, $y = t$ (2) $z = x^3 + y^3$, $x = \dfrac{1}{t}$, $y = 2\sqrt{t}$

(3) $z = \log|2x - 3y|$, $x = \cos t$, $y = \sin t$

11.4　次の式で与えられる合成関数について，$\dfrac{\partial z}{\partial u}$, $\dfrac{\partial z}{\partial v}$ を u と v の式で表せ．

(1)　$z = x^2 y,\ \ x = u - v,\ \ y = uv$

(2)　$z = \log xy,\ \ x = u^2 + v^2,\ \ y = 2uv$

11.5　$f(x, y)$ と次の関数の合成関数 $z = f(x(t), y(t))$ について，$\dfrac{dz}{dt}$ を求めよ．

(1)　$x = 2t,\ \ y = t^2$　　　　　　　(2)　$x = \sin t,\ \ y = \cos t$

11.6　$f(x, y)$ と次の関数の合成関数 $z = f(x(u, v), y(u, v))$ について，$\dfrac{\partial z}{\partial u}$, $\dfrac{\partial z}{\partial v}$ を求めよ．

(1)　$x = u - 2v,\ \ y = 2u + v$　　　　(2)　$x = uv,\ \ y = v^2$

12 陰関数とテイラーの定理

12.1 陰関数

方程式 $y^2 - 2x = 0$ を y について解くと，2 つの関数 $y = \sqrt{2x}$, $y = -\sqrt{2x}$ が得られる．すなわち，方程式 $y^2 - 2x = 0$ は 2 つの関数を表す．一般に，x と y を含む方程式

$$F(x, y) = 0 \tag{II.12.1}$$

は，いつでも y について (局所的に) 解けるとは限らないいくつかの関数を表す．ここで，(II.12.1) をこれらの関数の**陰関数表示**といい，(II.12.1) で $F(x, f(x)) = 0$ を満たす関数 $y = f(x)$ を (II.12.1) の**陰関数**という．

例題 12.1 方程式 $2x^2 + 3xy - y^2 - 2 = 0$ で表される陰関数 y の導関数 y' を x と y で表せ．

解 y を x の関数として両辺を x で微分すると，$4x + 3(y + xy') - 2yy' = 0$ すなわち $(3x - 2y)y' = -4x - 3y$. したがって，$y' = \dfrac{4x + 3y}{2y - 3x}$.

例題 12.1 のように，陰関数の導関数では，式のなかに y が残ってもよい．

ここで，関数 $F(x, y)$ が全微分可能で，(II.12.1) の陰関数 $y = f(x)$ が微分可能であるとする．$g(x) = F(x, f(x))$ として，

$$g(x) = F(x, f(x)) = 0$$

を x で微分すると，合成関数の偏微分公式 1 より

$$g'(x) = \frac{d}{dx} F(x, f(x)) = F_x(x, f(x)) + F_y(x, f(x))f'(x) = 0 \tag{II.12.2}$$

が得られる[※1]．ここで，$F(x, y)$ が C^1 級で $F(a.b) = 0$, $F_y(a, b) \neq 0$ ならば，次を満たす C^1 級関数 $f(x)$ が $x = a$ の十分近くでただ 1 つ存在する．

$$b = f(a), \quad F(x, f(x)) = 0, \quad f'(x) = -\frac{F_x(x, f(x))}{F_y(x, f(x))} = -\frac{F_x(x, y)}{F_y(x, y)}$$

[※1] $F_x(x, f(x))$ と $F_y(x, f(x))$ は偏導関数 $F_x(x, y)$ と $F_y(x, y)$ を計算してから $(x, y) = (x, f(x))$ を代入するという意味なので注意．

これを**陰関数定理**という[※2]以降，$f'(x) = -\dfrac{F_x(x,y)}{F_y(x,y)}$ を単に $f'(x) = -\dfrac{F_x}{F_y}$ と表すことがある．

また，$F(x,y)$ が C^2 級で $F_y(x,y) \neq 0$ のとき，(II.12.2) が成立するから，さらに両辺を x で微分すると

$$\frac{d}{dx}\left\{ F_x(x, f(x)) + F_y(x, f(x))f'(x) \right\} = 0 \tag{II.12.3}$$

である．ここで，

$$\frac{d}{dx}\left\{ F_y(x, f(x))f'(x) \right\} = \left\{ F_{yx}(x, f(x)) + F_{yy}(x, f(x))f'(x) \right\} f'(x)$$
$$+ F_y(x, f(x))f''(x)$$

であり[※3]，$F_{xy} = F_{yx}$ に注意すれば，(II.12.3) より

$$\left\{ F_{xx}(x, f(x)) + F_{xy}(x, f(x))f'(x) \right\}$$

$$+ \left\{ F_{xy}(x, f(x)) + F_{yy}(x, f(x))f'(x) \right\} f'(x) + F_y(x, f(x))f''(x) = 0.$$

この式を $(x, f(x))$ を省いて書けば，

$$\left\{ F_{xx} + F_{xy}f'(x) \right\} + \left\{ F_{xy} + F_{yy}f'(x) \right\} f'(x) + F_y f''(x) = 0$$

である．さらに $f'(x) = -\dfrac{F_x}{F_y}$ を用いて書き直して $f''(x)$ について整理すると，次の等式が得られる．

$$f''(x) = -\frac{F_{xx}F_y^2 - 2F_{xy}F_x F_y + F_{yy}F_x^2}{F_y^3}$$

したがって，次が得られる．

陰関数の第 1 階導関数と第 2 階導関数

関数 $F(x,y)$ が C^2 級で $F_y(x,y) \neq 0$ のとき，$F(x,y) = 0$ の陰関数 $y = f(x)$ の第 1 階導関数と第 2 階導関数はそれぞれ次のように表される．

$$f'(x) = -\frac{F_x}{F_y}\bigg|_{(x,y)=(x,f(x))},$$

[※2] 正確な主張とその証明は参考文献 [17] 高木 解析概論，[16] 杉浦 解析入門 II などを参照．また本書第 II 部 13.3 も参照されたい．

[※3] $F_{yx}(x, f(x))$ は 2 階偏導関数 $F_{yx}(x, y)$ を計算してから $(x, y) = (x, f(x))$ を代入するという意味である．他も同様．

$$f''(x) = -\frac{F_{xx}F_y^2 - 2F_{xy}F_xF_y + F_{yy}F_x^2}{F_y^3}\Bigg|_{(x,y)=(x,f(x))}$$

例題 12.2　$x^2 + y^2 = 3xy$ から定まる陰関数 $y = f(x)$ について，y' と y'' を x, y を用いて表せ.

解　$F(x,y) = x^2 + y^2 - 3xy$ とおくと $F_x = 2x - 3y$, $F_y = 2y - 3x$ より

$$y' = -\frac{F_x}{F_y} = -\frac{2x - 3y}{2y - 3x}.$$

また，$F_{xx} = 2$, $F_{xy} = -3$, $F_{yy} = 2$ より

$$F_{xx}F_y^2 - 2F_{xy}F_xF_y + F_{yy}F_x^2$$
$$= 2(2y - 3x)^2 - 2\cdot(-3)(2x - 3y)(2y - 3x) + 2(2x - 3y)^2$$
$$= -10(x^2 - 3xy + y^2).$$

よって，$x^2 + y^2 - 3xy = 0$ より

$$y'' = -\frac{F_{xx}F_y^2 - 2F_{xy}F_xF_y + F_{yy}F_x^2}{F_y^3} = -\frac{-10(x^2 - 3xy + y^2)}{(2y - 3x)^3}.$$

上記の**例題 12.2** では公式を用いて第 2 階導関数を求めたが，これまでのように第 1 階導関数を微分して求めても良い.

12.2　2 変数関数のテイラーの定理とマクローリンの定理

2 変数関数の場合についても 1 変数関数と同様に以下のような結果が得られる.

2 変数関数のテイラー展開

2 変数関数 $f(x,y)$ が点 (a,b) を含む領域 D で C^{n+1} 級であり，(a,b) と $(a+h, b+k)$ を結ぶ線分が D 内にあるとき

$$f(a+h, b+k) = f(a,b) + \left(h\frac{\partial}{\partial x} + k\frac{\partial}{\partial y}\right)f(a,b)$$
$$+ \frac{1}{2!}\left(h\frac{\partial}{\partial x} + k\frac{\partial}{\partial y}\right)^2 f(a,b)$$

$$+ \frac{1}{n!} \left(h\frac{\partial}{\partial x} + k\frac{\partial}{\partial y} \right)^n f(a,b) + R_{n+1}$$

ただし，

$$R_{n+1} = \frac{1}{(n+1)!} \left(h\frac{\partial}{\partial x} + k\frac{\partial}{\partial y} \right)^{n+1} f(a+\theta h, b+\theta k) \ (0 < \theta < 1).$$

この定理は $g(t) = f(a+th, b+tk)$ とおいて変数 t に関する 1 変数関数のテイラーの定理と多変数関数の合成関数の微分法を併せて適用すれば証明される．

2 変数関数のマクローリン展開

2 変数関数 $f(x,y)$ が点 $(0,0)$ を含む領域 D で C^{n+1} 級であり，$(0,0)$ と (x,y) を結ぶ線分が D 内にあるとき

$$f(x,y) = f(0,0) + \left(x\frac{\partial}{\partial x} + y\frac{\partial}{\partial y} \right) f(0,0)$$
$$+ \frac{1}{2!} \left(x\frac{\partial}{\partial x} + y\frac{\partial}{\partial y} \right)^2 f(0,0) + \cdots$$
$$+ \frac{1}{n!} \left(x\frac{\partial}{\partial x} + y\frac{\partial}{\partial y} \right)^n f(0,0) + R_{n+1}$$

ただし，

$$R_{n+1} = \frac{1}{(n+1)!} \left(x\frac{\partial}{\partial x} + y\frac{\partial}{\partial y} \right)^{n+1} f(\theta x, \theta y) \ (0 < \theta < 1).$$

ここで，偏微分の記号を含む式の略記法は，以下の通りである．

$n = 2$ のとき：$\left(h\dfrac{\partial}{\partial x} + k\dfrac{\partial}{\partial y} \right)^2 f = h^2 \dfrac{\partial^2 f}{\partial x^2} + 2hk \dfrac{\partial^2 f}{\partial x \partial y} + k^2 \dfrac{\partial^2 f}{\partial y^2}$

$n = 3$ のとき：

$$\left(h\frac{\partial}{\partial x} + k\frac{\partial}{\partial y} \right)^3 f = h^3 \frac{\partial^3 f}{\partial x^3} + 3h^2 k \frac{\partial^3 f}{\partial x^2 \partial y} + 3hk^2 \frac{\partial^3 f}{\partial x \partial y^2} + k^3 \frac{\partial^3 f}{\partial y^3}.$$

さらに $n \geq 4$ の場合には $\left(h\dfrac{\partial}{\partial x} + k\dfrac{\partial}{\partial y} \right)^n$ を二項定理 (第 I 部 1 章参照) によって展開して関数 f に作用させればよい．

例題 12.3 $f(x,y) = e^{ax} \cos by$ のマクローリン展開を x, y について 3 次の項まで求めよ．

解 $f(x,y) = e^{ax}\cos by$ より $f(0,0) = 1$. $f_x = ae^{ax}\cos by$, $f_y = -be^{ax}\sin by$ より

$$f_x(0,0) = a, \ f_y(0,0) = 0.$$

$f_{xx} = a^2 e^{ax}\cos by$, $f_{xy} = -abe^{ax}\sin by$, $f_{yy} = -b^2 e^{ax}\cos by$ より

$$f_{xx}(0,0) = a^2, \ f_{xy}(0,0) = 0, \ f_{yy}(0,0) = -b^2.$$

$f_{xxx} = a^3 e^{ax}\cos by$, $f_{xxy} = -a^2 be^{ax}\sin by$, $f_{xyy} = -ab^2 e^{ax}\cos by$, $f_{yyy} = b^3 e^{ax}\sin by$ より

$$f_{xxx}(0,0) = a^3, \ f_{xxy}(0,0) = 0, \ f_{xyy}(0,0) = -ab^2, \ f_{yyy}(0,0) = 0.$$

したがって,

$$f(x,y) = 1 + ax + \frac{1}{2}(a^2x^2 - b^2y^2) + \frac{1}{6}(a^3x^3 - 3ab^2xy^2) + \cdots.$$

● **コラム 6 陰関数の微分法**

チェインルールと関連して混乱を起こしやすい例として,陰関数の微分法の際に現れる次の式がある.

$$\frac{df(x,\varphi(x))}{dx} = \frac{\partial f(x,\varphi(x))}{\partial x} + \frac{\partial f(x,\varphi(x))}{\partial y}\frac{d\varphi(x)}{dx}.$$

このような表記法で混乱を起こすのは人だけでなくコンピュータもその様である.これを避けるために次のように書くと人やコンピュータの混乱はおさまる.

$$\frac{df(x,\varphi(x))}{dx} = \left(\left.\frac{\partial f(x,y)}{\partial x}\right|_{(x,y)=(x,\varphi(x))}\right) + \left(\left.\frac{\partial f(x,y)}{\partial y}\right|_{(x,y)=(x,\varphi(x))}\right)\frac{d\varphi(x)}{dx}.$$

ここでも接平面や合成関数のところで用いた「記法 $\left.\right|_{(x,y)=(x,\varphi(x))}$」を用いてみた.このように複雑な式を正確に計算する必要のある場所では,この記法は案外便利であるので覚えておくとよいかもしれない.

演習問題

12.1 次の式から定まる陰関数について y' を求めよ.また,(3) は y'' も求めよ.
(1) $x^3 + y^3 = 6xy$ (2) $e^{xy} + e^x - e^y = 0$ (3) $x^2 + y^2 = a^2$

12.2 楕円 $\dfrac{x^2}{a^2} + \dfrac{y^2}{b^2} = 1$ 上の点 (x_0, y_0) における接線の方程式を求めよ.

12.3　次の関数のマクローリン展開を 3 次の項まで求めよ.

(1)　$f(x) = e^{2x}$ (2)　$f(x) = \log(1 - 3x)$

(3)　$f(x) = x \cos x$ (4)　$f(x) = e^x \sin x$

12.4　$f(x, y) = (1 + x)^y$ のマクローリン展開を x, y について 2 次の項まで求めよ.

13 極値問題への応用

13.1 極値

2 変数関数 $f(x, y)$ が，点 (a, b) の十分近くにあるすべての点 $(x, y) \neq (a, b)$ に対して

$$f(x, y) < f(a, b)$$

ならば，$f(x, y)$ は点 (a, b) で**極大**であるといい，$f(a, b)$ を**極大値**という．同様に，点 (c, d) の十分近くにあるすべての点 $(x, y) \neq (c, d)$ に対して

$$f(x, y) > f(c, d)$$

ならば，$f(x, y)$ は点 (c, d) で**極小**であるといい，$f(c, d)$ を**極小値**という．極大値と極小値をあわせて**極値**という．また，ある方向の断面から見ると極大で，別の断面から見ると極小になる点を**鞍点**という．

ここで，第 8 章で 1 変数関数 $f(x)$ が微分可能であるとき，$f(x)$ が $x = a$ で極値をとるならば $f'(a) = 0$ であることを示した．このことから次の定理が成り立つ．

極値をもつ点での偏微分係数

2 変数関数 $z = f(x, y)$ が偏微分可能であるとする．$f(x, y)$ が点 (a, b) で極値をとるならば，$f_x(a, b) = 0, \ f_y(a, b) = 0$.

証明 $z = f(x, y)$ が点 (a, b) で極値をとれば，1 変数関数 $g(x) = f(x, b)$ も $x = a$ で極値をとる．よって，$g'(a) = f_x(a, b)$ より，$g'(a) = 0$ すなわち $f_x(a, b) = 0$. 同様に $f_y(a, b) = 0$ も得られる．

2 変数関数 $z = f(x, y)$ において，$f_x(a, b) = f_y(a, b) = 0$ となる点 (a, b) を**停留点**[1]という．このとき，極値をとる点は停留点であるが，停留点であってもその点が極値をとる点であるとは限らないことに注意する．すなわち，$f_x = f_y = 0$ は $f(x, y)$ が極値をとるための必要条件であるが，十分条件ではない．

---
[1] したがって，停留点でグラフの接平面を考えると xy 平面と平行な平面が得られる．

13.2 2 変数関数の極値の判定

2 変数関数 $f(x, y)$ において, $f_x(a, b) = 0$, $f_y(a, b) = 0$ は $f(x, y)$ が点 (a, b) で極値をとるための必要条件であった. よって, $f(x, y)$ が極値をとる点 (x, y) は連立方程式 $f_x(x, y) = 0$, $f_y(x, y) = 0$ の解から選べばよいことが分かる. これより, 以降では極値を判定する方法を考える.

以降では, $f(x, y)$ は C^2 級 (2 階偏微分可能で第 2 階偏導関数が連続) であるとする. ここで, 行列を用いた次のような定義を与える. 行列の知識については, 第 IV 部を参照すること.

ヘッセ行列とヘッセ行列式 ────────

2 変数関数 $f(x, y)$ が C^2 級であるとき, 第 2 次偏導関数の値を並べた次の行列を**ヘッセ行列**という.

$$H(a, b) = \text{Hesse}(f) = \nabla^2(f) = \begin{pmatrix} f_{xx}(a, b) & f_{xy}(a, b) \\ f_{yx}(a, b) & f_{yy}(a, b) \end{pmatrix}$$

また, $H(a, b)$ の行列式を**ヘッセ行列式** (Hessian) といい, $\Delta(a, b)$, $|\nabla^2 f(a, b)|$, $|\text{Hesse}(f)(a, b)|$ などで表す. このとき, $f_{xy}(a, b) = f_{yx}(a, b)$ より

$$\Delta(a, b) = \det H(a, b) = \det \left(\nabla^2(f(x, y)) \Big|_{x=a, y=b} \right)$$

$$= \begin{vmatrix} f_{xx}(a, b) & f_{xy}(a, b) \\ f_{yx}(a, b) & f_{yy}(a, b) \end{vmatrix}$$

$$= f_{xx}(a, b) f_{yy}(a, b) - \{f_{xy}(a, b)\}^2.$$

一般には, n 変数関数 $f(x_1, x_2, \ldots, x_n)$ に対して, (i, j) 成分が $f_{x_i x_j} = \dfrac{\partial^2 f}{\partial x_j \partial x_i}$ である n 次正方行列をヘッセ行列ということに注意する. 新たに定義したヘッセ行列式を用いることにより, 次のようにして極値を判定することができる.

2 変数関数の極値の判定

2 変数関数 $f(x, y)$ が C^2 級であり, $f_x(a, b) = f_y(a, b) = 0$ であるとする. このとき, 次が成立する.

(1) $\Delta(a, b) > 0$ かつ $f_{xx}(a, b) > 0$ ならば, $f(a, b)$ は極小値である.

(2)　$\Delta(a,b) > 0$ かつ $f_{xx}(a,b) < 0$ ならば，$f(a,b)$ は極大値である．

(3)　$\Delta(a,b) < 0$ ならば，$f(a,b)$ は極値ではない．

証明　$h,\ k$ を 0 に十分近い任意の数として

$$\Delta z = f(a+h, b+k) - f(a,b)$$

とおく．$\Delta z > 0$ ならば $f(a+h,b+k) > f(a,b)$ より $f(a,b)$ は $f(x,y)$ の極小値であり，逆に $\Delta z < 0$ ならば $f(a,b)$ は $f(x,y)$ の極大値である．ここで，仮定より $f_x(a,b) = f_y(a,b) = 0$ であるから，2変数関数のテイラー展開により

$$\Delta z = f(a+h, b+k) - f(a,b) = f_x(a,b)h + f_y(a,b)k + R_2 = R_2$$

ただし，

$$R_2 = \frac{1}{2}\{f_{xx}(a+\theta h, b+\theta k)h^2 + 2f_{xy}(a+\theta h, b+\theta k)hk$$
$$+ f_{yy}(a+\theta h, b+\theta k)k^2\}, \qquad \text{(II.13.1)}$$

$0 < \theta < 1$. 簡単のため，$A = f_{xx}(a,b)$, $B = f_{xy}(a,b)$, $C = f_{yy}(a,b)$ として

$$g(h,k) = Ah^2 + 2Bhk + Ck^2 \qquad \text{(II.13.2)}$$

とおくと，$h,\ k$ が 0 に十分近いとき，(II.13.1) と (II.13.2) より R_2 の符号と $g(h,k)$ の符号は同じになる．したがって，Δz の符号は $g(h,k)$ の符号と一致するから，Δz の代わりに $g(h,k)$ を調べればよい．これより，$A \neq 0$ のとき，(II.13.2) を次のように変形する．

$$g(h,k) = \frac{1}{A}\left\{(Ah + Bk)^2 + (AC - B^2)k^2\right\}$$

したがって，$g(h,k)$ の符号について次のことが成立する．

$\Delta(a,b) = AC - B^2 > 0$, $A > 0$ ならば，$g(h,k) > 0$. よって，$\Delta z > 0$.

$\Delta(a,b) = AC - B^2 > 0$, $A < 0$ ならば，$g(h,k) < 0$. よって，$\Delta z < 0$.

すなわち，次のことが成立する．

$\Delta(a,b) > 0$, $f_{xx}(a,b) > 0$ ならば，$f(a,b)$ は $f(x,y)$ の極小値である．

$\Delta(a,b) > 0$, $f_{xx}(a,b) < 0$ ならば，$f(a,b)$ は $f(x,y)$ の極大値である．

一方で，$\Delta(a,b) < 0$ ならば，h と k の値により正にも負にもなる．したがって，Δz の符号は一定でないため，$f(a,b)$ は $f(x,y)$ の極値でない．

例題 13.1　関数 $f(x, y) = x^2 - y^2$ の極値を求めよ.

解　$f_x(x, y) = 2x$, $f_y(x, y) = -2y$ より $f_x(x, y) = f_y(x, y) = 0$ のとき

$$\begin{cases} 2x = 0 \\ -2y = 0 \end{cases} \quad \text{すなわち} \quad \begin{cases} x = 0 \\ y = 0. \end{cases} \quad \text{よって, 停留点は } (0, 0).$$

また, $f_{xx}(x, y) = 2$, $f_{xy}(x, y) = 0$, $f_{yy}(x, y) = -2$ より $\Delta(x, y) = 2 \cdot (-2) - 0^2 = -4$. したがって, $\Delta(0, 0) = -4 < 0$ より $f(x, y)$ は $(0, 0)$ で極値をとらない. よって, $f(x, y)$ は極値をもたない.

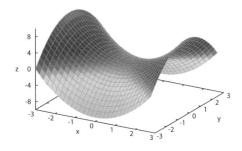

$\Delta(a, b) < 0$ のとき, $f(x_1, y_1) < f(a, b) < f(x_2, y_2)$ となるような 2 点 $(x_1, y_1), (x_2, y_2)$ が点 (a, b) の近くにいくらでも存在する. これより, 一般に, 停留点 (a, b) において $\Delta(a, b) < 0$ ならば, 点 (a, b) は鞍点である. 実際に, **例題 13.1** の $f(x, y) = x^2 - y^2$ では, $f(0, 1) < f(0, 0) < f(1, 0)$ などがある. $g(x) = f(x, 0) = x^2$ とすれば $x = 0$ で最小値をとり, $h(y) = f(0, y) = -y^2$ とすれば $y = 0$ で最大値をとるため, 点 $(0, 0)$ は鞍点である.

例題 13.2　関数 $f(x, y) = x^3 - 6xy + y^3$ の極値を求めよ.

解　$f_x(x, y) = 3x^2 - 6y$, $f_y(x, y) = -6x + 3y^2$ より $f_x(x, y) = f_y(x, y) = 0$ のとき $\begin{cases} 3x^2 - 6y = 0 \\ -6x + 3y^2 = 0 \end{cases}$ すなわち $\begin{cases} x^2 - 2y = 0 \ \cdots \ ① \\ 2x - y^2 = 0 \ \cdots \ ② \end{cases}$

② より $x = \dfrac{y^2}{2}$. ①に代入して $\dfrac{y^4}{4} - 2y = \dfrac{1}{4}y(y^3 - 8) = 0$ これより, $y = 0, 2$. よって, 停留点は $(0, 0), (2, 2)$.

また, $f_{xx}(x, y) = 6x$, $f_{xy}(x, y) = -6$, $f_{yy}(x, y) = 6y$ より $\Delta(x, y) = 6x \cdot 6y - (-6)^2 = 36(xy - 1)$. よって, $\Delta(0, 0) = -36 < 0$ より $(0, 0)$ は鞍点. $\Delta(2, 2) = 36 \cdot 3 > 0$, $f_{xx}(2, 2) = 12 > 0$. したがって, $f(2, 2) =$

$2^3 - 6 \cdot 2 \cdot 2 + 2^3 = -8$ より $f(x,y)$ は $(2,2)$ で極小値 -8 をとる.

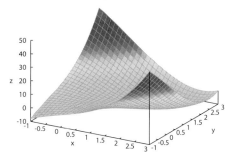

例題 13.3 関数 $f(x,y) = 4x - x^2 - 2y^2$ の極値を求めよ.

解 $f_x(x,y) = 4 - 2x$, $f_y(x,y) = -4y$ より $f_x(x,y) = f_y(x,y) = 0$ のとき

$$\begin{cases} 4 - 2x = 0 \\ -4y = 0 \end{cases} \quad \text{すなわち} \quad \begin{cases} x = 2 \\ y = 0. \end{cases} \quad \text{よって, 停留点は } (2,0).$$

また, $f_{xx}(x,y) = -2$, $f_{xy}(x,y) = 0$, $f_{yy}(x,y) = -4$ より $\Delta(x,y) = -2 \cdot (-4) - 0^2 = 8$. よって, $\Delta(2,0) = 8 > 0$, $f_{xx}(2,0) = -2 < 0$. したがって, $f(2,0) = 4 \cdot 2 - 2^2 - 2 \cdot 0^2 = 4$ より $f(x,y)$ は $(2,0)$ で極大値 4 をとる.

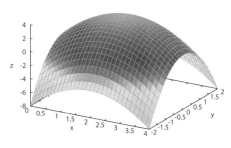

停留点 (a,b) に対し, $\Delta(a,b) = 0$ のとき, これまでに述べた方法では極値を求めることができない.

例題 13.4 関数 $f(x,y) = x^4 + y^4 + a(x+y)^2$ の極値を求めよ.

解 $f_x(x,y) = 4x^3 + 2a(x+y)$, $f_y(x,y) = 4y^3 + 2a(x+y)$ より $f_x(x,y) =$

$f_y(x, y) = 0$ のとき $\begin{cases} 4x^3 + 2a(x + y) = 0 & \cdots & ① \\ 4y^3 + 2a(x + y) = 0 \end{cases}$　　すなわち $x^3 = y^3$

より $x = y$ $\cdots$ ②

また, $f_{xx}(x, y) = 12x^2 + 2a$, $f_{xy}(x, y) = 2a$, $f_{yy}(x, y) = 12y^2 + 2a$ より

$\Delta(x, y) = (12x^2 + 2a)(12y^2 + 2a) - (2a)^2 = 24\{6x^2y^2 + a(x^2 + y^2)\}$.

(I) $a \geq 0$ のとき, ①と②より $x(x^2 + a) = 0$ であるから $x = y = 0$ のときのみ $f_x = f_y = 0$ を満たす. このとき, $\Delta(0, 0) = 0$ より極値の判定は使えないが, $(x, y) \neq (0, 0) \Rightarrow f(x, y) > f(0, 0) = 0$ が直接分かるため, $f(x, y)$ は $(0, 0)$ で極小値 0 をとる.

(II) $a < 0$ のとき, $x(x^2 + a) = 0$ より停留点は $(0, 0)$, $(\pm\sqrt{-a}, \pm\sqrt{-a})$. $(x, y) = (0, 0)$ のとき, $\Delta(0, 0) = 0$ より極値の判定は使えない. $0 < |x| < \sqrt{-a}$ のとき $f(x, x) = 4x^2(x^2 + a) - 2x^2 < 0$, $f(x, -x) = 2x^4 > 0$ より $f(0, 0)$ は極値にならない. $(x, y) = (\pm\sqrt{-a}, \pm\sqrt{-a})$ のとき $\Delta(\pm\sqrt{-a}, \pm\sqrt{-a}) = 144a^2 > 0$, $f_{xx}(\pm\sqrt{-a}, \pm\sqrt{-a}) = -10a > 0$. したがって, $f(\pm\sqrt{-a}, \pm\sqrt{-a}) = -2a^2$ より $f(x, y)$ は $(\pm\sqrt{-a}, \pm\sqrt{-a})$ で極小値 $-2a^2$ をとる.

13.3　制約条件付き極値問題

　これまでは単独の 2 変数関数 $z = f(x, y)$ が与えられ, (x, y) は関数の定義域を自由に動けるという条件で関数 $f(x, y)$ の評価をした. ところが極値問題 (最適化問題) においては別の関数 $g(x, y)$ を用いて「(x, y) は $g(x, y) = 0$ という条件を満たしながら動かなければならない」などのような条件 (制約条件, 束縛条件, 附帯条件などともいう) のもとで関数 $f(x, y)$ を評価しなくてはならないことがある. ここではそういった場合によく用いられるラグランジュ (Lagrange) の未定乗数法と呼ばれる方法について簡潔に説明する.

　まず, 陰関数について簡単に振り返っておく. 直前に述べたように 2 変数関数 $z = g(x, y)$ において条件 $g(x, y) = 0$ を課すと, x と y の間に制約が与えられる. つまり, 変数 x, y は自由には動けなくなる. 例えば $g(x, y) = x^2 + y^2 - 1$ とすると $g(x, y) = 0$ による図形 (この場合は単位円周) の一部は $y = \sqrt{1 - x^2}$, また

他の一部は $x = -\sqrt{1 - y^2}$ などのように一方の変数で他方が表現される（つまり制約を受けて x と y はそれぞれ自由には動けなくなる）[2].

　一般には $g(x, y) = 0$ はある条件 (例えば「$g(x, y)$ の少なくとも一方の偏導関数がゼロにならない」という条件 $\cdots (*)$ を以下適用する．この条件の意味は Lagrange の未定乗数法の証明の後を見ること．) のもとで局所的には $y = \varphi(x)$ などと抽象的に表せる[3]．このことを利用して制約条件 $g(x, y) = 0$ のもとでの $f(x, y)$ の極値問題を合成関数 $f(x, \varphi(x))$ という 1 変数関数の極値問題を解くことに置き換えたい．そこで $f(x, \varphi(x))$ を x で微分して停留点を求めたいが $\varphi'(x)$ の計算が必要になる．先の例のように $\varphi(x) = \sqrt{1 - x^2}$ であれば直接 $\varphi'(x)$ を計算できるが，具体的に記述できない $\varphi(x)$ の場合にはどうすればよいだろうか．ここで，今のような状況下では次の公式が成立した：

$$\frac{d\varphi(x)}{dx} = -\frac{\partial_x g(x, y)}{\partial_y g(x, y)}\bigg|_{x=x,\, y=\varphi(x)} \tag{II.13.3}$$

この公式を陰関数の微分法と呼ぶことがある．以下で陰関数の微分法 (II.13.3) を利用して $f(x, \varphi(x))$ を x で微分して停留点を求めていく (次の定理の使い方については直後の例題を参照すること).

ラグランジュの未定乗数法

関数 $f(x, y)$, $g(x, y)$ は $\mathbb{R}^2$ で C^1 級とする．条件 $g(x, y) = 0$ のもとで $f(x, y)$ が (a, b) で極小値または極大値をとるとき，次の (1) または (2) が成り立つ．

(1) $g_x(a, b) = 0$ かつ $g_y(a, b) = 0$.

(2) $L(x, y, \lambda) = f(x, y) + \lambda g(x, y)$ とおくとき，

$$L_x(a, b, \lambda_0) = f_x(a, b) + \lambda_0 g_x(a, b) = 0$$
$$L_y(a, b, \lambda_0) = f_y(a, b) + \lambda_0 g_y(a, b) = 0$$

を満たす $\lambda_0 \in \mathbb{R}$ が存在する．

証明　まず (1) が成立するかしないかで場合分けをする．(1) が成立すると証明は終わるため，(1) が成り立たないとき (2) が成り立つことを示せばよい．

---

[2] この 2 つの関数だけでは図形すべてを表現しきれていない．例えば，$y = -\sqrt{1 - x^2}$ なども図形の一部を表す関数である．

[3] 例のように具体的かつ明示的に書き表せるというのはまれである．具体的に陰関数を書き表せなくてもその微分係数は陰関数定理を用いて求められる場合が多い．

$g_y(a,b) \neq 0$ と仮定する (この条件は陰関数定理を使うために必要な仮定である). 陰関数定理より, a を含む開区間 I で定義された関数 $\varphi(x)$ で $\varphi(a) = b$, $g(x, \varphi(x)) = 0$ を満たすものが存在する. $x \in I$ に対して $F(x) = f(x, \varphi(x))$ とおくと $F(x)$ は a で極小値 (極大値) をとる. したがって,

$$F'(a) = 0 \tag{II.13.4}$$

を得る. ここで, 2 変数関数の合成関数の微分法により

$$F'(x) = f_x(x, \varphi(x)) + f_y(x, \varphi(x))\varphi'(x) \tag{II.13.5}$$

となる. (II.13.4), (II.13.5) により

$$0 = F'(a)$$
$$= f_x(a, \varphi(a)) + f_y(a, \varphi(a))\varphi'(a)$$
$$= f_x(a, b) + f_y(a, b)\varphi'(a)$$

を得る. 考えている座標は (a, b), ただし $b = \varphi(a)$ であることを用いた. 一方, 陰関数定理の微分法 (II.13.3) より

$$\varphi'(a) = -\frac{g_x(a,b)}{g_y(a,b)}$$

であるから $f_x(a,b) - \dfrac{f_y(a,b)}{g_y(a,b)} g_x(a,b) = 0$. ここで $\lambda_0 = -\dfrac{f_y(a,b)}{g_y(a,b)}$ とおくと

$$f_x(a,b) + \lambda_0 g_x(a,b) = 0, \; f_y(a,b) + \lambda_0 g_y(a,b) = 0.$$

$g_x(a,b) \neq 0$ の場合も同様.

　陰関数定理の仮定 (*) の意味を理解するには, 連立 1 次方程式の不定解を思い出すとよい. 実際, $g(x,y) = ax + by - c$ のとき $ax + by - c = 0$ という条件から $y = -\dfrac{a}{b}x + \dfrac{c}{a}$ という形の式が得られるための十分条件は $\dfrac{\partial g}{\partial y} = b \neq 0$ であり, 仮定 (*) を満たす. また, そのとき $-\dfrac{\partial_y g}{\partial_x g} = -\dfrac{a}{b}$ となり, 陰関数の微分法 (II.13.3) は直線 $y = -\dfrac{a}{b}x + \dfrac{c}{a}$ の傾きを計算していることになる.

　λ_0 の幾何学的意味について後述のコラム 7 を参照すること.

例題 13.5　$S = \{(x,y) \mid x^2 + y^2 = 4\}$ で定義された関数 $f(x,y) = 3xy$ の極値を求めよ.

解　$S = \{(x,y) \mid x^2 + y^2 = 4\}$ は有界閉集合であり, 一般に「有界閉集合で定

義された連続関数は必ず最大値と最小値をもつ」(この事実についてここでは証明しない. [13], [15], [17], [20], [21] を参照すること). よって, $f(x, y) = 3xy$ は S で最大値, 最小値をもつ. ここで $g(x, y) = x^2 + y^2 - 4$ とおく. 最大値 (最小値) をとる点を (a, b) とすると (a, b) は次の (I) または (II) の解である.

(I)　$g_x(x, y) = 2x = 0$ $\cdots$ ①,　$g_y(x, y) = 2y = 0$ $\cdots$ ②

　　$g(x, y) = x^2 + y^2 - 4 = 0$ $\cdots$ ③

①, ② より $x = y = 0$. ③ に代入して, $-2 = 0$. よって, (I) の解はない.

(II)　$L(x, y, \lambda) = 3xy + \lambda(x^2 + y^2 - 2)$ とおく.

　　$L_x(x, y, \lambda) = 3y + 2\lambda x = 0$ $\cdots$ ④,　　$L_y(x, y, \lambda) = 3x + 2\lambda y = 0$ $\cdots$ ⑤

　　$g(x, y) = x^2 + y^2 - 4 = 0$ $\cdots$ ⑥

④ $\times y$ − ⑤ $\times x$ ：$3y^2 - 3x^2 = 3(y - x)(y + x) = 0$ よって, $y = \pm x$.

⑥ に代入して, $x = \pm 2$. したがって, $(\pm 2, \pm 2)$ で最大値 2, $(\pm 2, \mp 2)$ で最小値 -2 をとる.

● コラム 7　　ラグランジュの未定乗数法の直感的な理解

　ラグランジュの未定乗数法において評価したい関数 $f(x, y)$ のグラフを等高線付きで描き, 制約条件 $g(x, y) = 0$ に制限したグラフを山道のように描いておく. $f(x, y)$ は $g(x, y) = 0$ という制約条件下, 点 (a, b) で極大値あるいは極小値をとると仮定する. グラフを上から見下ろしたとき

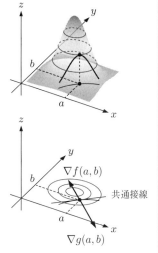

『$f(x, y)$ の等高線と $g(x, y) = 0$ 制約から生じる山道が極値をとる座標 (a, b) では交叉できない』

という感覚的な主張が成立 (なぜならもしも交叉すると (a, b) において山道を歩いていくと関数 $f(x, y)$ の値の低いほうから高いほうに移動できるということなので (a, b) において制約条件下で極大値あるいは極小値をとるという仮定に反する).

これを言い換えると

『$f(x, y)$ の等高線と $g(x, y) = 0$ 制約から生じる山道が極値をとる座標 (a, b) では接する』

となる. さらに (接するという方向を 90 度回転させ等高線と山道の直交方向を比較してみれば)

『$f(x,y)$ の勾配ベクトル場と $g(x,y)$ の勾配ベクトル場が極値をとる座標 (a,b) では平行である』

数式で表すと $\nabla f(a,b) \mathbin{/\!/} \nabla g(a,b)$ となる．この勾配ベクトル場による幾何学的主張をもっと初等的に書けば

『$\nabla f(a,b) = -\lambda_0 \nabla g(a,b)$ を満たすような $-\lambda_0$ が存在する』

ということになる．この最後の条件式を勾配ベクトルの成分ごとに書けばラグランジュの未定乗数法の結論となる．（議論の途中で「関数 $f(x,y)$ のグラフの等高線と勾配ベクトル場 ∇f とは互いに直交する」という事実（定理）を使った.）

演習問題

13.1　関数 $f(x,y) = 2x^4 + y^2 - 2xy$ について，次のものを求めよ．

(1)　$f_x(x,y),\, f_y(x,y)$ 　　　　(2)　停留点

(3)　$\Delta(x,y)$ 　　　　(4)　$f(x,y)$ の極値

13.2　関数 $f(x,y) = x^4 + y^4 - 4xy$ について，次のものを求めよ．

(1)　$f_x(x,y),\, f_y(x,y)$ 　　　　(2)　停留点

(3)　$\Delta(x,y)$ 　　　　(4)　$f(x,y)$ の極値

13.3　関数 $f(x,y) = x^3 - 6xy + 3y^2 + 6$ について，次のものを求めよ．

(1)　$f_x(x,y),\, f_y(x,y)$ 　　　　(2)　停留点

(3)　$\Delta(x,y)$ 　　　　(4)　$f(x,y)$ の極値

●コラム 8　ラグランジュの未定乗数法（十分条件）

$L(\lambda,x,y) = f(x,y) + \lambda g(x,y)$ とおき，$\nabla_{(\lambda,x,y)}L(\lambda_0,a,b) = (0,0,0)$ つまり

$$\begin{cases} f_x(a,b) + \lambda_0 g_x(a,b) = 0 \cdots ① \\ f_y(a,b) + \lambda_0 g_y(a,b) = 0 \cdots ② \\ g(a,b) = 0 \cdots ③ \end{cases}$$

を満たすとしよう（これはラグランジュの未定乗数法によれば (a,b) で極値を取るときの必要条件である）．このとき，ヘッセ行列の行列式 (行列式については VI 部参照)

$$B(\lambda_0,a,b) := \left|\nabla^2_{(\lambda,x,y)}L(\lambda_0,a,b)\right| = \begin{vmatrix} 0 & g_x(a,b) & g_y(a,b) \\ g_x(a,b) & L_{xx}(\lambda_0,a,b) & L_{xy}(\lambda_0,a,b) \\ g_y(a,b) & L_{yx}(\lambda_0,a,b) & L_{yy}(\lambda_0,a,b) \end{vmatrix}$$

に対して $B(\lambda_0, a, b) < 0$ (つまり $-\dfrac{1}{g_y(a,b)^2} B(\lambda_0, a, b) > 0$) ならば (a, b) で極小となり, $B(\lambda_0, a, b) > 0$ (つまり $-\dfrac{1}{g_y(a,b)^2} B(\lambda_0, a, b) < 0$) ならば (a, b) で極大となる.

これは以下のように考えると理解できる. $g(a, b) = 0$, $g_y(a, b) \neq 0$ を仮定して, 陰関数定理を適用すると点 (a, b) の近くで曲線 $g(x, y) = 0$ は $y = \varphi(x)$ とを表せる. (a, b) で極大（極小）ならば, 1 変数関数 $F(t) = f(t, \varphi(t))$ は $t = a$ で極大（極小）なので $F'(a) = 0$ が従う. したがって, 1 変数関数としての 2 階微分を見れば真の極大極小を区別できるはずである. つまり

$$F''(a) > 0 \quad (F''(a) < 0)$$

ならば (a, b) で極小（極大）となる.

考え方としては陰関数定理の助けをかりて変数を減らして, 1 変数関数の制約条件なしの極値問題に翻訳し, 凹凸まで考えようというわけである. 従って陰関数の 2 階導関数まで計算する必要がある. 目標はこの 2 階導関数を g, L の偏導関数を用いて以下のように書き下せるということを示すことである.

$$F''(a) = -\frac{1}{g_y(a,b)^2} B(\lambda_0, a, b)$$

$$= -\frac{1}{g_y(a,b)^2} \begin{vmatrix} 0 & g_x(a,b) & g_y(a,b) \\ g_x(a,b) & L_{xx}(\lambda_0, a, b) & L_{xy}(\lambda_0, a, b) \\ g_y(a,b) & L_{yx}(\lambda_0, a, b) & L_{yy}(\lambda_0, a, b) \end{vmatrix} \quad (\text{ここで } b = \varphi(a)).$$

チェインルール (代入してから微分か, 微分してから代入か注意) を使うと

$$F'(t) = f_x(t, \varphi(t)) \cdot 1 + f_y(t, \varphi(t)) \cdot \varphi'(t).$$

もう一度チェインルールを用いて,

$$\begin{aligned} F''(t) &= f_{xx}(t, \varphi(t)) \cdot 1 + f_{xy}(t, \varphi(t)) \cdot \varphi'(t) \\ &\quad + \varphi'(t) \left(f_{yx}(t, \varphi(t)) \cdot 1 + f_{yy}(t, \varphi(t)) \cdot \varphi'(t) \right) \\ &\quad + f_y(t, \varphi(t)) \cdot \varphi''(t) \\ &= f_{xx}(t, \varphi(t)) + 2 f_{xy}(t, \varphi(t)) \cdot \varphi'(t) + f_{yy}(t, \varphi(t)) \cdot \varphi'(t)^2 \\ &\quad + f_y(t, \varphi(t)) \cdot \varphi''(t). \ \cdots \ \text{④} \end{aligned}$$

式の中に $\varphi'(t)$, $\varphi''(t)$ があらわれてきたが, 次に見るようにこれらはその制約である $g(x, y)$ を使えばかける. 実際, 次のように計算すればよい. $g(t, \varphi(t)) \equiv 0$ の両辺を t で微分して

$$g_x(t, \varphi(t)) \cdot 1 + g_y(t, \varphi(t)) \cdot \varphi'(t) \equiv 0. \ \cdots \ \text{⑤}$$

さらにこの式をもう一度 t で微分すると

$$g_{xx}(t, \varphi(t)) + 2 g_{xy}(t, \varphi(t)) \cdot \varphi'(t)$$

$$+ g_{yy}(t, \varphi(t)) \cdot \varphi'(t)^2 + g_y(t, \varphi(t)) \cdot \varphi''(t) \equiv 0 \cdots ⑥$$

を得るので $\varphi''(t)$ について解けば $\varphi''(t)$ も $g(x, y)$ の 1 階，2 階偏導関数で記述される．

⑤ と ⑥ に $t = a$ を代入し $\varphi'(a)$，$\varphi''(a)$ について解きたい．$t = a$ とするとき $b = \varphi(a)$ となり $(a, b) = (a, \varphi(a))$ とあらわされるので

$$\varphi'(a) = -\frac{g_x(a, b)}{g_y(a, b)},$$
$$\varphi''(a) = -\frac{1}{g_y(a, b)} \left(g_{xx}(a, b) + 2g_{xy}(a, b) \cdot \varphi'(a) + g_{yy}(a, b) \cdot \varphi'(a)^2 \right).$$
$$\cdots ⑦$$

を得る（これで $\varphi'(a)$，$\varphi''(a)$ が $g(x, y)$ の 1，2 階偏導関数の (a, b) における値でかけた）．一方，④ を $t = a$，$b = \varphi(a)$，$\lambda = \lambda_0 = -\dfrac{f_y(a, b)}{g_y(a, b)}$ において計算すれば

$$\begin{aligned}
F''(a) &= f_{xx}(a, b) + 2f_{xy}(a, b) \cdot \varphi'(a) + f_{yy}(a, b) \cdot \varphi'(a)^2 \\
&\quad + f_y(a, b) \cdot \varphi''(a) \\
&= f_{xx}(a, b) + 2f_{xy}(a, b) \cdot \varphi'(a) + f_{yy}(a, b) \cdot \varphi'(a)^2 \\
&\quad - \frac{f_y(a, b)}{g_y(a, b)} \left(g_{xx}(a, b) + 2g_{xy}(a, b) \cdot \varphi'(a) + g_{yy}(a, b) \cdot \varphi'(a)^2 \right) \\
&= L_{xx}(\lambda_0, a, b) + 2L_{xy}(\lambda_0, a, b) \cdot \varphi'(a) + L_{yy}(\lambda_0, a, b) \cdot \varphi'(a)^2
\end{aligned}$$

である．ここに ⑦ を代入して，

$$\begin{aligned}
&F''(a) \\
&= L_{xx}(\lambda_0, a, b) + 2L_{xy}(\lambda_0, a, b) \cdot \left(-\frac{g_x(a, b)}{g_y(a, b)} \right) + L_{yy}(\lambda_0, a, b) \cdot \left(-\frac{g_x(a, b)}{g_y(a, b)} \right)^2 \\
&= \frac{1}{g_y(a, b)^2} \Big(L_{xx}(\lambda_0, a, b) \cdot g_y(a, b)^2 - 2L_{xy}(\lambda_0, a, b) \cdot g_x(a, b) g_y(a, b) \\
&\qquad\qquad + L_{yy}(\lambda_0, a, b) \cdot g_x(a, b)^2 \Big) \\
&= -\frac{1}{g_y(a, b)^2} \cdot \begin{vmatrix} 0 & g_x(a, b) & g_y(a, b) \\ g_x(a, b) & L_{xx}(\lambda_0, a, b) & L_{xy}(\lambda_0, a, b) \\ g_y(a, b) & L_{yx}(\lambda_0, a, b) & L_{yy}(\lambda_0, a, b) \end{vmatrix} \\
&= -\frac{1}{g_y(a, b)^2} \left. \left| \nabla^2_{(\lambda, x, y)} L(\lambda, x, y) \right| \right|_{(\lambda, x, y) = (\lambda_0, a, b)}.
\end{aligned}$$

(3 行目から 4 行目に移るには 4 行目を展開したら 3 行目に戻ると考えよう．) これで目標が達成された．最後の式は覚えやすいように (縁付き) 行列式で表している．(この方が印象的で記憶しやすい！)

第 III 部

1 変数の積分と多変数の積分

1 積分

1.1 基本的な不定積分

関数 $F(x) = x^3$ を微分すると，導関数 $F'(x) = 3x^2$ が得られる．このように，微分すると $f(x)$ になる関数 $F(x)$ を $f(x)$ の**原始関数**という．

例 1.1 　関数 x^3, $x^3 + 1$, $x^3 - 5$ などは微分するといずれも $3x^2$ になる．これらはすべて $3x^2$ の原始関数である．

この**例 1.1** により，1 つの関数の原始関数は無数にあることが分かり，次のことが成立する．

原始関数

関数 $F(x)$ と $G(x)$ が $f(x)$ の原始関数であるとき，ある定数 C が存在して，
$$G(x) = F(x) + C.$$

上記の結果から，$f(x)$ の原始関数の 1 つを $F(x)$ とすれば，$f(x)$ の任意の原始関数は $F(x) + C$ で表される．ここで，原始関数 $F(x) + C$ を**不定積分**といい[1]，次のような記号で表して定義する．

不定積分の定義

$$\int f(x)\,dx = F(x) + C \qquad (C\text{ は定数})$$

$f(x)$ の不定積分を求めることを $f(x)$ を**積分する**といい，$f(x)$ を**被積分関数**，x を**積分変数**という．C を**積分定数**という．特に，$f(x) = 1$ の不定積分を簡単に $\int dx$ で表すことがある．

---

[1] 厳密にいうと原始関数と不定積分の意味は異なるのであるが，本書では原始関数が求まってそれをもとにして定積分が計算できるような被積分関数を主に扱っているので，ここではあまり厳格な区別はしないでおく．

ここで，$f(x)$, $g(x)$ の不定積分の 1 つをそれぞれ $F(x)$, $G(x)$ とすると，$F'(x) = f(x)$, $G'(x) = g(x)$ より

$$\{kF(x)\}' = kF'(x) = kf(x) \quad (k \in \mathbb{R}),$$

$$\{F(x) \pm G(x)\}' = F'(x) \pm G'(x) = f(x) \pm g(x).$$

よって，$kF(x)$ は $kf(x)$ の，$F(x) \pm G(x)$ は $f(x) \pm g(x)$ の 1 つの不定積分であるから，次が成立する．

不定積分の性質

(1) $\displaystyle\int kf(x)\,dx = k\int f(x)\,dx \quad (k \in \mathbb{R})$

(2) $\displaystyle\int \{f(x) \pm g(x)\}\,dx = \int f(x)\,dx \pm \int g(x)\,dx$

原始関数 $F(x)$ を微分することで被積分関数 $f(x)$ が得られることを利用すれば，次の公式が成立することがすぐ確かめられる（右辺を微分して左辺の被積分関数が得られることを示せばよい）．

不定積分の公式 1

(1) は $n \neq -1$, (4) は $a > 0$, $a \neq 1$, (11) と (12) は $a > 0$ とすると，以下が成立する．

(1) $\displaystyle\int x^n\,dx = \frac{1}{n+1}x^{n+1} + C$ (2) $\displaystyle\int \frac{1}{x}\,dx = \log|x| + C$

(3) $\displaystyle\int e^x\,dx = e^x + C$ (4) $\displaystyle\int a^x\,dx = \frac{a^x}{\log a} + C$

(5) $\displaystyle\int \cos x\,dx = \sin x + C$ (6) $\displaystyle\int \sin x\,dx = -\cos x + C$

(7) $\displaystyle\int \frac{1}{\sin^2 x}\,dx = -\frac{1}{\tan x} + C$ (8) $\displaystyle\int \frac{1}{\cos^2 x}\,dx = \tan x + C$

(9) $\displaystyle\int \frac{1}{\sqrt{1-x^2}}\,dx = \arcsin x + C$

(10) $\displaystyle\int \frac{1}{1+x^2}\,dx = \arctan x + C$

(11) $\displaystyle\int \frac{1}{\sqrt{a^2-x^2}}\,dx = \arcsin \frac{x}{a} + C$

(12) $\displaystyle\int \frac{1}{a^2+x^2}\,dx = \frac{1}{a}\arctan \frac{x}{a} + C$

例 1.2

(1) $\displaystyle\int (x^4 + 2x^3 - 3x^2)\,dx = \int x^4\,dx + 2\int x^3\,dx - 3\int x^2\,dx$

$\displaystyle = \frac{1}{5}x^5 + 2\cdot\frac{1}{4}x^4 - 3\cdot\frac{1}{3}x^3 + C = \frac{1}{5}x^5 + \frac{1}{2}x^4 - x^3 + C.$

(2) $\displaystyle\int (2\cos x - 3e^x)\,dx = 2\int \cos x\,dx - 3\int e^x\,dx = 2\sin x - 3e^x + C.$

(3) $\displaystyle\int \tan^2 x\,dx = \int \left(\frac{1}{\cos^2 x} - 1\right)dx = \int \frac{1}{\cos^2 x}\,dx - \int dx$

$\displaystyle = \tan x - x + C.$

(4) $\displaystyle\int \frac{1}{4 + x^2}\,dx = \int \frac{1}{2^2 + x^2}\,dx = \frac{1}{2}\arctan\frac{x}{2} + C.$

1.2 置換積分

適当な変数変換によって，原始関数を見つけやすい形に導く方法がある．これを置換積分 (法) という．合成関数の微分法に対応する積分法である．

置換積分法

関数 $x = g(u)$ が微分可能であり，$f(x)$ と $g'(u)$ が連続ならば，

$$\int f(x)\,dx\Big|_{x=g(u)} = \int f(g(u))\cdot g'(u)\,du. \tag{III.1.1}$$

証明 $F(x)$ を $f(x)$ の原始関数とすると，$F(x) + C = \displaystyle\int f(x)\,dx$ である．また，$x = g(u)$ より $f(x)|_{x=g(u)} = f(g(u))$[※2]であるから，合成関数の微分法により

$$\frac{d(F(g(u)))}{du} = \frac{dF(x)}{dx}\Big|_{x=g(u)}\frac{dg(u)}{du} = f(x)|_{x=g(u)}\cdot g'(u) = f(g(u))\cdot g'(u).$$

したがって，$F(g(u)) = F(x)|_{x=g(u)}$ は $f(g(u))\cdot g'(u)$ の原始関数であるから，

$$\int f(x)\,dx\Big|_{x=g(u)} = F(x)|_{x=g(u)} + C = \int f(g(u))\cdot g'(u)\,du. \quad\blacksquare$$

関数 $x = g(u)$ の両辺の微分[※3]を考えれば，$dx = g'(u)\,du$ となる．このとき，等式 (III.1.1) の左辺に $dx = g'(u)\,du$ と $x = g(u)$ を形式的に代入すれば，その右辺が得られると覚えておいてもよい．また，実際の計算では，等式 (III.1.1) の

[※2] $f(x)|_{x=g(u)}$ は「関数 $f(x)$ に $x = g(u)$ を代入（合成）せよ」という演算である．

[※3] 全微分といった方がピンとくる方もいると思う．

x と u を入れ替えた表記

$$\int f(g(x)) \cdot g'(x)\,dx = \int f(u)\,du\Big|_{u=g(x)}$$

で用いられることもあるので注意すること.

例 1.3 (1) $\displaystyle\int (5x+2)^3\,dx$ を計算する. $u = 5x+2$ とおき, 左辺を u で, 右辺を x で微分すると考えると $du = 5\,dx$ すなわち $dx = \dfrac{1}{5}du$ より

$$\int (5x+2)^3\,dx = \int u^3 \cdot \frac{1}{5}\,du = \frac{1}{5}\int u^3\,du = \frac{1}{5}\cdot\frac{1}{4}u^4 + C = \frac{1}{20}(5x+2)^4 + C.$$

(2) $\displaystyle\int \frac{1}{x(1+\log x)}\,dx$ を計算する. $u = \log x$ とおくと, $du = \dfrac{1}{x}\,dx$ すなわち $dx = x\,du$ より

$$\int \frac{1}{x(1+\log x)}\,dx = \int \frac{1}{1+u}\,du = \log|1+u| + C = \log|1+\log x| + C.$$

例 1.3 (2) では, $u = 1 + \log x$ とおいて置換積分を考えてもよい.

ここで置換積分法により, 以下が得られる. ただし, $a \neq 0,\, n \neq -1$ とする.

不定積分の公式 2

(1) $\displaystyle\int (ax+b)^n\,dx = \frac{1}{a}\cdot\frac{1}{n+1}(ax+b)^{n+1} + C$

(2) $\displaystyle\int \frac{1}{ax+b}\,dx = \frac{1}{a}\log|ax+b| + C$

(3) $\displaystyle\int e^{ax}\,dx = \frac{1}{a}e^{ax} + C$

(4) $\displaystyle\int \cos ax\,dx = \frac{1}{a}\sin ax + C$

(5) $\displaystyle\int \sin ax\,dx = -\frac{1}{a}\cos ax + C$

(6) $\displaystyle\int \{f(x)\}^n \cdot f'(x)\,dx = \frac{1}{n+1}\{f(x)\}^{n+1} + C$

(7) $\displaystyle\int \frac{f'(x)}{f(x)}\,dx = \log|f(x)| + C$

例 1.4

(1) $\displaystyle\int (2x-3)^5\,dx = \frac{1}{2}\cdot\frac{1}{5+1}(2x-3)^{5+1}+C = \frac{1}{12}(2x-3)^6+C.$

(2) $\displaystyle\int\left(\frac{1}{3x-1}-e^{3x}\right)dx = \int\frac{1}{3x-1}\,dx - \int e^{3x}\,dx$

$\displaystyle = \frac{1}{3}\log|3x-1| - \frac{1}{3}e^{3x}+C = \frac{1}{3}\left(\log|3x-1|-e^{3x}\right)+C.$

(3) $\displaystyle\int\left(\sin\frac{x}{2}+\cos 5x\right)dx = -\frac{1}{\frac{1}{2}}\cos\frac{x}{2}+\frac{1}{5}\sin 5x + C$

$\displaystyle = -2\cos\frac{x}{2}+\frac{1}{5}\sin 5x+C.$

(4) $\displaystyle\int 6x(3x^2-1)^9\,dx = \int (3x^2-1)'\cdot(3x^2-1)^9\,dx$

$\displaystyle = \frac{1}{9+1}(3x^2-1)^{9+1}+C = \frac{1}{10}(3x^2-1)^{10}+C.$

(5) $\displaystyle\int\frac{2e^{2x}}{e^{2x}+1}\,dx = \int\frac{(e^{2x}+1)'}{e^{2x}+1}\,dx = \log(e^{2x}+1)+C.$

1.3　部分積分

積の微分を用いることにより，次の公式が得られる．

部分積分法

関数 $f(x),\,g(x)$ が微分可能ならば，

$$\int f(x)\cdot g'(x)\,dx = f(x)\cdot g(x) - \int f'(x)\cdot g(x)\,dx. \qquad \text{(III.1.2)}$$

証明　関数の積 $f(x)\cdot g(x)$ を微分すると

$$\{f(x)\cdot g(x)\}' = f'(x)\cdot g(x) + f(x)\cdot g'(x).$$

すなわち

$$f(x)\cdot g'(x) = \{f(x)\cdot g(x)\}' - f'(x)\cdot g(x).$$

これより，両辺の不定積分を考えると

$$\int f(x)\cdot g'(x)\,dx = \int\{f(x)\cdot g(x)\}'\,dx - \int f'(x)\cdot g(x)\,dx$$

$$= f(x)\cdot g(x) - \int f'(x)\cdot g(x)\,dx.$$

ここで，得られた等式 (III.1.2) において，$g(x) = x$ とすれば，

$$\int f(x)\,dx = xf(x) - \int xf'(x)\,dx$$

が得られる．

例 1.5 $\displaystyle\int \log x\,dx = \int \log x \cdot (x)'\,dx = x\log x - \int \frac{1}{x}\cdot x\,dx$

$$= x\log x - \int 1\,dx = x\log x - x + C.$$

また，次のように部分積分法を複数回用いることで，不定積分を求めることができる．

例 1.6 $\displaystyle\int x^2 e^x\,dx$ を計算する．$f(x) = x^2$, $g'(x) = e^x$ とすれば，$f'(x) = 2x$, $g(x) = e^x$ より

$$\int x^2 e^x\,dx = \int x^2(e^x)'\,dx = x^2 e^x - \int (x^2)'\,e^x\,dx = x^2 e^x - 2\int xe^x\,dx.$$

また，$\displaystyle\int xe^x\,dx$ について，$f(x) = x$, $g'(x) = e^x$ とすれば，$f'(x) = 1$, $g(x) = e^x$ より

$$\int xe^x\,dx = \int x(e^x)'\,dx = xe^x - \int (x)'\,e^x\,dx = xe^x - \int e^x\,dx = xe^x - e^x + C.$$

したがって，$\displaystyle\int x^2 e^x\,dx = x^2 e^x - 2\left(xe^x - e^x + C\right) = \left(x^2 - 2x + 2\right)e^x + 2C.$
例 1.6 の $2C$ は積分定数であるから，単に C と表記しても良い．

　置換積分と部分積分はそれぞれ繰り返したり，両方組み合わせたりして計算がうまくいくということも多いので，1 回適用して解けないからといってすぐにはあきらめないように．

演習問題

1.1 次の不定積分を求めよ．

(1) $\displaystyle\int \left(x^2 + 1 - \frac{2}{x}\right)dx$　(2) $\displaystyle\int \frac{1}{2x+7}\,dx$　　　(3) $\displaystyle\int \sin^4 x\cos x\,dx$

(4) $\displaystyle\int \frac{2x+1}{x^2+x+1}\,dx$　(5) $\displaystyle\int \frac{e^x}{1+e^{2x}}\,dx$　　(6) $\displaystyle\int x\cos x\,dx$

(7) $\displaystyle\int xe^{-x}\,dx$　　　(8) $\displaystyle\int \log(x+1)\,dx$　(9) $\displaystyle\int (2x-1)\log x\,dx$

2 定積分とその幾何学的な意味

2.1 有理関数の積分

分母と分子がともに整式であるような分数式で表される関数を有理関数という.有理関数の積分については,以下の公式がよく知られており,置換積分や右辺の微分により証明することができる.

有理関数の積分公式

(1) $\displaystyle\int \frac{1}{x-a}\,dx = \log|x-a| + C$

(2) $\displaystyle\int \frac{2x}{x^2+a}\,dx = \log|x^2+a| + C$

(3) $\displaystyle\int \frac{1}{x^2+1}\,dx = \arctan x + C$

(4) $\displaystyle\int \frac{1}{x^2+a^2}\,dx = \frac{1}{a}\arctan\frac{x}{a} + C \quad (a \neq 0)$

有理関数の不定積分は,上記の積分公式と次の $(i) \sim (v)$ の組み合わせにより求めることができる.

(i) 分子の次数を分母より下げる.　　(ii) 分母を因数分解する.

(iii) 整式を分数式の和で表す.　　(iv) 積分する.

また,必要があれば,

(v) 1つの分数式を複数の分数式の和で表し,それぞれ積分ができる形に変えていく.

例 2.1

(1) $\displaystyle\int \frac{x^3+x^2-2x+3}{x^2+x-2}\,dx \overset{(i)}{=} \int \left(x + \frac{3}{x^2+x-2}\right)dx$

$\displaystyle \overset{(ii)}{=} \int \left\{x + \frac{3}{(x-1)(x+2)}\right\}dx \overset{(iii)}{=} \int \left(x + \frac{1}{x-1} - \frac{1}{x+2}\right)dx$

$$\overset{(iv)}{=} \frac{1}{2}x^2 + \log|x-1| - \log|x+2| + C = \frac{1}{2}x^2 + \log\left|\frac{x-1}{x+2}\right| + C.$$

(2)　$\displaystyle \int \frac{1}{x(x^2+1)}\, dx \overset{(iii)}{=} \int \left(\frac{1}{x} - \frac{x}{x^2+1}\right) dx$

$$= \int \frac{1}{x}\, dx - \frac{1}{2} \int \frac{(x^2+1)'}{x^2+1}\, dx \overset{(iv)}{=} \log|x| - \frac{1}{2}\log(x^2+1) + C.$$

(3)　$\displaystyle \int \frac{2x+4}{x^2+1}\, dx \overset{(v)}{=} \int \left(\frac{2x}{x^2+1} + \frac{4}{x^2+1}\right) dx$

$$= \int \frac{(x^2+1)'}{x^2+1}\, dx + \int \frac{4}{x^2+1}\, dx \overset{(iv)}{=} \log(x^2+1) + 4\arctan x + C.$$

　三角関数で表された関数の不定積分では，$t = \tan\dfrac{x}{2}$ と置換することが多い．この置換を考えるとき，次が成立する．

三角関数における置換積分法の利用

置換 $t = \tan\dfrac{x}{2}$ により，
$$\sin x = \frac{2t}{1+t^2},\ \cos x = \frac{1-t^2}{1+t^2},\ dx = \frac{2}{1+t^2}\, dt$$
と変形できる．

証明　$x = 2\theta$ とおけば，$t = \tan\theta$ であるから，

$$\sin x = \sin 2\theta = 2\sin\theta\cos\theta = 2\tan\theta\cos^2\theta = 2\tan\theta \cdot \frac{1}{1+\tan^2\theta} = \frac{2t}{1+t^2}.$$

$$\cos x = \cos 2\theta = \cos^2\theta - \sin^2\theta = \cos^2\theta(1 - \tan^2\theta)$$

$$= \frac{1}{1+\tan^2\theta} \cdot (1 - \tan^2\theta) = \frac{1-t^2}{1+t^2}.$$

また，$t = \tan\dfrac{x}{2}$ より

$$dt = \frac{1}{2} \cdot \frac{1}{\cos^2\frac{x}{2}}\, dx = \frac{1}{2}\left(1 + \tan^2\frac{x}{2}\right) dx = \frac{1+t^2}{2}\, dx.$$

すなわち $dx = \dfrac{2}{1+t^2}\, dt$.

　上記の置換を行えば，t における有理関数となり，不定積分を求めることができる．

例 2.2

(1) $\displaystyle \int \frac{1}{\sin x}\, dx = \int \frac{1}{\frac{2t}{1+t^2}} \cdot \frac{2}{1+t^2}\, dt = \int \frac{1}{t}\, dt = \log|t| + C$

$\displaystyle \quad = \log\left|\tan\frac{x}{2}\right| + C.$

(2) $\displaystyle \int \frac{1}{\cos x}\, dx = \int \frac{1}{\frac{1-t^2}{1+t^2}} \cdot \frac{2}{1+t^2}\, dt = \int \frac{2}{1-t^2}\, dt$

$\displaystyle \quad = -\int \frac{2}{(t-1)(t+1)}\, dt = -\int \left(\frac{1}{t-1} - \frac{1}{t+1} \right) dt$

$\displaystyle \quad = \int \left(\frac{1}{t+1} - \frac{1}{t-1} \right) dt = \log|t+1| - \log|t-1| + C$

$\displaystyle \quad = \log\left|\tan\frac{x}{2} + 1\right| - \log\left|\tan\frac{x}{2} - 1\right| + C.$

(3) $\displaystyle \int \frac{1}{1+\sin x}\, dx = \int \frac{1}{1 + \frac{2t}{1+t^2}} \cdot \frac{2}{1+t^2}\, dt = \int \frac{2}{t^2+2t+1}\, dt$

$\displaystyle \quad = \int \frac{2}{(t+1)^2}\, dt = -\frac{2}{t+1} + C = -2(t+1)^{-1} + C$

$\displaystyle \quad = -2\left(\tan\frac{x}{2} + 1\right)^{-1} + C.$

(4) $\displaystyle \int \frac{1}{2+\cos x}\, dx = \int \frac{1}{2 + \frac{1-t^2}{1+t^2}} \cdot \frac{2}{1+t^2}\, dt = \int \frac{2}{3+t^2}\, dt$

$\displaystyle \quad = 2\int \frac{1}{(\sqrt{3})^2 + t^2}\, dt = 2 \cdot \frac{1}{\sqrt{3}} \arctan\frac{t}{\sqrt{3}}$

$\displaystyle \quad = \frac{2}{\sqrt{3}} \arctan\left(\frac{1}{\sqrt{3}} \tan\frac{x}{2} \right) + C.$

2.2　基本的な定積分

区間 $[a, b]$ で定義された関数 $f(x)$ の原始関数の 1 つを $F(x)$ とするとき，$F(b) - F(a)$ を $f(x)$ の a から b までの**定積分**といい，次で表す．

定積分の定義

$$\int_a^b f(x)\, dx = \left[F(x)\right]_a^b = F(b) - F(a) \tag{III.2.1}$$

この定義において，x を積分変数，b を定積分の**上端**，a をその**下端**という．また，この定積分を求めることを，$f(x)$ を a から b まで**積分する**という．定積分の定義で

$f(x)$ の別の原始関数 $G(x)$ を考えても，ある定数 C を用いて $G(x) = F(x) + C$ と書けるので，

$$\int_a^b f(x)\,dx = [G(x)]_a^b = G(b) - G(a) = F(b) + C - \{F(a) + C\} = F(b) - F(a)$$

となる．つまり定積分は原始関数の取り方に依らないことがわかる．また，次の関係に注意する．

$$\int_a^b f(x)\,dx = -\int_b^a f(x)\,dx, \quad a = b \text{ のとき}, \int_a^a f(x)\,dx = 0.$$

定積分の性質

(1) $\displaystyle\int_a^b k f(x)\,dx = k\int_a^b f(x)\,dx \ \ (k \in \mathbb{R})$

(2) $\displaystyle\int_a^b \{f(x) \pm g(x)\}\,dx = \int_a^b f(x)\,dx \pm \int_a^b g(x)\,dx$

(3) $\displaystyle\int_a^b f(x)\,dx = \int_a^c f(x)\,dx + \int_c^b f(x)\,dx$

証明 (1) $f(x)$ の不定積分の 1 つを $F(x)$ とすると，(III.2.1) より

$$\int_a^b k f(x)\,dx = [kF(x)]_a^b = kF(b) - kF(a) = k\,[F(x)]_a^b = k\int_a^b f(x)\,dx.$$

(2) $f(x),\ g(x)$ の不定積分の 1 つをそれぞれ $F(x),\ G(x)$ とすると，(III.2.1) より

$$\int_a^b \{f(x) \pm g(x)\}\,dx = [F(x) \pm G(x)]_a^b = \{F(b) \pm G(b)\} - \{F(a) \pm G(a)\}$$

$$= \{F(b) - F(a)\} \pm \{G(b) - G(a)\}$$

$$= \int_a^b f(x)\,dx \pm \int_a^b g(x)\,dx.$$

(3) $f(x)$ の不定積分の 1 つを $F(x)$ とすると，(III.2.1) より

$$\int_a^b f(x)\,dx = [F(x)]_a^b = F(b) - F(a)$$

$$= \{F(c) - F(a)\} + \{F(b) - F(c)\} = [F(x)]_a^c + [F(x)]_c^b$$

$$= \int_a^c f(x)\,dx + \int_c^b f(x)\,dx.$$

2.3　定積分の計算

定積分の計算は不定積分の結果を用いることにより求めることができる.

例 2.3

(1) $\displaystyle \int_1^3 \frac{1}{x^2}\,dx = \left[-\frac{1}{x}\right]_1^3 = -\left(\frac{1}{3}-1\right) = \frac{2}{3}$.

(2) $\displaystyle \int_0^1 e^{3x}\,dx = \left[\frac{1}{3}e^{3x}\right]_0^1 = \frac{1}{3}\left(e^3 - e^0\right) = \frac{1}{3}\left(e^3 - 1\right)$.

(3) $\displaystyle \int_1^4 \frac{1}{2x+1}\,dx = \left[\frac{1}{2}\log|2x+1|\right]_1^4 = \frac{1}{2}\left(\log 9 - \log 3\right) = \frac{1}{2}\log 3$.

(4) $\displaystyle \int_0^{\frac{\pi}{4}} \sin 2x\,dx = \left[-\frac{1}{2}\cos 2x\right]_0^{\frac{\pi}{4}} = -\frac{1}{2}\left(\cos\frac{\pi}{2} - \cos 0\right) = \frac{1}{2}$.

(5) $\displaystyle \int_{-1}^2 \frac{x-1}{x^2-2x+3}\,dx = \frac{1}{2}\int_{-1}^2 \frac{(x^2-2x+3)'}{x^2-2x+3}\,dx$

$\displaystyle \qquad = \frac{1}{2}\left[\log|x^2-2x+3|\right]_{-1}^2 = \frac{1}{2}\left(\log 3 - \log 6\right) = -\frac{1}{2}\log 2$.

置換積分法

関数 $x = g(u)$ が微分可能であり, $f(x)$ と $g'(u)$ が連続であるとする. このとき, $a = g(\alpha),\ b = g(\beta)$ ならば,

$$\int_a^b f(x)\,dx = \int_\alpha^\beta f(g(u))\cdot g'(u)\,du$$

証明　不定積分の置換積分法により, $f(x)$ の原始関数を $F(x)$ とすると

$$\int f(x)\,dx = F(x) + C = F(g(u)) + C = \int f(g(u))\cdot g'(u)\,du$$

より,

$$\int_\alpha^\beta f(g(u))\cdot g'(u)\,du = [F(g(u))]_\alpha^\beta = F(g(\beta)) - F(g(\alpha))$$

$$= F(b) - F(a) = [F(x)]_a^b = \int_a^b f(x)\,dx.$$

例 2.4

(1) $\displaystyle \int_1^2 x(x-1)^5\,dx$ について, $u = x - 1$ とおくと, $x = u + 1$, $du = dx$.

$x = 1$ のとき $u = 0$, $x = 2$ のとき $u = 1$ より

$$\int_1^2 x(x-1)^5 \, dx = \int_0^1 (u+1)u^5 \, du = \int_0^1 (u^6 + u^5) \, du$$

$$= \left[\frac{1}{7}u^7 + \frac{1}{6}u^6\right]_0^1 = \left(\frac{1}{7} + \frac{1}{6}\right) - (0+0) = \frac{13}{42}.$$

(2) $\displaystyle\int_0^{\frac{\pi}{4}} \cos^3 x \sin x \, dx$ について, $u = \cos x$ とおくと, $du = -\sin x \, dx$. $x = 0$

のとき $u = 1$, $x = \dfrac{\pi}{4}$ のとき $u = \dfrac{1}{\sqrt{2}}$ より

$$\int_0^{\frac{\pi}{4}} \cos^3 x \sin x \, dx = \int_1^{\frac{1}{\sqrt{2}}} u^3 \cdot (-1) \, du = -\left[\frac{1}{4}u^4\right]_1^{\frac{1}{\sqrt{2}}}$$

$$= -\frac{1}{4}\left\{\left(\frac{1}{\sqrt{2}}\right)^4 - 1^4\right\} = -\frac{1}{4}\left(\frac{1}{4} - 1\right) = \frac{3}{16}.$$

(3) $\displaystyle\int_0^2 x\sqrt{2-x} \, dx$ について, $u = \sqrt{2-x}$ とおくと, $x = 2 - u^2$, $dx = -2u \, du$.

$x = 0$ のとき $u = \sqrt{2}$, $x = 2$ のとき $u = 0$ より

$$\int_0^2 x\sqrt{2-x} \, dx = \int_{\sqrt{2}}^0 (2-u^2)u \cdot (-2u) \, du = 2\int_{\sqrt{2}}^0 (u^4 - 2u^2) \, du$$

$$= 2\left[\frac{1}{5}u^5 - \frac{2}{3}u^3\right]_{\sqrt{2}}^0 = \frac{16}{15}\sqrt{2}.$$

部分積分法

関数 $f(x)$, $g(x)$ が微分可能で, $f'(x)$, $g'(x)$ が連続ならば,

$$\int_a^b f(x)g'(x) \, dx = [f(x)g(x)]_a^b - \int_a^b f'(x)g(x) \, dx.$$

証明 $\{f(x)g(x)\}' = f'(x)g(x) + f(x)g'(x)$ より $f(x)g'(x) = \{f(x)g(x)\}' - f'(x)g(x)$. よって, 上式の両辺を a から b まで積分すれば,

$$\int_a^b f(x)g'(x) \, dx = [f(x)g(x)]_a^b - \int_a^b f'(x)g(x) \, dx.$$

例 2.5

(1) $\displaystyle\int_0^2 xe^x \, dx = \int_0^2 x\,(e^x)' \, dx = [xe^x]_0^2 - \int_0^2 (x)'e^x \, dx = [xe^x]_0^2 - \int_0^2 e^x \, dx$

$= (2e^2 - 0) - [e^x]_0^2 = 2e^2 - (e^2 - e^0) = e^2 + 1.$

(2)　$\displaystyle\int_0^1 \arctan x\, dx = \int_0^1 (x)' \arctan x\, dx$

$\displaystyle = [x \arctan x]_0^1 - \int_0^1 x \cdot (\arctan x)'\, dx = \arctan 1 - \int_0^1 x \cdot \frac{1}{1+x^2}\, dx$

$\displaystyle = \frac{\pi}{4} - \frac{1}{2} \int_0^1 \frac{2x}{1+x^2}\, dx = \frac{\pi}{4} - \frac{1}{2} \left[\log(1+x^2)\right]_0^1$

$\displaystyle = \frac{\pi}{4} - \frac{1}{2}\left(\log 2 - \log 1\right) = \frac{\pi}{4} - \frac{1}{2}\log 2.$

● コラム 9　部分積分・置換積分とテイラー（Taylor）の定理

　部分積分と置換積分の応用としてテイラーの定理を導いてみよう．定積分の定義式 (III.2.1)（この式を微分積分の基本定理とも呼ぶ）に部分積分を繰り返して適用する．

$$f(b) - f(a) = \int_a^b f'(t)dt \qquad \cdots\ 微分積分の基本定理$$

$$= \left[(t-b)f'(t)\right]_a^b - \int_a^b (t-b)f''(t)\, dt$$

$$= (b-a)f'(a) - \left[\frac{(t-b)^2}{2!}f''(t)\right]_a^b + \int_a^b \frac{(t-b)^2}{2!}f^{(3)}(t)\, dt$$

$$= (b-a)f'(a) + \frac{(b-a)^2}{2!}f''(a)$$

$$\qquad + \frac{(b-a)^3}{3!}f^{(3)}(a) - \int_a^b \frac{(t-b)^3}{3!}f^{(4)}(t)\, dt$$

$$= \sum_{k=1}^n \frac{f^{(k)}(a)}{k!}(b-a)^k + \int_a^b \frac{(b-t)^n}{n!}f^{(n+1)}(t)\, dt$$

$$= \sum_{k=1}^n \frac{f^{(k)}(a)}{k!}(b-a)^k$$

$$\qquad + \frac{(b-a)^{n+1}}{n!}\int_0^1 (1-\theta)^n f^{(n+1)}(a + \theta(b-a))\, d\theta.$$

最後の式変形で置換積分 $t = a + \theta(b-a)$ を行った．

$$R_{n+1} = \frac{(b-a)^{n+1}}{n!}\int_0^1 (1-\theta)^n f^{(n+1)}(a + \theta(b-a))\, d\theta$$

を積分形の剰余項という．これに対して，既出の

$$R_{n+1} = \frac{(b-a)^{n+1}}{(n+1)!}f^{(n+1)}(a + \theta(b-a)) \qquad (\theta \in (0,1))$$

をラグランジュの剰余項という．テイラーの定理の剰余項は上の2つ以外にもいろいろな形がある．興味ある読者は調べてみられるとよい．参考文献に挙がっている [17] 高木 解析概論, [58] 寺澤 自然科学者のための数学概論, [28] 吉田 微分積分学などは参考になる．

2.4　和の極限としての定積分の定義 (区分求積法)

2.2節で与えたように，原始関数を用いて定積分を定義すると，その意味する事象が理解しにくい．定積分は，もともと関数のグラフと x 軸との間の部分の面積を求めるために考えられたものである．そのことを理解するために，和の極限を用いた定積分の定義を紹介する．

和の極限としての定積分の定義

関数 $f(x)$ を閉区間 $[a,b]$ で考える．このとき，

$$a = x_0 < x_1 < x_2 < \cdots < x_n = b$$

として，閉区間 $[a,b]$ を n 個の小区間 $[x_0, x_1], [x_1, x_2], \ldots, [x_{n-1}, x_n]$ に分割する．ここで，n 個の区間内に点 $s_1, s_2, \ldots, s_n$ をそれぞれ任意にとる[※1]．すなわち，

$$x_0 \leq s_1 \leq x_1, \quad x_1 \leq s_2 \leq x_2, \quad \ldots \quad, x_{n-1} \leq s_n \leq x_n.$$

これらの小区間の長さはそれぞれ

$$\Delta x_1 = x_1 - x_0, \quad \Delta x_2 = x_2 - x_1, \quad \ldots \quad, \Delta x_n = x_n - x_{n-1}.$$

この分割を Δ で表し，分割 Δ の小区間の最大の長さを $|\Delta|$ とおく．以下の和 S_Δ を考える[※2]．この和を**リーマン和**という．

$$S_\Delta = \sum_{i=1}^{n} f(s_i) \Delta x_i$$

$$= f(s_1)\Delta x_1 + f(s_2)\Delta x_2 + \cdots + f(s_n)\Delta x_n. \tag{III.2.2}$$

和 (III.2.2) は図の長方形の面積の和を表しているから，分割 Δ を細かくすれば，S_Δ は曲線 $y = f(x)$ と x 軸，2直線 $x = a$, $x = b$ で囲まれた図形の面積に限りなく近づくと考えられる．したがって，分割 Δ を限りなく

細かくしていき，$|\Delta| \to 0$ としたとき，(III.2.2) で与えられた和の極限

$$\lim_{|\Delta| \to 0} S_\Delta = \int_a^b f(x)\,dx \qquad (\text{III.2.3})$$

が分割と代表点 s_i の取り方によらず存在する[※3]ならば関数 $f(x)$ は区間 $[a,b]$ において (リーマン) 積分可能であるといい，この極限値を関数 $f(x)$ の a から b までの**定積分**といい，右辺の記号で表す．

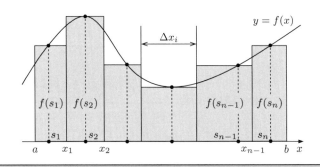

定積分 (III.2.3) は $a < b$ のとき定義された．そこで，$a > b$, $a = b$ のときは次のようにして定積分を定義する．

$$a > b \text{ ならば，} \int_a^b f(x)\,dx = -\int_b^a f(x)\,dx, \quad a = b \text{ ならば，} \int_a^b f(x)\,dx = 0.$$

一般に閉区間 $[a,b]$ で連続な関数 $f(x)$ は，区間 $[a,b]$ で積分可能である[※4]．連続関数 $f(x)$ の定積分は，$f(x)$ の原始関数 $F(x)$ を用いて，

$$\int_a^b f(x)\,dx = \Big[F(x)\Big]_a^b = F(b) - F(a)$$

と計算できる．

積分不可能な関数の例とリーマン和を使った定積分の計算 (**区分求積法**) の例を紹介する．

[※1] $s_1, s_2, \ldots, s_n$ を代表点といい，まとめて $\boldsymbol{s}$ と表すこともある．

[※2] 和は $f, \Delta, \boldsymbol{s}$ に依存しているので，より正確に $S(f; \Delta, \boldsymbol{s})$ などと記す文献もある．

[※3] 後で積分不可能な例を構成する際に「代表点の取り方によって極限値が異なる」ような関数を見つけることになる．

[※4] 荒っぽく標語的に述べれば「微分可能 $\Rightarrow$ 連続 $\Rightarrow$ 積分可能」という関係がある．正確に述べると，関数 $f(x)$ が閉区間 $[a,b]$ を含む開区間において微分可能ならば $f(x)$ は閉区間 $[a,b]$ で連続である．また，関数 $f(x)$ が閉区間 $[a,b]$ で連続であれば，$f(x)$ は閉区間 $[a,b]$ で積分可能である．しかし，それぞれ逆は正しくない．

例 2.6　(積分不可能な関数) 次の関数 $f(x)$ は，分割 Δ を細かくしていくときの代表点の取り方によりリーマン和の極限が変化する．

$$f(x) = \begin{cases} 1 & (x \text{ が有理数}), \\ 0 & (x \text{ が無理数}). \end{cases}$$

例えば，分割された区間の代表点 t_i がすべて有理数のとき，リーマン和の極限は $\displaystyle\lim_{|\Delta|\to 0} S_\Delta = 1$, 代表点がすべて無理数のとき，リーマン和の極限は $\displaystyle\lim_{|\Delta|\to 0} S_\Delta = 0$. よって，極限が代表点の取り方によるため，(リーマン) 積分不可能である[※5]．

例 2.7　(区分求積法) 関数 $f(x) = x^2$ は，区間 $[0,1]$ で連続であるので積分可能である．定積分 $\displaystyle\int_0^1 x^2\, dx$ をリーマン和の極限として求めてみる．区間 $[0,1]$ の n 個の小区間への等分割 $\Delta : \left[\dfrac{k-1}{n}, \dfrac{k}{n}\right]$ $(1 \le k \le n)$ をとる．各区間 $\left[\dfrac{k-1}{n}, \dfrac{k}{n}\right]$ で代表点を $\dfrac{k}{n}$ ととると，リーマン和は

$$S_\Delta = \sum_{k=1}^{n} \left\{ f\left(\frac{k}{n}\right)\left(\frac{k}{n} - \frac{k-1}{n}\right) \right\} = \sum_{k=1}^{n} \frac{k^2}{n^2}\frac{1}{n}$$

$$= \frac{1}{n^3}\sum_{k=1}^{n} k^2 = \frac{1}{n^3}\frac{n(n+1)(2n+1)}{6} = \frac{1}{6}\left(1+\frac{1}{n}\right)\left(2+\frac{1}{n}\right)$$

となる．n を大きくしていき，分割を細かくした極限を考えると，$\displaystyle\lim_{n\to\infty} S_\Delta = \frac{1}{3}$. よって，$\displaystyle\int_0^1 x^2\, dx = \frac{1}{3}$ である．区間 $\left[\dfrac{k-1}{n}, \dfrac{k}{n}\right]$ の代表点として，例えば $\dfrac{k-1}{n}$ などの他の点をとっても計算結果は変わらない．

　一般に，区間 $[0,1]$ で積分可能な関数 $f(x)$ に対して，

$$\lim_{n\to\infty}\sum_{k=1}^{n} f\left(\frac{k}{n}\right)\frac{1}{n} = \int_0^1 f(x)\, dx$$

が成立する．

例 2.8　(定積分に関する注意)

$$\int_{-1}^{1} \frac{1}{x}\, dx = \left[\log|x|\right]_{-1}^{1}$$

[※5] このようにリーマン積分の範囲では積分不可能な関数が存在するが，このような関数たちをうまく取り扱えるような強力な積分論もあり，ルベーグ積分論と呼ばれている．

と気楽に式変形を行ってはいけない. 0 は $\dfrac{1}{x}$ の定義域に入っていないため計算することができない. こういった関数の積分を扱う**広義積分**というものがある. 考えている区間が $[a, \infty)$, $(a, b]$ などの場合, 以下のようにリーマン積分を拡張する.

$$\int_a^\infty f(x)\,dx = \lim_{M \to \infty} \int_a^M f(x)\,dx,$$

$$\int_{a+0}^b f(x)\,dx = \lim_{c \to a+0} \int_c^b f(x)\,dx.$$

これらの値が有限確定するとき広義積分可能という. 例えば

$$\int_1^\infty \frac{1}{x^{3/2}}\,dx = \lim_{M \to \infty} \left[\frac{-2}{x^{1/2}}\right]_1^M = 2 \,\cdots\, 広義積分可能,$$

$$\int_1^\infty \frac{1}{x^{1/2}}\,dx = \lim_{M \to \infty} \left[2x^{1/2}\right]_1^M = \infty \,\cdots\, 広義積分不可能,$$

$$\int_0^1 \frac{1}{x^{1/2}}\,dx = \lim_{c \to +0} \left[2x^{1/2}\right]_c^1 = 2 \,\cdots\, 広義積分可能$$

等となる. 広義積分についてこれ以上詳しく触れる余裕がないので, 詳細については巻末の微分積分学の参考文献を参照せよ.

演習問題

2.1 次の不定積分を求めよ. ただし, 積分定数 C は省略してよい.

(1) $\displaystyle \int \frac{x^3}{x-1}\,dx$ (2) $\displaystyle \int \cos^8 x \sin x\,dx$

(3) $\displaystyle \int \frac{1}{(1+\cos x)^2}\,dx$ (4) $\displaystyle \int \frac{1}{1+\sin x + \cos x}\,dx$

2.2 次の定積分を求めよ.

(1) $\displaystyle \int_0^1 e^{2x}\,dx$ (2) $\displaystyle \int_2^4 \frac{1}{x^2+2x-3}\,dx$ (3) $\displaystyle \int_2^3 \frac{1}{x^2-1}\,dx$

2.3 次の定積分を求めよ.

(1) $\displaystyle \int_1^{e^2} \frac{(\log x)^3}{x}\,dx$ (2) $\displaystyle \int_0^\pi x \cos x\,dx$ (3) $\displaystyle \int_0^1 \frac{e^x}{\sqrt{e^x+1}}\,dx$

3　2重積分

3.1　2重積分の定義

　2重積分は，2変数関数のグラフと xy 平面に挟まれた部分の体積を表す．ここで，2変数関数 $f(x,y)$ が長方形の集合

$$D = \{(x,y) \mid a \leq x \leq b, c \leq y \leq d\}$$

上で定義された関数とする．D を $[a,b] \times [c,d]$ で表す．区間 $[a,b]$ と $[c,d]$ にそれぞれ，$m+1$ 個と $n+1$ 個の点を次のようにとる．

$$a = a_0 < a_1 < \cdots < a_{m-1} < a_m = b, \quad c = c_0 < c_1 < \cdots < c_{n-1} < c_n = d.$$

これらの点で区間 $[a,b]$ と $[c,d]$ を分割する，

$$[a_0, a_1], [a_1, a_2], \ldots, [a_{m-1}, a_m], \quad [c_0, c_1], [c_1, c_2], \ldots, [c_{n-1}, c_n].$$

このとき，長方形 D は，小さい長方形 $D_{ij} = \{(x,y) \mid a_{i-1} \leq x \leq a_i, c_{j-1} \leq y \leq c_j\} = [a_{i-1}, a_i] \times [c_{j-1}, c_j]$ $(1 \leq i \leq m, 1 \leq j \leq n)$ に分割される（図 3.1 左）．この分割に Δ と名前を付ける．分割 Δ の長方形の対角線の長さの最大値を $|\Delta|$ とかき，分割 Δ の幅と呼ぶ．

$$|\Delta| = \max_{1 \leq i \leq m, 1 \leq j \leq n} \sqrt{(a_i - a_{i-1})^2 + (c_j - c_{j-1})^2}.$$

　分割 Δ の各長方形 D_{ij} から代表点 (t_{ij}, u_{ij}) を 1 点選ぶ $(a_{i-1} \leq t_{ij} \leq a_i, c_{j-1} \leq u_{ij} \leq c_j)$．このとき，2変数関数 $f(x,y)$ に対する**リーマン和**

$$S_\Delta = \sum_{i=1}^{m} \sum_{j=1}^{n} f(t_{ij}, u_{ij})(a_i - a_{i-1})(c_j - c_{j-1})$$

を考える（図 3.1 右）．区間 $[a,b]$ と $[c,d]$ の分割を細かくしていき，$|\Delta| \to 0$ としたときの S_Δ の極限を考える．各区間の分割点の増やし方や D_{ij} の代表点 (t_{ij}, u_{ij}) の取り方は無数にあるが，任意の方法で極限をとっても同じ有限の値 S に収束するとき，

$$S = \lim_{|\Delta| \to 0} S_\Delta$$

と書き，関数 $f(x,y)$ は**積分可能**であるという．値 S を関数 $f(x,y)$ の区間 $D = [a,b] \times [c,d]$ での **2 重積分**といい

$$S = \iint_D f(x,y)\, dxdy$$

と表す．単に**重積分**と呼ぶ場合もある．

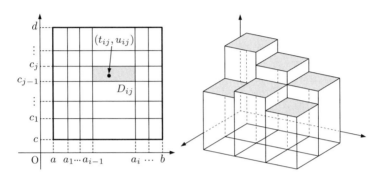

図 3.1　長方形の分割 (左) とリーマン和 (右)

2 重積分 $\displaystyle\iint_D f(x,y)\, dxdy$ は，長方形 D での関数 $z = f(x,y)$ のグラフの曲面
と xy 平面に挟まれた部分の体積を表す．xy 平面よりも下の部分は負の符号をつ
けて考える．

　証明は省略するが，1 変数関数の定積分の場合と同様に 2 変数関数の積分可能
性について次が成立する．

> **2 変数関数の積分可能性**
>
> 長方形 $[a,b] \times [c,d]$ で連続な 2 変数関数 $f(x,y)$ は，$[a,b] \times [c,d]$ で積分
> 可能である．

例 3.1　関数 $f(x,y) = xy$ は，長方形 $D = [0,1] \times [0,1]$ で連続で積分可能
である．このとき，2 重積分 $\displaystyle\iint_D f(x,y)\, dxdy$ をリーマン和の極限として求め
る．ここで，D を辺の長さが $\dfrac{1}{n}$ である n^2 個の正方形 D_{ij} に分割する．すなわ
ち，$D_{ij} = \left[\dfrac{i-1}{n}, \dfrac{i}{n} \right] \times \left[\dfrac{j-1}{n}, \dfrac{j}{n} \right]$ $(1 \leq i, j \leq n)$. 各 D_{ij} で代表点を

$t_{ij} = \left(\dfrac{i}{n}, \dfrac{j}{n}\right)$ ととると, リーマン和は

$$S_\Delta = \sum_{i=1}^{n}\sum_{j=1}^{n}\left\{f\left(\dfrac{i}{n}, \dfrac{j}{n}\right)\left(\dfrac{i}{n} - \dfrac{i-1}{n}\right)\left(\dfrac{j}{n} - \dfrac{j-1}{n}\right)\right\}$$

$$= \sum_{i=1}^{n}\sum_{j=1}^{n}\dfrac{ij}{n^4} = \dfrac{1}{n^4}\left(\sum_{i=1}^{n}i\right)\left(\sum_{j=1}^{n}j\right)$$

$$= \dfrac{1}{n^4}\left\{\dfrac{n(n+1)}{2}\right\}^2 = \dfrac{1}{4}\left(1 + \dfrac{1}{n}\right)^2$$

となる. n を大きくしていき, 分割を細かくした極限を考えると, $\displaystyle\lim_{n\to\infty} S_\Delta = \dfrac{1}{4}$.

よって, $\displaystyle\iint_D f(x, y)\,dxdy = \dfrac{1}{4}$ である. D_{ij} の代表点として他の点 (例えば $\left(\dfrac{i-1}{n}, \dfrac{j}{n}\right)$) をとっても計算結果は変わらない.

3.2 2重積分の性質

1変数関数の定積分と同様に2重積分には次の性質を持つ.

(1) $f(x, y)$, $g(x, y)$ が長方形 D で積分可能なとき,

$$\iint_D \{f(x, y) \pm g(x, y)\}\,dxdy = \iint_D f(x, y)\,dxdy \pm \iint_D g(x, y)\,dxdy.$$

(2) $f(x, y)$, $g(x, y)$ が長方形 D で積分可能で, D で $f(x, y) \le g(x, y)$ を満たすとき,

$$\iint_D f(x, y)\,dxdy \le \iint_D g(x, y)\,dxdy.$$

(3) $f(x, y)$ が長方形 D で積分可能なとき, $|f(x, y)|$ も D で積分可能で,

$$\left|\iint_D f(x, y)\,dxdy\right| \le \iint_D |f(x, y)|\,dxdy.$$

3.3 累次積分

2重積分をリーマン和の極限で計算するのは困難なことが多い. $f(x, y)$ が長方形 $D = [a, b] \times [c, d]$ で積分可能なとき, 2重積分は $f(x, y)$ の各変数に関する積分の繰り返しで計算することができる. これを**累次積分** (**逐次積分**, **反復積分**) と呼ぶ.

関数 $f(x, y)$ が長方形 $D = [a, b] \times [c, d]$ で積分可能であるとき，2 重積分は次の累次積分で計算できる．

$$\iint_D f(x, y)\, dxdy = \int_c^d \left(\int_a^b f(x, y)\, dx \right) dy = \int_a^b \left(\int_c^d f(x, y)\, dy \right) dx.$$

ここで，$\displaystyle\int_a^b f(x, y)\, dx$ は，y を定数とみて x で積分したものである．

$$\int_c^d \left(\int_a^b f(x, y)\, dx \right) dy$$

は，それをさらに y について積分したものである．$\displaystyle\int_a^b \left(\int_c^d f(x, y)\, dy \right) dx$ は，y, x の順で累次積分をするものである．x から始めた累次積分と y から始めた累次積分で計算結果は変わらないことに注意する．

証明　(概略) $[a, b]$ の分割 $\Delta_1 : [a_0, a_1], [a_1, a_2], \ldots, [a_{m-1}, a_m]$ をとり，各区間から代表点 $t_i \in [a_{i-1}, a_i]$ をとる．同様に，$[c, d]$ の分割 $\Delta_2 : [c_0, c_1], [c_1, c_2], \ldots,$ $[c_{n-1}, c_n]$ をとり，各区間から代表点 $u_j \in [c_{j-1}, c_j]$ をとる．このとき，これらの分割から得られる $D = [a, b] \times [c, d]$ の分割 $\Delta : D_{ij} = [a_{i-1}, a_i] \times [c_{j-1}, c_j]$ $(1 \le i \le m, 1 \le j \le n)$ を考える．各 D_{ij} の代表点を (t_i, u_j) でとり，リーマン和 $\displaystyle S_\Delta = \sum_{i=1}^m \sum_{j=1}^n f(t_i, u_j)\,(a_i - a_{i-1})(c_j - c_{j-1})$ をとる．$|\Delta| \to 0$ の極限を考える際，まず $|\Delta_1| \to 0$ の極限を取ってから，$|\Delta_2| \to 0$ の極限を取るという方法で考える．

1 変数の定積分の定義から，

$$\lim_{|\Delta_1| \to 0} \sum_{i=1}^m f(t_i, u_j)(a_i - a_{i-1}) = \int_a^b f(x, u_j)\, dx$$

であるので，

$$\lim_{|\Delta| \to 0} S_\Delta = \lim_{|\Delta| \to 0} \sum_{i=1}^m \sum_{j=1}^n f(t_i, u_j)\,(a_i - a_{i-1})(c_j - c_{j-1})$$

$$= \lim_{|\Delta_2| \to 0} \left(\lim_{|\Delta_1| \to 0} \sum_{i=1}^m \sum_{j=1}^n f(t_i, u_j)\,(a_i - a_{i-1})(c_j - c_{j-1}) \right)$$

$$= \lim_{|\Delta_2| \to 0} \sum_{j=1}^{n} \left(\lim_{|\Delta_1| \to 0} \sum_{i=1}^{m} f(t_i, u_j)(a_i - a_{i-1}) \right) (c_j - c_{j-1})$$

$$= \lim_{|\Delta_2| \to 0} \sum_{j=1}^{n} \left(\int_a^b f(x, u_j) \, dx \right) (c_j - c_{j-1})$$

$$= \int_c^d \left(\int_a^b f(x, y) \, dx \right) dy$$

となる. $|\Delta_2| \to 0$ の極限を取ってから, $|\Delta_1| \to 0$ の極限を取ると,

$$\iint_D f(x, y) \, dxdy = \int_a^b \left(\int_c^d f(x, y) \, dy \right) dx.$$

累次積分 $\int_c^d \left(\int_a^b f(x, y) \, dx \right) dy$ を $\int_c^d dy \int_a^b f(x, y) \, dx$ と書く記法もある. 式が長い際に便利であるが, 読むときに注意が必要である.

例 3.2

(1) 関数 $f(x, y) = xy$ の正方形 $D = [0, 1] \times [0, 1]$ 上の積分を考える (図 3.2 左). 累次積分で考えて,

$$\iint_D xy \, dxdy = \int_0^1 \left(\int_0^1 xy \, dx \right) dy = \int_0^1 \left[\frac{x^2}{2} y \right]_{x=0}^{x=1} dy$$

$$= \int_0^1 \frac{y}{2} \, dy = \left[\frac{y^2}{4} \right]_{y=0}^{y=1} = \frac{1}{4}.$$

(2) 関数 $f(x, y) = xe^{xy}$ の長方形 $D = [0, 1] \times [1, 2]$ 上の積分を考える (図 3.2 右). y から先に積分すると,

$$\iint_D xe^{xy} \, dxdy = \int_0^1 \left(\int_1^2 xe^{xy} \, dy \right) dx = \int_0^1 [e^{xy}]_{y=1}^{y=2} \, dx$$

$$= \int_0^1 \left(e^{2x} - e^x \right) dx = \left[\frac{e^{2x}}{2} - e^x \right]_0^1 = \frac{e^2}{2} - e + \frac{1}{2}.$$

一方で, x から先に積分すると,

$$\iint_D xe^{xy} \, dxdy = \int_1^2 \left(\int_0^1 xe^{xy} \, dx \right) dy$$

$$= \int_1^2 \left(\left[x \cdot \frac{e^{xy}}{y} \right]_{x=0}^{x=1} - \int_0^1 \frac{e^{xy}}{y} \, dx \right) dy$$

$$= \int_1^2 \left(\frac{e^y}{y} - \left[\frac{e^{xy}}{y^2} \right]_{x=0}^{x=1} \right) dy$$

$$= \int_1^2 \left(\frac{e^y}{y} - \frac{e^y}{y^2} + \frac{1}{y^2} \right) dy$$

$$\overset{(*)}{=} \int_1^2 \frac{e^y}{y}\, dy + \left[\frac{e^y}{y} \right]_1^2 - \int_1^2 \frac{e^y}{y}\, dy + \left[-\frac{1}{y} \right]_1^2$$

$$= \frac{e^2}{2} - e + \frac{1}{2}.$$

$(*)$ では，部分積分 $\displaystyle\int_1^2 \left(-\frac{1}{y^2} e^y \right) dy = \left[\frac{1}{y} e^y \right]_1^2 - \int_1^2 \frac{1}{y} e^y\, dy$ を用いた.

例 **3.2** (2) のように，累次積分を x から始める場合と y から始める場合とで，途中計算の難易度が変わる場合がある.

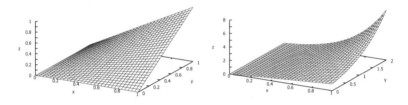

図 3.2 例 3.2 のグラフ

例 **3.3**   (立体の体積) 長方形 $D = [1,3] \times [1,2]$ で関数 $f(x,y) = -x^2 y$ と $g(x,y) = 2xy^2$ のグラフ，$z = f(x,y)$，$z = g(x,y)$ に囲まれた図形の体積を求める．D で常に $f(x,y) \le g(x,y)$ となっており，$g(x,y) - f(x,y) = 2xy^2 + x^2 y$ を積分すれば体積が得られる.

$$\int_1^2 \left\{ \int_1^3 (2xy^2 + x^2 y)\, dx \right\} dy = \int_1^2 \left[x^2 y^2 + \frac{x^3 y}{3} \right]_{x=1}^{x=3} dy$$

$$= \int_1^2 \left(8y^2 + \frac{26}{3} y \right) dy$$

$$= \left[\frac{8}{3} y^3 + \frac{13}{3} y^2 \right]_{y=1}^{y=2} = \frac{95}{3}.$$

3.4   長方形でない集合での 2 重積分の定義

長方形 D に含まれる集合 E をとる (図 3.3 左)．E の形は長方形とは限らない．集合 E での 2 重積分を考える．いま，$f(x,y)$ を E で定義された 2 変数関数とす

る. $f(x,y)$ に対してその定義域を D に広げた次の関数 $f^*(x,y)$ を新しく考える (図 3.3 右).

$$f^*(x,y) = \begin{cases} f(x,y) & (x,y) \in E, \\ 0 & (x,y) \notin E. \end{cases}$$

これより, $f^*(x,y)$ を用いて, $f(x,y)$ の E での積分を次で定義する.

$$\iint_E f(x,y)\,dxdy = \iint_D f^*(x,y)\,dxdy.$$

右辺が積分可能であれば, その値で左辺の値を定める.

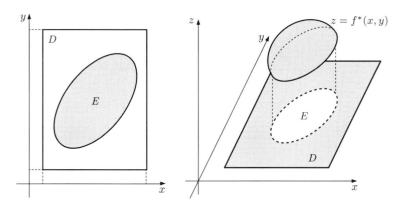

図 3.3 長方形 D に含まれた集合 E (左) と $f^*(x,y)$ のグラフ (右)

3.5 縦線集合・横線集合での積分

集合 E が特別な形のとき, 2 重積分を累次積分で計算できる.

区間 $[a,b]$ で連続な x の関数 $\varphi_1(x)$, $\varphi_2(x)$ が常に $\varphi_1(x) \le \varphi_2(x)$ を満たすとする. 集合 E が次の形で表されるとき, E を**縦線集合**という (図 3.4 左).

$$E = \{(x,y) \mid a \le x \le b,\ \varphi_1(x) \le y \le \varphi_2(x)\}.$$

区間 $[c,d]$ で連続な y の関数 $\psi_1(y)$, $\psi_2(y)$ が常に $\psi_1(y) \le \psi_2(y)$ を満たすとする. 集合 E' が次の形で表されるとき, E' を**横線集合**という (図 3.4 右).

$$E' = \{(x,y) \mid c \le y \le d,\ \psi_1(y) \le x \le \psi_2(y)\}.$$

縦線集合または横線集合で定義された関数の積分可能性について次が成立する.

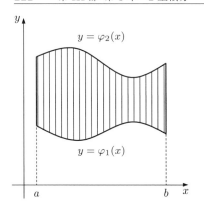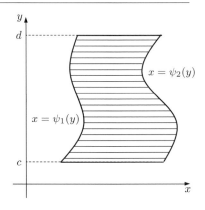

図 3.4   縦線集合 (左), 横線集合 (右)

縦線集合・横線集合で定義された関数の積分可能性

縦線集合 E で連続な関数は E で積分可能である. また, 横線集合 E' で連続な関数は E' で積分可能である.

縦線集合または横線集合での積分は累次積分で計算できる.

縦線集合・横線集合での累次積分

縦線集合 $E = \{(x, y) \mid a \leq x \leq b,\ \varphi_1(x) \leq y \leq \varphi_2(x)\}$ と E で積分可能な関数 $f(x, y)$ に対し, 次が成立する.
$$\iint_E f(x, y)\, dxdy = \int_a^b \left(\int_{\varphi_1(x)}^{\varphi_2(x)} f(x, y)\, dy \right) dx.$$
同様に, 横線集合 $E' = \{(x, y) \mid c \leq y \leq d,\ \psi_1(y) \leq x \leq \psi_2(y)\}$ と E' で積分可能な関数 $f(x, y)$ に対して,
$$\iint_{E'} f(x, y)\, dxdy = \int_c^d \left(\int_{\psi_1(y)}^{\psi_2(y)} f(x, y)\, dx \right) dy.$$

証明   縦線集合の場合について示す. 適当な定数 c, d を考え, $E \subset D = [a, b] \times [c, d]$ であるとする. 関数 $f^*(x, y)$ は, (各 x で) y が $[c, \varphi_1(x))$ と $(\varphi_2(x), d]$ の範囲にあるとき 0 であるので,
$$\int_c^d f^*(x, y)\, dy = \int_c^{\varphi_1(x)} f^*(x, y)\, dy + \int_{\varphi_1(x)}^{\varphi_2(x)} f^*(x, y)\, dy + \int_{\varphi_2(x)}^d f^*(x, y)\, dy$$

$$= \int_c^{\varphi_1(x)} 0 \, dy + \int_{\varphi_1(x)}^{\varphi_2(x)} f(x,y) \, dy + \int_{\varphi_2(x)}^d 0 \, dy$$

$$= \int_{\varphi_1(x)}^{\varphi_2(x)} f(x,y) \, dy$$

が成立する. これより,

$$\iint_E f(x,y) \, dxdy = \iint_D f^*(x,y) \, dxdy = \int_a^b \left(\int_c^d f^*(x,y) \, dy \right) dx$$

$$= \int_a^b \left(\int_{\varphi_1(x)}^{\varphi_2(x)} f(x,y) \, dy \right) dx.$$

横線集合の場合も同様にして示される. ∎

例 3.4

(1) $f(x,y) = \dfrac{x}{y^2}$ の $E = \{(x,y) \mid 1 \le x \le 2, \ x \le y \le x^2\}$ での積分を考える (図 3.5 左).

$$\iint_E \frac{x}{y^2} \, dxdy = \int_1^2 \left(\int_x^{x^2} \frac{x}{y^2} \, dy \right) dx = \int_1^2 \left[-\frac{x}{y} \right]_{y=x}^{y=x^2} dx$$

$$= \int_1^2 \left(-\frac{1}{x} + 1 \right) dx = \left[-\log|x| + x \right]_1^2 = -\log 2 + 1.$$

(2) $f(x,y) = x + y$ の $E = \{(x,y) \mid 0 \le x, \ 0 \le y, \ 2x + y \le 2\}$ での積分を考える (図 3.5 右). $E = \{(x,y) \mid 0 \le x \le 1, \ 0 \le y \le -2x + 2\}$ (縦線集合) と見ることができるので,

$$\iint_E (x+y) \, dxdy = \int_0^1 \left\{ \int_0^{-2x+2} (x+y) \, dy \right\} dx$$

$$= \int_0^1 \left[xy + \frac{y^2}{2} \right]_{y=0}^{y=-2x+2} dx$$

$$= \int_0^1 (-2x+2) \, dx = \left[-x^2 + 2x \right]_0^1 = 1.$$

また, $E = \left\{ (x,y) \mid 0 \le y \le 2, \ 0 \le x \le -\dfrac{y}{2} + 1 \right\}$ (横線集合) と見ることもできるので, 次のようにも計算できる.

$$\iint_E (x+y) \, dxdy = \int_0^2 \left(\int_0^{-\frac{y}{2}+1} (x+y) \, dx \right) dy$$

$$= \int_0^2 \left[\frac{x^2}{2} + xy \right]_{x=0}^{x=-\frac{y}{2}+1} dy$$

$$= \int_0^2 \frac{1}{8} \left(-3y^2 + 4y + 4 \right) dy$$

$$= \frac{1}{8} \left[-y^3 + 2y^2 + 4y \right]_0^2 = 1.$$

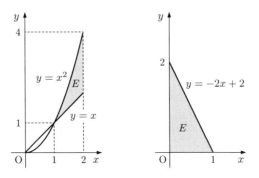

図 3.5　例 3.4 (1), (2) の E

　集合 E が縦線集合や横線集合でない場合でも，E を分割して各部分集合 E_i を縦線集合や横線集合にできれば，各集合での積分を足すことで全体の積分が求まる (図 3.6).

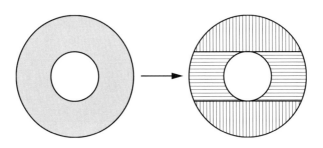

図 3.6　集合の縦線集合，横線集合への分割

例 3.5　(図形の面積) 定数関数 $f(x, y) = 1$ を集合 D で積分すると D の面積が得られる．(または，この値を D の面積と定義する).

$$\{D \text{ の面積}\} = \iint_D 1 \, dxdy \,.$$

以降では，$\displaystyle\iint_D 1 \, dxdy$ を単に $\displaystyle\iint_D dxdy$ と書くこともある.

D が縦線集合 $\{(x,y) \mid a \le x \le b, \varphi_1(x) \le y \le \varphi_2(x)\}$ であるとき，上記の2重積分は1変数の定積分に帰着される．

$$\iint_D dxdy = \int_a^b \left(\int_{\varphi_1(x)}^{\varphi_2(x)} dy \right) dx = \int_a^b [y]_{y=\varphi_1(x)}^{y=\varphi_2(x)} dx = \int_a^b \{\varphi_2(x) - \varphi_1(x)\} dx.$$

最後の式は，区間 $[a,b]$ で関数 $\varphi_1(x)$ と $\varphi_2(x)$ で挟まれた図形の面積である．

3.6　積分の順序変更

積分する集合が縦線集合かつ横線集合であるとき，累次積分の積分の順序を入れ替えることができる．積分の順序を入れ替えると計算しやすくなる例がある．

例 3.6　累次積分 $\displaystyle\int_0^1 \left(\int_x^1 e^{y^2} dy \right) dx$ を計算する．$\displaystyle\int_x^1 e^{y^2} dy$ の計算は難しいが，集合 $\{(x,y) \mid 0 \le x \le 1,\, x \le y \le 1\}$ (縦線集合) は，$\{(x,y) \mid 0 \le y \le 1,\, 0 \le x \le y\}$ (横線集合) ともかけるので，積分の順序を入れ替えると

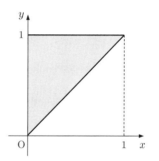

$$\int_0^1 \left(\int_x^1 e^{y^2} dy \right) dx = \int_0^1 \left(\int_0^y e^{y^2} dx \right) dy = \int_0^1 \left[xe^{y^2} \right]_{x=0}^{x=y} dy$$

$$= \int_0^1 ye^{y^2} dy = \left[\frac{1}{2}e^{y^2} \right]_0^1 = \frac{e-1}{2}.$$

3.7　変数変換

1変数の定積分では置換積分により変数を変換して積分を計算できたが，2重積分の場合でも変数変換を考えることができる．ここではヤコビ行列とヤコビアンを導入し，変数変換の公式を述べる．ここでは，行列の知識 (第 VI 部参照) を一部使う．

2つの2変数関数 $\varphi(x,y)$ と $\psi(x,y)$ に対して，偏微分 $\varphi_x(x,y)$, $\varphi_y(x,y)$, $\psi_x(x,y)$, $\psi_y(x,y)$ を計算し並べた 2×2 行列を**ヤコビ行列**といい，$\dfrac{\partial(\varphi,\psi)}{\partial(x,y)}$ とかく．

$$\frac{\partial(\varphi, \psi)}{\partial(x, y)} = \begin{pmatrix} \varphi_x(x, y) & \varphi_y(x, y) \\ \psi_x(x, y) & \psi_y(x, y) \end{pmatrix}.$$

また，ヤコビ行列の行列式を**ヤコビアン (ヤコビ行列式)** といい，$J(x, y)$ とかく．

$$J(x, y) = \det \begin{pmatrix} \varphi_x(x, y) & \varphi_y(x, y) \\ \psi_x(x, y) & \psi_y(x, y) \end{pmatrix} = \varphi_x(x, y)\psi_y(x, y) - \varphi_y(x, y)\psi_x(x, y).$$

行列に不慣れな場合は，この式の右辺をヤコビアンとして覚えればよい．

本書では 2 変数の場合しか扱わないが，一般に n 変数 $(3 \le n)$ の場合でもヤコビ行列の行列式としてヤコビアンが定義される．

2 つの 2 変数関数 φ, ψ を用いた変数変換 $x = \varphi(u, v),\ y = \psi(u, v)$ に対し，ヤコビアン $J(u, v)$ が計算できる．以下では 2 つの例を見る．

例 3.7

(1) 定数 a, b, c, d を用いて，変換 $\begin{cases} x = au + bv \\ y = cu + dv \end{cases}$ を考える．この変換は行列を用いて，$\begin{pmatrix} x \\ y \end{pmatrix} = \begin{pmatrix} a & b \\ c & d \end{pmatrix} \begin{pmatrix} u \\ v \end{pmatrix}$ と表現することができ，**線型変換 (1 次変換)** と呼ばれる．線型変換は平行四辺形の集合を長方形に直すことができる (図 3.7)．線型変換のヤコビ行列とヤコビアンは，次のように計算される．

$$\frac{\partial(\varphi, \psi)}{\partial(u, v)} = \begin{pmatrix} (au + bv)_u & (au + bv)_v \\ (cu + dv)_u & (cu + dv)_v \end{pmatrix} = \begin{pmatrix} a & b \\ c & d \end{pmatrix},$$

$$J(u, v) = ad - bc.$$

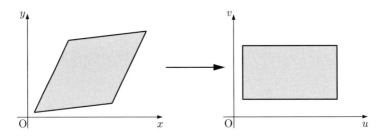

図 3.7   線型変換

(2) **極座標変換** $\begin{cases} x = r\cos\theta \\ y = r\sin\theta \end{cases}$ $(0 \le r)$ のヤコビ行列とヤコビアンは，それぞれ

$$\frac{\partial(\varphi,\psi)}{\partial(r,\theta)} = \begin{pmatrix} (r\cos\theta)_r & (r\cos\theta)_\theta \\ (r\sin\theta)_r & (r\sin\theta)_\theta \end{pmatrix} = \begin{pmatrix} \cos\theta & -r\sin\theta \\ \sin\theta & r\cos\theta \end{pmatrix},$$

$$J(r,\theta) = r\cos^2\theta + r\sin^2\theta = r$$

となる．極座標変換は円や扇形の集合を長方形に変換することができる (図 3.8).

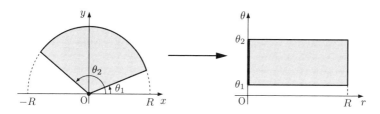

図 3.8 極座標変換

3.8 変数変換の公式

2 重積分の変数変換として次の式が成立する．証明は省略する．

---

2 重積分の変数変換

2 変数関数 $f(x,y)$ が集合 D で積分可能とする．変数変換 $x = \varphi(u,v)$, $y = \psi(u,v)$ で xy 平面の集合 D が uv 平面の集合 E に変換されるとする．このとき，各 (u,v) でヤコビアンが $J(u,v) \neq 0$ を満たすならば，

$$\iint_D f(x,y)\,dxdy = \iint_E f(\varphi(u,v),\psi(u,v))\,|J(u,v)|\,dudv$$

が成立する．ここで，$|J(u,v)| = |\varphi_u(u,v)\psi_v(u,v) - \varphi_v(u,v)\psi_u(u,v)|$ はヤコビアンの絶対値である．

例 3.8 (線型変換) xy 平面上の集合 $D = \{(x,y)\,|\,1 \le x+y \le 3,\, 0 \le x-y \le 2\}$ において，2 重積分 $\displaystyle\iint_D (x+y)e^{x-y}\,dxdy$ を計算する (図 3.9 左)．新しい変数

(u, v) を $\begin{cases} u = x + y \\ v = x - y \end{cases}$ とおく．これを u, v について解き，(x, y) から (u, v) へ

の変換の形に書き直すと $\begin{cases} x = \dfrac{1}{2}u + \dfrac{1}{2}v \\ y = \dfrac{1}{2}u - \dfrac{1}{2}v \end{cases}$ となる．ヤコビアンは，**例 3.7** (1)

より $J(u, v) = \dfrac{1}{2} \cdot \left(-\dfrac{1}{2}\right) - \dfrac{1}{2} \cdot \dfrac{1}{2} = -\dfrac{1}{2}$ である．また，(x, y) が D を動く

とき，(u, v) は $E = \{(u, v) \mid 1 \leq u \leq 3, \, 0 \leq v \leq 2\}$ を動く．よって，

$$\iint_D (x + y)e^{x - y}\, dxdy = \iint_E ue^v \left|-\dfrac{1}{2}\right|\, dudv = \dfrac{1}{2}\int_1^3 \left(\int_0^2 ue^v\, dv\right) du$$

$$= \dfrac{1}{2}\int_1^3 \Big[ue^v\Big]_{v=0}^{v=2} du = \dfrac{1}{2}(e^2 - 1)\int_1^3 u\, du$$

$$= \dfrac{1}{2}(e^2 - 1)\left[\dfrac{1}{2}u^2\right]_1^3 = 2(e^2 - 1).$$

例 3.9　(極座標変換) xy 平面上の集合 $D = \{(x, y) \mid 1 \leq x^2 + y^2 \leq 4\}$ におい

て，2 重積分 $\displaystyle\iint_D \dfrac{1}{x^2 + y^2}\, dxdy$ を計算する (図 3.9 右)．D のような図形をア

ニュラス (円環) という．

極座標変換 $\begin{cases} x = r\cos\theta \\ y = r\sin\theta \end{cases}$ $(0 \leq r)$ を考える．**例 3.7** (2) よりヤコビアンは

$J(r, \theta) = r$ であり，極座標変換により D は $r\theta$ 平面の $E = \{(r, \theta) \mid 1 \leq r \leq 2, \, 0 \leq \theta \leq 2\pi\}$ に対応する．また，$x^2 + y^2 = (r\cos\theta)^2 + (r\sin\theta)^2 = r^2$ より，

$$\iint_D \dfrac{1}{x^2 + y^2}\, dxdy = \iint_E \dfrac{1}{r^2}\, |r|\, drd\theta = \int_1^2 \left(\int_0^{2\pi} \dfrac{1}{r}\, d\theta\right) dr$$

$$= \int_1^2 \left[\dfrac{1}{r}\theta\right]_{\theta=0}^{\theta=2\pi} dr = 2\pi \int_1^2 \dfrac{1}{r}\, dr = 2\pi[\log r]_1^2$$

$$= 2\pi \log 2.$$

例 3.8 で D は，

$$D = \left\{(x, y) \,\middle|\, \dfrac{1}{2} \leq x \leq \dfrac{3}{2}, \, -x + 1 \leq y \leq x\right\}$$

$$\cup \left\{(x, y) \,\middle|\, \dfrac{3}{2} \leq x \leq \dfrac{5}{2}, \, x - 2 \leq y \leq -x + 3\right\}$$

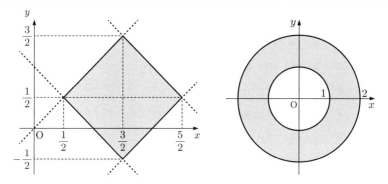

図 3.9　例 3.8 の D と例 3.9 の D (アニュラス)

と表すことができる. 変数変換しないで積分を計算すると,

$$\iint_D (x+y)e^{x-y}\,dxdy = \int_{\frac{1}{2}}^{\frac{3}{2}} \left(\int_{-x+1}^{x} (x+y)e^{x-y}\,dy \right) dx$$
$$+ \int_{\frac{3}{2}}^{\frac{5}{2}} \left(\int_{x-2}^{-x+3} (x+y)e^{x-y}\,dy \right) dx$$
$$= \cdots = (e^2 - 4) + (e^2 + 2) = 2e^2 - 2 = 2(e^2 - 1)$$

となり, 変数変換した場合と結果が一致する.

極座標変換の際の注意事項として,

- xy 平面の原点は, $r\theta$ 平面で直線に対応する (図 3.8 の太線).
- xy 平面の円やアニュラスを変換する際, $r\theta$ 平面で 2 重に対応する点が出てくる ($\theta = 0$ と $\theta = 2\pi$ の点).
- $r\theta$ 平面の原点において, ヤコビアン $J(r, \theta) = 0$ となり, **定理 3.8** の条件を満たしていない.

等の問題があるが, 面積が 0 の図形上の重積分は積分結果に影響を与えないことが知られており, 極座標変換を用いて計算しても正しい値が出てくる.

演習問題

3.1　第 II 部第 10 章の**例 2.6** の定積分できない 1 変数関数を参考にして, 2 重積分できない 2 変数関数を考えよ.

3.2　リーマン和の極限として関数 xy^2 を長方形 $D = [0,1] \times [1,2]$ 上の 2 重積分を求めよ.

3.3　次の累次積分を計算せよ.

(1)　$\displaystyle\int_0^2 \left\{ \int_0^3 (y^3 + 2xy^2 - 1)\, dx \right\} dy$　(2)　$\displaystyle\int_0^3 \left\{ \int_0^2 (y^3 + 2xy^2 - 1)\, dy \right\} dx$

(3)　$\displaystyle\int_{-1}^1 \left\{ \int_0^2 (e^{x+y})\, dx \right\} dy$　　　　(4)　$\displaystyle\int_0^{\frac{\pi}{2}} \left\{ \int_0^2 (x \sin xy)\, dy \right\} dx$

3.4　次の 2 重積分を累次積分を用いて求めよ.

(1)　$\displaystyle\iint_D (x + y)\, dxdy,\quad D = [0,1] \times [0,1]$

(2)　$\displaystyle\iint_D e^x \sin y\, dxdy,\quad D = [0,1] \times [0,\pi]$

(3)　$\displaystyle\iint_D \frac{y}{x}\, dxdy,\quad D = [1,2] \times [0,2]$

(4)　$\displaystyle\iint_D \frac{xy}{\sqrt{1 + yx^2}}\, dxdy,\quad D = [0,1] \times [0,1]$

3.5　$D = [0,1] \times [0,2]$ において, 2 曲面 $z = -xy$, $z = x^2 y + 2xy^2$ に挟まれた部分の体積を求めよ.

3.6　次の 2 重積分を計算せよ.

(1)　$\displaystyle\iint_D (x + y)\, dxdy,\quad D = \{(x,y)\,|\,0 \leq x \leq 2,\, 0 \leq y \leq x\}$

(2)　$\displaystyle\iint_D \sin(x + y)\, dxdy,\quad D = \left\{(x,y)\,\middle|\,0 \leq y \leq \frac{\pi}{2},\, 0 \leq x \leq y\right\}$

(3)　$\displaystyle\iint_D \frac{y}{x}\, dxdy,\quad D = \{(x,y)\,|\,1 \leq x,\, 1 \leq y,\, x + y \leq 3\}$

(4)　$\displaystyle\iint_D xy\, dxdy,\quad D = \{(x,y)\,|\,0 \leq x,\, 0 \leq y,\, x^2 + y^2 \leq 1\}$

3.7　2 重積分を用いて, 次の集合の面積を求めよ.

(1)　$D = \{(x,y)\,|\,0 \leq x \leq 2,\, 0 \leq y \leq \sqrt{x}\}$

(2)　D は, 直線 $y = \dfrac{x}{2}$, $y = 2x$, $y = -x + 3$ に囲まれた集合

(3)　$D = \{(x,y)\,|\,0 \leq x,\, \sqrt{x} \leq y,\, x^2 + y^2 \leq 2\}$

3.8　次の累次積分を積分の順序を変更し計算せよ.

(1)　$\displaystyle\int_0^{\sqrt{\pi}} \left\{ \int_y^{\sqrt{\pi}} \sin(x^2)\, dx \right\} dy$　　　　(2)　$\displaystyle\int_0^2 \left(\int_x^2 \sqrt{1 + y^2}\, dy \right) dx$

3.9 次の (x, y) から (u, v) への変数変換のヤコビアン $J(u, v)$ を計算せよ.

(1)
$$\begin{cases} x = uv \\ y = u - v \end{cases}$$

(2)
$$\begin{cases} x = uv^2 - u \\ y = \dfrac{2u}{v} \end{cases}$$

3.10 次の 2 重積分を計算せよ.

(1) $\displaystyle\iint_D (2x - y) \sin(x + 2y)\, dxdy,$
$D = \{(x, y) \,|\, 0 \leq 2x - y \leq 2,\ 0 \leq x + 2y \leq \pi\}$

(2) $\displaystyle\iint_D \dfrac{1}{\sqrt{1 + x^2 + y^2}}\, dxdy,\quad D = \{(x, y) \,|\, x^2 + y^2 \leq 2\}$

(3) $\displaystyle\iint_D e^{x^2 + y^2}\, dxdy,\quad D = \{(x, y) \,|\, 0 \leq y,\ 1 \leq x^2 + y^2 \leq 4\}$

● コラム 10　合成関数の高階導関数

テイラー展開の応用として合成関数の高階導関数の公式を導いてみよう. 以下のように合成関数 $(f \circ g)(x + h) = f(g(x + h))$ を 2 通りにテイラー展開してみる.
1 通り目は $(f \circ g)(x + h) = \displaystyle\sum_{N=0}^{\infty} \dfrac{(f \circ g)^{(N)}(x)}{N!} h^N$ である. 一方, 2 通り目は

$$f(g(x + h))$$
$$= f\left(g(x) + \sum_{l=1}^{\infty} \dfrac{g^{(\ell)}(x)}{\ell!} h^l \right) = \sum_{n=0}^{\infty} \dfrac{f^{(n)}(g(x))}{n!} \left(\sum_{\ell=1}^{\infty} \dfrac{g^{(\ell)}(x)}{\ell!} h^{\ell} \right)^n$$
$$= f(g(x)) + \sum_{n=1}^{\infty} \dfrac{f^{(n)}(g(x))}{n!}$$
$$\times \sum_{1 \leq \ell_1, \ldots, \ell_n} \left(\dfrac{g^{(\ell_1)}(x)}{\ell_1!} \right) \left(\dfrac{g^{(\ell_2)}(x)}{\ell_2!} \right) \cdots \left(\dfrac{g^{(\ell_n)}(x)}{\ell_n!} \right) h^{\ell_1 + \ell_2 + \cdots + \ell_n}.$$

である. ここでテイラー展開を 2 回用いた. h^N の係数を比較して, テイラー展開の一意性を適用すると所望の公式を得る.

$$(f \circ g)^{(N)}(x) = \sum_{\substack{1 \leq n, \ 1 \leq \ell_1, \ldots, \ell_n, \\ \ell_1 + \ell_2 + \cdots + \ell_n = N}} N! \, \dfrac{f^{(n)}(g(x))}{n!}$$
$$\times \left(\dfrac{g^{(\ell_1)}(x)}{\ell_1!} \right) \left(\dfrac{g^{(\ell_2)}(x)}{\ell_2!} \right) \cdots \left(\dfrac{g^{(\ell_n)}(x)}{\ell_n!} \right).$$

● コラム 11　　商の高階導関数

　クラーメルの公式 (第 IV 部参照) の応用として商の高階導関数を導こう. $h = \dfrac{f}{g}$
とおいて $f = gh$ と変形してこれの第 n 階導関数を, 積の高階導関数の公式 (ライプニッツフォーミュラ) (II.7.1) を使って計算し, 未知の関数 $h^{(0)}, h^{(1)}, \ldots, h^{(n)}$ に関する連立 1 次方程式を作る:

$$f^{(0)} = (g \cdot h)^{(0)} = g^{(0)} \cdot h^{(0)},$$

$$f^{(1)} = (g \cdot h)^{(1)} = {}_1\mathrm{C}_0\, g^{(1-0)} \cdot h^{(0)} + {}_1\mathrm{C}_1\, g^{(1-1)} \cdot h^{(1)},$$

$$f^{(2)} = (g \cdot h)^{(2)} = {}_2\mathrm{C}_0\, g^{(2-0)} \cdot h^{(0)} + {}_2\mathrm{C}_1\, g^{(2-1)} \cdot h^{(1)} + {}_2\mathrm{C}_2\, g^{(2-2)} \cdot h^{(2)},$$

$$\vdots$$

$$f^{(k)} = (g \cdot h)^{(k)} = {}_k\mathrm{C}_0\, g^{(k-0)} \cdot h^{(0)} + \cdots + {}_k\mathrm{C}_{k-\ell}\, g^{(k-\ell)} \cdot h^{(\ell)} + \cdots + {}_k\mathrm{C}_k\, g^{(k-k)} \cdot h^{(k)},$$

$$\vdots$$

$f^{(k)}$ の右辺の展開式は積の高階導関数の公式である. 第 II 部 7 章を参照のこと.
　次に (例えば $N = 2$ のときに) これを行列を用いて表す ($k = 0, \ldots, N$ は行添字, $\ell = 0, \ldots, N$ は列添字と思って行列表示にすると分かり易い) と以下のようになる.

$$\begin{pmatrix} g^{(0)} & 0 & 0 \\ g^{(1-0)} & g^{(1-1)} & 0 \\ {}_2\mathrm{C}_0\, g^{(2-0)} & {}_2\mathrm{C}_1\, g^{(2-1)} & {}_2\mathrm{C}_2\, g^{(2-2)} \end{pmatrix} \begin{pmatrix} h^{(0)} \\ h^{(1)} \\ h^{(2)} \end{pmatrix} = \begin{pmatrix} f^{(0)} \\ f^{(1)} \\ f^{(2)} \end{pmatrix}.$$

クラーメルの公式を用いて $h^{(2)}$ を求めれば

$$\left(\frac{f}{g}\right)^{(2)} = h^{(2)} = \frac{\begin{vmatrix} g^{(0)} & 0 & f^{(0)} \\ g^{(1-0)} & g^{(1-1)} & f^{(1)} \\ {}_2\mathrm{C}_0\, g^{(2-0)} & {}_2\mathrm{C}_1\, g^{(2-1)} & f^{(2)} \end{vmatrix}}{g^3}.$$

　この公式が正しいことは商の微分を繰り返し用いて得られる結果と比較すればわかる. N が一般の場合にもクラーメルの公式により同様の公式が得られるのだが, そのことの検証は読者にゆだねよう.

第 IV 部

ベクトルと行列

1 行列とその演算

1.1 数と数ベクトル

n 個の実数 (または複素数) を並べたもの全体の集合を $\mathbb{R}^n$ (または $\mathbb{C}^n$) で表し，その元を**数ベクトル**という．$\mathbb{R}^n$ の元は以下のような縦のベクトル $\boldsymbol{x}$ で表され，これを列ベクトル (または縦ベクトル) $\boldsymbol{x}$ という．また，横のベクトルを**行ベクトル** (または横ベクトル) という．

数ベクトル

$$\boldsymbol{x} = \begin{pmatrix} x_1 \\ \vdots \\ x_n \end{pmatrix} \in \mathbb{R}^n \qquad ただし，\ x_1, \ldots, x_n \in \mathbb{R}.$$

上記のように，以降では**ベクトル** $\vec{x}$ をすべて $\boldsymbol{x}$ で表す．また，$\mathbb{R}^n$ の元を行ベクトル $(x_1, \ldots, x_n)$ で表すこともある．

例 1.1 $\mathbb{R}^2$ の数ベクトルには $\begin{pmatrix} 1 \\ 0 \end{pmatrix}, \begin{pmatrix} \sqrt{3} \\ -5 \end{pmatrix}, \begin{pmatrix} e \\ \pi \end{pmatrix}$ など無数の元が存在する．

1.2 行列の定義と基本事項

数や記号や式などを行と列に沿って長方形状 (縦と横の長さが等しいときは正方形になる) に配列したものを**行列**という．正確には行列とは以下のように定義される．

行列の定義

いくつかの数や文字を長方形状に並べ，両側を括弧 (( ) または [ ]) で囲んだものを行列という．行列を構成する各々の数や文字を**行列の成分**という．また，横の並びを**行**，縦の並びを**列**といい，上から数えて第 i 番目の行を第 i 行，左から数えて第 j 番目の列を第 j 列という．一般に，$m \times n$ 個の数や文字 a_{ij} を長方形に並べた行列

$$A = \begin{pmatrix} a_{11} & a_{12} & \cdots & a_{1n} \\ a_{21} & a_{22} & \cdots & a_{2n} \\ \vdots & \vdots & & \vdots \\ a_{m1} & a_{m2} & \cdots & a_{mn} \end{pmatrix}$$

を $m \times n$ 行列または m 行 n 列行列という．これを $A = (a_{ij})$ と表すことがあり，a_{ij} を A の (i,j) 成分という．

$m \times n$ 行列を (m,n) 型行列や (m,n) 行列ということもある．この時，行列のサイズが (m,n) などと言ったりもする．行と列の個数が一致するとき，m 次**正方行列**または正方行列という．

数や文字などを横に n 個並べた $1 \times n$ 行列を n 次行ベクトルまたは横ベクトル，縦に m 個並べた $m \times 1$ 行列を m 次列ベクトルまたは縦ベクトル[※1]といい，これらは数ベクトルを表す．すなわち，ベクトルは行列の一種とみなせる．

行列やベクトルに対し，通常の数や文字のことを**スカラー**という．1×1 行列 $A = (a_{11})$ はスカラーと同一視できる．すなわち，1×1 行列は 1，a，x などのことである．

行列の相等

2 つの行列 A，B の行と列の数がそれぞれ等しいとき，A と B は**同じ型**であるという．特に，対応する成分がそれぞれ等しいとき，A と B は**等しい**といい，$A = B$ と表す．

[※1] 横ベクトルはヨコベクトル，縦ベクトルはタテベクトルと発音する

例 1.2　$A = \begin{pmatrix} a & b \\ c & d \end{pmatrix}$, $B = \begin{pmatrix} p & q \\ r & s \end{pmatrix}$ のとき，

$$A = B \iff a = p, \ b = q, \ c = r, \ d = s.$$

すべての成分が 0 であるを**零行列**といい，O（または数字の 0）で表す．特に，$m \times n$ 行列であることを強調するときは $O_{m,n}$ と表す．

例 1.3　2 行 2 列の零行列は $O_{2,2} = \begin{pmatrix} 0 & 0 \\ 0 & 0 \end{pmatrix}$ である．また，2 行 3 列の零行列は $O_{2,3} = \begin{pmatrix} 0 & 0 & 0 \\ 0 & 0 & 0 \end{pmatrix}$ である．

1.3　行列の基本事項と計算法則

行列は単純に数を並べたものではなく，和や差，スカラー倍などといった演算を考えることができる．

まず，2 次正方行列 $A = \begin{pmatrix} a & b \\ c & d \end{pmatrix}$, $B = \begin{pmatrix} p & q \\ r & s \end{pmatrix}$, $k \in \mathbb{R}$（または $\mathbb{C}$）において，A と B の和 $A+B$ と差 $A-B$，スカラー（定数）倍 kA を次のように定める．

$$A \pm B = \begin{pmatrix} a & b \\ c & d \end{pmatrix} \pm \begin{pmatrix} p & q \\ r & s \end{pmatrix} = \begin{pmatrix} a \pm p & b \pm q \\ c \pm r & d \pm s \end{pmatrix}$$

$$kA = k \begin{pmatrix} a & b \\ c & d \end{pmatrix} = \begin{pmatrix} ka & kb \\ kc & kd \end{pmatrix}$$

一般に同じ型の行列であれば，上記と同様に計算をすることができる．よって，次の性質が成立する．

行列の和・差・定数倍の性質

A, B, C を $m \times n$ 行列，$k, \ell \in \mathbb{R}$（または $\mathbb{C}$）とする．

(1)　$A + B = B + A$　（**交換法則**）

(2)　$(A + B) + C = A + (B + C)$　（**結合法則**）

(3)　$A + (-A) = O, \ A + O = O + A = A, \ (-A) + A = O$　（**零行列**）

(4)　$A - B = A + (-B)$　（**和と差**）

(5)　$1A = A, \ (-1)A = -A, \ 0A = O, \ kO = O$　（**定数倍**）

(6)　$k(\ell A) = (k\ell)A,$

(7)　$(k + \ell)A = kA + \ell A, \ \ k(A + B) = kA + kB$　　(**分配法則**)

例 1.4　$A = \begin{pmatrix} -1 & 3 \\ 0 & 1 \end{pmatrix}, B = \begin{pmatrix} 3 & -1 \\ 2 & -3 \end{pmatrix}$ のとき，

(1)　$A + B = \begin{pmatrix} -1 & 3 \\ 0 & 1 \end{pmatrix} + \begin{pmatrix} 3 & -1 \\ 2 & -3 \end{pmatrix} = \begin{pmatrix} 2 & 2 \\ 2 & -2 \end{pmatrix}.$

(2)　$5A = 5 \begin{pmatrix} -1 & 3 \\ 0 & 1 \end{pmatrix} = \begin{pmatrix} -5 & 15 \\ 0 & 5 \end{pmatrix}.$

(3)　$2A - 3B = 2 \begin{pmatrix} -1 & 3 \\ 0 & 1 \end{pmatrix} - 3 \begin{pmatrix} 3 & -1 \\ 2 & -3 \end{pmatrix}$

$\qquad = \begin{pmatrix} -2 & 6 \\ 0 & 2 \end{pmatrix} - \begin{pmatrix} 9 & -3 \\ 6 & -9 \end{pmatrix} = \begin{pmatrix} -11 & 9 \\ -6 & 11 \end{pmatrix}.$

　n 次正方行列において，各 (i, i) 成分を**対角成分**という．対角成分以外の成分がすべて 0 であるとき，その正方行列を**対角行列**という．特に，対角成分が 1 で残りの成分がすべて 0 のとき，その正方行列を**単位行列**といい，E_n や E で表す．

例 1.5　2 次の対角行列には $\begin{pmatrix} 2 & 0 \\ 0 & -5 \end{pmatrix}, \begin{pmatrix} 12 & 0 \\ 0 & 0 \end{pmatrix}, \begin{pmatrix} \pi & 0 \\ 0 & e + 1 \end{pmatrix}$ などがある．

例 1.6　1 次，2 次，3 次の単位行列はそれぞれ

$$E_1 = \begin{pmatrix} 1 \end{pmatrix} = 1, \ E_2 = \begin{pmatrix} 1 & 0 \\ 0 & 1 \end{pmatrix}, \ E_3 = \begin{pmatrix} 1 & 0 & 0 \\ 0 & 1 & 0 \\ 0 & 0 & 1 \end{pmatrix}.$$

1.4　行列の積

　行列では和や差，スカラー倍に加えて積も考えることができる．これまでの計算では交換法則，結合法則，分配法則を満たす計算を扱ってきたが，行列の積では交換法則が成立しない場合がある．これについては注意が必要である．

　2 つの行列 A, B の積 AB は，A の列と B の行の数が等しいときに定義される．例えば，

$$\begin{pmatrix} a & b & c \end{pmatrix} \begin{pmatrix} p \\ q \\ r \end{pmatrix} = ap + bq + cr,$$

$$\begin{pmatrix} a & b \\ c & d \end{pmatrix} \begin{pmatrix} p & q \\ r & s \end{pmatrix} = \begin{pmatrix} ap + br & aq + bs \\ cp + dr & cq + ds \end{pmatrix}$$

のように計算される．これは，左の行列の第 i 行と右の行列の第 j 列の各成分の積の和が (i, j) 成分となっている．また，積 AB は，A の列と B の行の個数が等しいならば，異なる型の行列でも積が定義される．すなわち，

$$k \text{ 行 } m \text{ 列} \times m \text{ 行 } n \text{ 列} = k \text{ 行 } n \text{ 列}$$

行列の積について，一般に次のことが成立する．

行列の和と積の性質

行列 A, B, C と $k \in \mathbb{R}$（または $\mathbb{C}$）において，積と和が定義されているとき，次のことが成立する．

(1) $(AB)C = A(BC)$ （**結合法則**）

(2) $A(B + C) = AB + AC$, $(A + B)C = AB + BC$ （**分配法則**）

(3) $(kA)B = A(kB) = k(AB)$ （**定数倍**）

(4) $AO = O$, $OA = O$ （**零行列**）

(5) $AE = EA = A$ （**単位行列**）

例 1.7

(1) $\begin{pmatrix} 1 & -2 \end{pmatrix} \begin{pmatrix} 1 & 0 \\ 2 & 4 \end{pmatrix} = \begin{pmatrix} 1 \cdot 1 - 2 \cdot 2 & 1 \cdot 0 - 2 \cdot 4 \end{pmatrix} = \begin{pmatrix} -3 & -8 \end{pmatrix}.$

(2) $\begin{pmatrix} 1 & 0 \\ 2 & 4 \end{pmatrix} \begin{pmatrix} 2 & -6 & 1 \\ -1 & 0 & 3 \end{pmatrix}$

$= \begin{pmatrix} 1 \cdot 2 + 0 \cdot (-1) & 1 \cdot (-6) + 0 \cdot 0 & 1 \cdot 1 + 0 \cdot 3 \\ 2 \cdot 2 + 4 \cdot (-1) & 2 \cdot (-6) + 4 \cdot 0 & 2 \cdot 1 + 4 \cdot 3 \end{pmatrix}$

$$= \begin{pmatrix} 2 & -6 & 1 \\ 0 & -12 & 14 \end{pmatrix}.$$

(3) $\begin{pmatrix} 1 & 0 \\ 0 & 4 \end{pmatrix} \begin{pmatrix} 0 & 2 \\ 1 & 0 \end{pmatrix} = \begin{pmatrix} 1 \cdot 0 + 0 \cdot 1 & 1 \cdot 2 + 0 \cdot 0 \\ 0 \cdot 0 + 4 \cdot 1 & 0 \cdot 2 + 4 \cdot 0 \end{pmatrix} = \begin{pmatrix} 0 & 2 \\ 4 & 0 \end{pmatrix}.$

(4) $\begin{pmatrix} 0 & 2 \\ 1 & 0 \end{pmatrix} \begin{pmatrix} 1 & 0 \\ 0 & 4 \end{pmatrix} = \begin{pmatrix} 0 \cdot 1 + 2 \cdot 0 & 0 \cdot 0 + 2 \cdot 4 \\ 1 \cdot 1 + 0 \cdot 0 & 1 \cdot 0 + 0 \cdot 4 \end{pmatrix} = \begin{pmatrix} 0 & 8 \\ 1 & 0 \end{pmatrix}.$

(5) $\begin{pmatrix} 1 & 1 \\ 2 & 2 \end{pmatrix} \begin{pmatrix} 3 & -4 \\ -3 & 4 \end{pmatrix} = \begin{pmatrix} 1 \cdot 3 + 1 \cdot (-3) & 1 \cdot (-4) + 1 \cdot 4 \\ 2 \cdot 3 + 2 \cdot (-3) & 2 \cdot (-4) + 2 \cdot 4 \end{pmatrix}$

$$= \begin{pmatrix} 0 & 0 \\ 0 & 0 \end{pmatrix} = O.$$

　上記の**例 1.7** (3) と (4) より行列の積について交換法則が一般には成立しないことが分かる. すなわち, 一般に $AB \neq BA$ である. このとき, A と B は**非可換**であるという. 一方で, $AB = BA$ になるとき, A と B は**可換** (または**交換可能**) であるという.

　また, **例 1.7** (5) より, $AB = O$ であっても, $A = O$ または $B = O$ とは限らないことが分かる.

例 1.8　行列 P_θ を

$$P_\theta = \begin{pmatrix} \cos\theta & -\sin\theta \\ \sin\theta & \cos\theta \end{pmatrix}$$

で定義する. このとき, 三角関数の加法定理から,

$$P_\varphi P_\psi = \begin{pmatrix} \cos\varphi & -\sin\varphi \\ \sin\varphi & \cos\varphi \end{pmatrix} \begin{pmatrix} \cos\psi & -\sin\psi \\ \sin\psi & \cos\psi \end{pmatrix}$$

$$= \begin{pmatrix} \cos(\varphi+\psi) & -\sin(\varphi+\psi) \\ \sin(\varphi+\psi) & \cos(\varphi+\psi) \end{pmatrix} = P_{\varphi+\psi}.$$

　例 1.8 の P_θ を**回転行列**という.

サイズの等しい列ベクトル $\boldsymbol{u}$, $\boldsymbol{v}$ に対して 行列としての積 ${}^t\boldsymbol{u}\boldsymbol{v}$ で定まるスカラーを $\boldsymbol{u}$, $\boldsymbol{v}$ の**内積**といい $\boldsymbol{u} \cdot \boldsymbol{v}$ などと表す. また $||\boldsymbol{u}|| = \sqrt{{}^t\boldsymbol{u}\boldsymbol{u}}$ をベクトル u の**長さ（ノルム）**という. $\boldsymbol{u}$, $\boldsymbol{v}$ に対して, 2つのベクトルのなす角を θ とする

と次が成立する：

$$\boldsymbol{u} \cdot \boldsymbol{v} = ||\boldsymbol{u}||\, ||\boldsymbol{v}|| \cos\theta.$$

1.5　転置行列

$m \times n$ 行列 A において，(i,j) 成分と (j,i) 成分を入れ替えた $n \times m$ 行列を A の**転置行列**といい，${}^t A$ で表す.

例 1.9　$A = \begin{pmatrix} a \end{pmatrix}$, $B = \begin{pmatrix} 8 \\ -1 \end{pmatrix}$, $C = \begin{pmatrix} -5 & 1 \end{pmatrix}$, $D = \begin{pmatrix} 7 & 0 \\ -3 & 9 \end{pmatrix}$ のとき,

$${}^t A = \begin{pmatrix} a \end{pmatrix}, \ {}^t B = \begin{pmatrix} 8 & -1 \end{pmatrix}, \ {}^t C = \begin{pmatrix} -5 \\ 1 \end{pmatrix}, \ {}^t D = \begin{pmatrix} 7 & -3 \\ 0 & 9 \end{pmatrix}.$$

転置の記号「t」は英訳 transposed matrix の頭文字から来ている. ここでは扱わないが，A^T と表すこともある.

転置行列の性質

行列 A, B と $k \in \mathbb{R}$（または $\mathbb{C}$）において，和と積が定義されていれば，以下のことが成立する.

(1)　${}^t({}^t A) = A$ 　　　　(2)　${}^t(A + B) = {}^t A + {}^t B$

(3)　${}^t(kA) = k\,{}^t A$ 　　　　(4)　${}^t(AB) = {}^t B\,{}^t A$

例題 1.1　$A = \begin{pmatrix} -1 & 3 \\ 0 & 1 \end{pmatrix}$, $B = \begin{pmatrix} 3 & -1 \\ 2 & -3 \end{pmatrix}$ のとき，転置行列の性質 (1)〜(4) が成立することを示せ.

解

(1)　${}^t A = \begin{pmatrix} -1 & 0 \\ 3 & 1 \end{pmatrix}$ より ${}^t({}^t A) = {}^t\begin{pmatrix} -1 & 0 \\ 3 & 1 \end{pmatrix} = \begin{pmatrix} -1 & 3 \\ 0 & 1 \end{pmatrix} = A.$

(2) $A + B = \begin{pmatrix} 2 & 2 \\ 2 & -2 \end{pmatrix}$ より $^t(A+B) = \begin{pmatrix} 2 & 2 \\ 2 & -2 \end{pmatrix}$ であるから

$$^tA + {}^tB = \begin{pmatrix} -1 & 0 \\ 3 & 1 \end{pmatrix} + \begin{pmatrix} 3 & 2 \\ -1 & -3 \end{pmatrix} = \begin{pmatrix} 2 & 2 \\ 2 & -2 \end{pmatrix} = {}^t(A+B).$$

(3) $k \in \mathbb{R}$ (または $\mathbb{C}$) に対して $k\,{}^tA = k\begin{pmatrix} -1 & 0 \\ 3 & 1 \end{pmatrix}$ であるから

$$kA = \begin{pmatrix} -k & 3k \\ 0 & k \end{pmatrix}$$ より $^t(kA) = \begin{pmatrix} -k & 0 \\ 3k & k \end{pmatrix} = k\begin{pmatrix} -1 & 0 \\ 3 & 1 \end{pmatrix} = k\,{}^tA.$

(4) $AB = \begin{pmatrix} -1 & 3 \\ 0 & 1 \end{pmatrix}\begin{pmatrix} 3 & -1 \\ 2 & -3 \end{pmatrix} = \begin{pmatrix} 3 & -8 \\ 2 & -3 \end{pmatrix}$ より $^t(AB) = \begin{pmatrix} 3 & 2 \\ -8 & -3 \end{pmatrix}$

であるから

$$^tB\,{}^tA = \begin{pmatrix} 3 & 2 \\ -1 & -3 \end{pmatrix}\begin{pmatrix} -1 & 0 \\ 3 & 1 \end{pmatrix} = \begin{pmatrix} 3 & 2 \\ -8 & -3 \end{pmatrix} = {}^t(AB).$$

演習問題

1.1 次の問に答えよ.

(1) 第 (i,j) 成分が $(i+j)^2$ で与えられる 2 次正方行列 $A = (a_{ij})$ を求めよ.

(2) 第 (i,j) 成分が $i-j$ で与えられる 2×3 行列 $B = (b_{ij})$ を求めよ.

1.2 行列 $A = \begin{pmatrix} 1 & 2 \\ 2 & 1 \end{pmatrix}$, $B = \begin{pmatrix} 1 & 0 \\ 3 & 2 \end{pmatrix}$, $C = \begin{pmatrix} 3 \\ 1 \end{pmatrix}$ において,以下の計算をせよ.

(1) $A + B$ (2) $2A - 3B$ (3) AB (4) AC
(5) ^tBA (6) ^tCB (7) ^tCC (8) $C\,{}^tC$

1.3 $X + Y = \begin{pmatrix} -1 & 0 \\ 0 & 4 \end{pmatrix}$, $X - Y = \begin{pmatrix} -1 & 2 \\ 4 & 6 \end{pmatrix}$ を満たす行列 X, Y を求めよ.

2 行列式

2.1 行列式

2 次正方行列 $A = \begin{pmatrix} a & b \\ c & d \end{pmatrix}$ に対して，値 $ad - bc$ を A の**行列式**といい，$\det A$ または $|A|$ などで表す．$|A|$ は絶対値の記号でないことに注意すること．これより，一般の 2 次正方行列の行列式は次で定義される．

---
2 次の行列式

$$\det A = |A| = \begin{vmatrix} a & b \\ c & d \end{vmatrix} = ad - bc.$$

例 2.1

(1) $A = \begin{pmatrix} 3 & 0 \\ 1 & 2 \end{pmatrix}$, $B = \begin{pmatrix} 0 & 3 \\ 2 & 1 \end{pmatrix}$ のとき，$\det A = |A| = \begin{vmatrix} 3 & 0 \\ 1 & 2 \end{vmatrix}$ $= 3 \cdot 2 - 0 \cdot 1 = 6$, $\det B = 0 \cdot 1 - 3 \cdot 2 = -6$.

(2) $A = \begin{pmatrix} 5 & 0 \\ 3 & 0 \end{pmatrix}$, $B = \begin{pmatrix} a & a \\ b & b \end{pmatrix}$ のとき，$|A| = 5 \cdot 0 - 0 \cdot 3 = 0$, $|B| = a \cdot b - a \cdot b = 0$.

ここで，上記の**例 2.1** (1) に対して $\boldsymbol{a} = \begin{pmatrix} 3 \\ 1 \end{pmatrix}$, $\boldsymbol{b} = \begin{pmatrix} 0 \\ 2 \end{pmatrix}$ とすると，

$$A = \begin{pmatrix} \boldsymbol{a} & \boldsymbol{b} \end{pmatrix}, \quad B = \begin{pmatrix} \boldsymbol{b} & \boldsymbol{a} \end{pmatrix}$$

と表すことができる．このとき，図 2.1 のような $\boldsymbol{a}, \boldsymbol{b}$ からなる平行四辺形 OPQR を考えると，その面積は 6 であり，A と B の行列式の絶対値と一致する．これより，原点を中心に OP と PQ より回転の正の向きにできる面積を正，OR と RQ より回転の負の向きにできる面積を負とすれば $\det A = 6$, $\det B = -6$ となり，$\boldsymbol{a}, \boldsymbol{b}$ の順序を考慮した平行四辺形の面積が考えられる．以上より，2 次の行列式は**向きづけられた平行四辺形**の面積を表している．

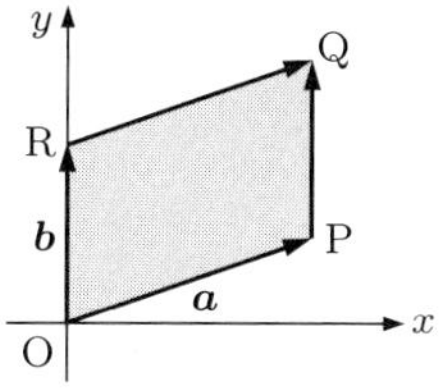

図 2.1 平行四辺形

また，3 次正方行列 $A = \begin{pmatrix} a_{11} & a_{12} & a_{13} \\ a_{21} & a_{22} & a_{23} \\ a_{31} & a_{32} & a_{33} \end{pmatrix}$ の行列式は 2 次の場合と同様

に**向きづけられた平行六面体**の体積を表している．これは次のように定義される．

---

3 次の行列式

$$\det A = (-1)^{1+1} \cdot a_{11} \begin{vmatrix} a_{22} & a_{23} \\ a_{32} & a_{33} \end{vmatrix} + (-1)^{1+2} \cdot a_{12} \begin{vmatrix} a_{21} & a_{23} \\ a_{31} & a_{33} \end{vmatrix}$$

$$+ (-1)^{1+3} \cdot a_{13} \begin{vmatrix} a_{21} & a_{22} \\ a_{31} & a_{32} \end{vmatrix}$$

　上記では，3 つの 2 次の行列式の組み合わせにより 3 次の行列式が定義されている．ここで行列式には a_{11}, a_{12}, a_{13} がそれぞれ掛けられているが，このような表し方を第 1 行に関する**余因子展開**という．3 次の行列式の余因子展開には，第 1 ～ 3 行と第 1 ～ 3 列に関する 6 通りの表現がある．

$$\det A = (-1)^{2+1} a_{21} \begin{vmatrix} a_{12} & a_{13} \\ a_{32} & a_{33} \end{vmatrix} + (-1)^{2+2} a_{22} \begin{vmatrix} a_{11} & a_{13} \\ a_{31} & a_{33} \end{vmatrix}$$

$$+ (-1)^{2+3} a_{23} \begin{vmatrix} a_{11} & a_{12} \\ a_{31} & a_{32} \end{vmatrix} \quad \text{（第 2 行に関する余因子展開）}$$

$$= (-1)^{3+1} a_{31} \begin{vmatrix} a_{12} & a_{13} \\ a_{22} & a_{23} \end{vmatrix} + (-1)^{3+2} a_{32} \begin{vmatrix} a_{11} & a_{13} \\ a_{21} & a_{23} \end{vmatrix}$$

$$+ (-1)^{3+3} a_{33} \begin{vmatrix} a_{11} & a_{12} \\ a_{21} & a_{22} \end{vmatrix} \quad \text{（第 3 行に関する余因子展開）}$$

$$= (-1)^{1+1}a_{11} \begin{vmatrix} a_{22} & a_{23} \\ a_{32} & a_{33} \end{vmatrix} + (-1)^{2+1}a_{21} \begin{vmatrix} a_{12} & a_{13} \\ a_{32} & a_{33} \end{vmatrix}$$

$$+ (-1)^{3+1}a_{31} \begin{vmatrix} a_{12} & a_{13} \\ a_{22} & a_{23} \end{vmatrix} \quad (\text{第 1 列に関する余因子展開})$$

$$= (-1)^{1+2}a_{12} \begin{vmatrix} a_{21} & a_{23} \\ a_{31} & a_{33} \end{vmatrix} + (-1)^{2+2}a_{22} \begin{vmatrix} a_{11} & a_{13} \\ a_{31} & a_{33} \end{vmatrix}$$

$$+ (-1)^{3+2}a_{32} \begin{vmatrix} a_{11} & a_{13} \\ a_{21} & a_{23} \end{vmatrix} \quad (\text{第 2 列に関する余因子展開})$$

$$= (-1)^{1+3}a_{13} \begin{vmatrix} a_{21} & a_{22} \\ a_{31} & a_{32} \end{vmatrix} + (-1)^{2+3}a_{23} \begin{vmatrix} a_{11} & a_{12} \\ a_{31} & a_{32} \end{vmatrix}$$

$$+ (-1)^{3+3}a_{33} \begin{vmatrix} a_{11} & a_{12} \\ a_{21} & a_{22} \end{vmatrix} \quad (\text{第 3 列に関する余因子展開})$$

例 2.2

$$\begin{vmatrix} 1 & 1 & 5 \\ 1 & 3 & 1 \\ -1 & 1 & 2 \end{vmatrix} = (-1)^{1+1} \cdot 1 \cdot \begin{vmatrix} 3 & 1 \\ 1 & 2 \end{vmatrix} + (-1)^{1+2} \cdot 1 \cdot \begin{vmatrix} 1 & 1 \\ -1 & 2 \end{vmatrix}$$

$$+ (-1)^{1+3} \cdot 5 \cdot \begin{vmatrix} 1 & 3 \\ -1 & 1 \end{vmatrix}$$

$$= \begin{vmatrix} 3 & 1 \\ 1 & 2 \end{vmatrix} - \begin{vmatrix} 1 & 1 \\ -1 & 2 \end{vmatrix} + 5 \begin{vmatrix} 1 & 3 \\ -1 & 1 \end{vmatrix}$$

$$= (6-1) - \{2 - (-1)\} + 5\{1 - (-3)\} = 5 - 3 + 20 = 22.$$

　この方法を一般化して，4 次以上の正方行列の余因子展開についても同様に表現することが可能である．

　ここで，いずれかの余因子展開を選び，さらに展開すると次の公式が得られる．

┌─ **サラス (Sarrus) の方法** ─────────────────────┐

$$\det A = |A| = \begin{vmatrix} a_{11} & a_{12} & a_{13} \\ a_{21} & a_{22} & a_{23} \\ a_{31} & a_{32} & a_{33} \end{vmatrix}$$

$$= a_{11}a_{22}a_{33} - a_{11}a_{23}a_{32} + a_{12}a_{23}a_{31}$$
$$- a_{12}a_{21}a_{33} + a_{13}a_{21}a_{32} - a_{13}a_{22}a_{31}.$$

└──────────────────────────────────────┘

例 2.3
$$\begin{vmatrix} 1 & 1 & 5 \\ 1 & 3 & 1 \\ -1 & 1 & 2 \end{vmatrix} = 1\cdot3\cdot2 - 1\cdot1\cdot1 + 1\cdot1\cdot(-1) - 1\cdot1\cdot2 + 5\cdot1\cdot1 - 5\cdot3\cdot(-1)$$

$$= 6 - 1 - 1 - 2 + 5 + 15 = 22.$$

サラスの方法は，3 次の行列式については有用である．しかし，4 次以上の行列式に対しては利用できない．

2.2 行列式の性質

行列式には様々な性質があることが知られている．以下では，簡単のため，2 次の行列式の場合について述べていく．ただし，$k \in \mathbb{R}$ (または $\mathbb{C}$) とする．

┌─ **行列式の性質** ─────────────────────────┐

(1) もとの行列式の値と転置した行列式の値は変わらない．(**転置不変性**)

(2) 1 つの行または列の成分を分けて，2 つの行列式の和とすることができる．(**多重線型性**)

(3) 2 つの行または列を 1 回交換するたびに，行列式の正負が変わる．(**交代性**)

(4) 1 つの行または列を k 倍すると，行列式の値は k 倍になる．

(5) 1 つの行または列の成分がすべて 0，または 2 つの行または列の成分が等しいとき，行列式の値は 0 となる．

(6) 1 つの行または列に，他の行または列の成分の k 倍を加えても行列式の値は変わらない．

(7) 同じ次数の正方行列 A, B について $\det AB = \det A \cdot \det B$ が成立する．

└──────────────────────────────────────┘

証明　$A = \begin{pmatrix} a & b \\ c & d \end{pmatrix}$, $B = \begin{pmatrix} p & q \\ r & s \end{pmatrix}$ とする.

(1) ${}^tA = \begin{pmatrix} a & c \\ b & d \end{pmatrix}$ より

$$\det A = \begin{vmatrix} a & b \\ c & d \end{vmatrix} = ad - bc, \quad \det {}^tA = \begin{vmatrix} a & c \\ b & d \end{vmatrix} = ad - bc.$$

よって, $\det A = \det {}^tA$.

(2) $\begin{vmatrix} a+e & b \\ c+f & d \end{vmatrix}$ に対して

$$\begin{vmatrix} a+e & b \\ c+f & d \end{vmatrix} = (a+e)d - b(c+f)$$

$$= (ad - bc) + (ed - bf) = \begin{vmatrix} a & b \\ c & d \end{vmatrix} + \begin{vmatrix} e & b \\ f & d \end{vmatrix}.$$

同様に, $\begin{vmatrix} a+e & b+f \\ c & d \end{vmatrix} = \begin{vmatrix} a & b \\ c & d \end{vmatrix} + \begin{vmatrix} e & f \\ c & d \end{vmatrix}$.

(3) ～ (6) は省略. (各自で証明すること.)

(7) $AB = \begin{pmatrix} ap+br & aq+bs \\ cp+dr & cq+ds \end{pmatrix}$ より

$$\det AB = (ap+br)(cq+ds) - (aq+bs)(cp+dr)$$

$$= (apcq + apds + brcq + brds) - (aqcp + aqdr + bscp + bsdr)$$

$$= apds - aqdr - bscp + brcq$$

$$= ad(ps - qr) - bc(sp - rq)$$

$$= (ad - bc)(ps - qr) = \det A \cdot \det B.$$

よって, $\det AB = \det A \cdot \det B$.

例 2.4

$$
\begin{vmatrix} -3 & 4 & 2 \\ 5 & -1 & 4 \\ 8 & 7 & 6 \end{vmatrix} \overset{(1)}{=} 2 \begin{vmatrix} -3 & 4 & 1 \\ 5 & -1 & 2 \\ 8 & 7 & 3 \end{vmatrix} \overset{(2)}{=} -2 \begin{vmatrix} 1 & 4 & -3 \\ 2 & -1 & 5 \\ 3 & 7 & 8 \end{vmatrix}
$$

$$
\overset{(3)}{=} -2 \begin{vmatrix} 1 & 4 & -3 \\ 0 & -9 & 11 \\ 3 & 7 & 8 \end{vmatrix} \overset{(4)}{=} -2 \begin{vmatrix} 1 & 4 & -3 \\ 0 & -9 & 11 \\ 0 & -5 & 17 \end{vmatrix}
$$

$$
\overset{(5)}{=} -2 \left\{ 1 \begin{vmatrix} -9 & 11 \\ -5 & 17 \end{vmatrix} - 0 \begin{vmatrix} 4 & -3 \\ -5 & 17 \end{vmatrix} + 0 \begin{vmatrix} 4 & -3 \\ -9 & 11 \end{vmatrix} \right\}
$$

$$
= -2 \begin{vmatrix} -9 & 11 \\ -5 & 17 \end{vmatrix} \overset{(6)}{=} 2 \begin{vmatrix} 9 & 11 \\ 5 & 17 \end{vmatrix} = 2(9 \cdot 17 - 11 \cdot 5) = 196.
$$

(1): 第3列に共通な因数2を行列式の外に出す.

(2): 第1列と第3列を交換する.

(3): 第1行の -2 倍を第2行に加える.

(4): 第1行の -3 倍を第3行に加える.

(5): 第1列に関して余因子展開を行う.

(6): 第1列に共通な因数 -1 を行列式の外に出す.

　例 2.4 で計算したように，1つの行または列にできるだけ0が多く並ぶように変形してから余因子展開を行うと比較的計算の量が減る場合がある．また，計算の仕方は一意的ではないが，途中計算の仕方によらず同じ結果が得られる．

2.3 2次の逆行列

　n 次正方行列 A に対して，$AX = XA = E_n$ を満たす n 次正方行列 X が存在するならば，X を A の**逆行列**といい，A^{-1} で表す．このとき，A は**正則**または可逆であるといい，A を**正則行列**という．正則行列に対してその逆行列はただ1つに定まる．

ここで，2 次正方行列の逆行列について考える．$A = \begin{pmatrix} a & b \\ c & d \end{pmatrix}$ について，

$B = \begin{pmatrix} d & -b \\ -c & a \end{pmatrix}$ をとると

$$AB = \begin{pmatrix} a & b \\ c & d \end{pmatrix} \begin{pmatrix} d & -b \\ -c & a \end{pmatrix} = \begin{pmatrix} ad - bc & 0 \\ 0 & -bc + ad \end{pmatrix}$$

$$= (ad - bc) \cdot \begin{pmatrix} 1 & 0 \\ 0 & 1 \end{pmatrix} = \det A \cdot E_2,$$

$$BA = \begin{pmatrix} d & -b \\ -c & a \end{pmatrix} \begin{pmatrix} a & b \\ c & d \end{pmatrix} = \begin{pmatrix} ad - bc & 0 \\ 0 & -bc + ad \end{pmatrix}$$

$$= (ad - bc) \cdot \begin{pmatrix} 1 & 0 \\ 0 & 1 \end{pmatrix} = \det A \cdot E_2.$$

この結果から次のことが得られる．

---

2 次の逆行列

2 次正方行列 $A = \begin{pmatrix} a & b \\ c & d \end{pmatrix}$ に対して，$\det A \neq 0$ ならば，

$$A^{-1} = \frac{1}{\det A} \begin{pmatrix} d & -b \\ -c & a \end{pmatrix} = \frac{1}{ad - bc} \begin{pmatrix} d & -b \\ -c & a \end{pmatrix}.$$

もし $\det A = 0$ ならば，A の逆行列は存在しないことに注意する．

例 2.5

(1) $A = \begin{pmatrix} 2 & 1 \\ 7 & 3 \end{pmatrix}$ のとき，$\det A = 2 \cdot 3 - 1 \cdot 7 = -1 \neq 0$ より

$$A^{-1} = \frac{1}{-1} \begin{pmatrix} 3 & -1 \\ -7 & 2 \end{pmatrix} = \begin{pmatrix} -3 & 1 \\ 7 & -2 \end{pmatrix}.$$

(2) $B = \begin{pmatrix} 1 & 2 \\ 2 & 4 \end{pmatrix}$ のとき，$\det B = 1 \cdot 4 - 2 \cdot 2 = 0$ より B の逆行列は存在しない．

演習問題

2.1 行列 $A = \begin{pmatrix} 1 & 2 \\ 2 & 1 \end{pmatrix}$, $B = \begin{pmatrix} 1 & 0 \\ 3 & 2 \end{pmatrix}$, $C = \begin{pmatrix} 3 \\ 1 \end{pmatrix}$ において，以下の計算をせよ．

(1) $\det(A+B)$　　(2) $\det AB$　　(3) $\det B^2$　　(4) $\det C\,{}^tC$

2.2 次の行列式の値を求めよ．ただし，文字 x, y を含む設問は因数分解した形で答えよ．

(1) $\begin{vmatrix} 2 & 3 & 0 \\ 0 & 2 & 5 \\ 0 & 0 & 1 \end{vmatrix}$　(2) $\begin{vmatrix} 10 & 9 & 8 \\ 7 & 6 & 5 \\ 4 & 3 & 2 \end{vmatrix}$　(3) $\begin{vmatrix} x & y & x \\ y & y & x \\ x & y & y \end{vmatrix}$　(4) $\begin{vmatrix} x & 2 & 0 \\ 2 & x & 2 \\ 0 & 2 & x \end{vmatrix}$

2.3 次の行列の逆行列を求めよ．

(1) $A = \begin{pmatrix} 5 & 3 \\ 2 & 1 \end{pmatrix}$　　　　　　　　(2) $B = \begin{pmatrix} 3 & 0 \\ 12 & 9 \end{pmatrix}$

(3) $C = \begin{pmatrix} \sqrt{2} & 1+\sqrt{2} \\ 1-\sqrt{2} & \sqrt{2} \end{pmatrix}$　　(4) $D = \begin{pmatrix} \cos\theta & -\sin\theta \\ \sin\theta & \cos\theta \end{pmatrix}$

3 行列の基本変形

3.1 正則行列と逆行列

逆行列をもつような行列を正則行列という. すなわち, $AA^{-1} = A^{-1}A = E$ を満たすような行列 A^{-1} を持つ正方行列 A を正則行列といい, このとき, A は正則であるという. ここで, 定義により次の関係が成立する.

$$A \text{ が正則} \iff A \text{ の逆行列 } A^{-1} \text{ が存在する} \iff \det A \neq 0.$$

また, 正則行列について, 次のことが成立する.

正則行列

A, B が同じ型の正方行列で, それぞれ正則行列のとき, 次が成り立つ.

(1) A^{-1} は正則行列で $\left(A^{-1}\right)^{-1} = A$

(2) AB は正則行列で $(AB)^{-1} = B^{-1}A^{-1}$

(3) ${}^{t}A$ は正則であり, $({}^{t}A)^{-1} = {}^{t}(A^{-1})$.

証明 (1) $(A^{-1})(A^{-1})^{-1} = E$ より, 左側からそれぞれ A を掛けると

$$A(A^{-1})(A^{-1})^{-1} = AE.$$

ここで, 左辺について $A(A^{-1})(A^{-1})^{-1} = E(A^{-1})^{-1} = (A^{-1})^{-1}$. よって, $(A^{-1})^{-1} = A$.

(2) $(AB)(AB)^{-1} = E$ より, 左側からそれぞれ $B^{-1}A^{-1}$ を掛けると

$$B^{-1}A^{-1}(AB)(AB)^{-1} = B^{-1}A^{-1}E.$$

よって, $(AB)^{-1} = B^{-1}A^{-1}$.

(3) A は正則より A^{-1} が存在する. また, 転置不変性より $\det({}^{t}A) = \det A \neq 0$ である. よって, ${}^{t}A$ も正則であるから $({}^{t}A)^{-1}$ が存在し

$$({}^{t}A)^{-1} = ({}^{t}A)^{-1}\{{}^{t}(A^{-1}A)\} = ({}^{t}A)^{-1}\{{}^{t}A\,{}^{t}(A^{-1})\}$$

$$= \{({}^{t}A)^{-1}\,({}^{t}A)\}\,{}^{t}(A^{-1}) = {}^{t}(A^{-1}).$$

例題 3.1 $A = \begin{pmatrix} 3 & 0 \\ 1 & 2 \end{pmatrix}$, $B = \begin{pmatrix} 7 & 3 \\ 2 & 1 \end{pmatrix}$ のとき，A と B は正則で，$(A^{-1})^{-1} = A$, $(AB)^{-1} = B^{-1}A^{-1}$ であることを確認せよ.

解 $\det A = 6 \neq 0$, $\det B = 1 \neq 0$ より A と B は正則で

$$A^{-1} = \frac{1}{6}\begin{pmatrix} 2 & 0 \\ -1 & 3 \end{pmatrix} = \begin{pmatrix} \frac{1}{3} & 0 \\ -\frac{1}{6} & \frac{1}{2} \end{pmatrix}, \quad B^{-1} = \begin{pmatrix} 1 & -3 \\ -2 & 7 \end{pmatrix}.$$

このとき，$\det A^{-1} = \begin{vmatrix} \frac{1}{3} & 0 \\ -\frac{1}{6} & \frac{1}{2} \end{vmatrix} = \frac{1}{6} \neq 0$ より A^{-1} も正則で

$$(A^{-1})^{-1} = \frac{1}{\frac{1}{6}}\begin{pmatrix} \frac{1}{2} & 0 \\ \frac{1}{6} & \frac{1}{3} \end{pmatrix} = \begin{pmatrix} 3 & 0 \\ 1 & 2 \end{pmatrix} = A.$$

また，$AB = \begin{pmatrix} 3 & 0 \\ 1 & 2 \end{pmatrix}\begin{pmatrix} 7 & 3 \\ 2 & 1 \end{pmatrix} = \begin{pmatrix} 21+0 & 9+0 \\ 7+4 & 3+2 \end{pmatrix} = \begin{pmatrix} 21 & 9 \\ 11 & 5 \end{pmatrix}$

であるから，$\det AB = \begin{vmatrix} 21 & 9 \\ 11 & 5 \end{vmatrix} = 105 - 99 = 6 \neq 0$ より AB も正則で

$(AB)^{-1} = \frac{1}{6}\begin{pmatrix} 5 & -9 \\ -11 & 21 \end{pmatrix}$. したがって，

$$B^{-1}A^{-1} = \begin{pmatrix} 1 & -3 \\ -2 & 7 \end{pmatrix}\frac{1}{6}\begin{pmatrix} 2 & 0 \\ -1 & 3 \end{pmatrix} = \frac{1}{6}\begin{pmatrix} 2+3 & 0-9 \\ -4-7 & 0+21 \end{pmatrix}$$

$$= \frac{1}{6}\begin{pmatrix} 5 & -9 \\ -11 & 21 \end{pmatrix} = (AB)^{-1}.$$

3.2 連立 1 次方程式と行列

行列を扱うことの利点の 1 つに，連立方程式の解が求められることが挙げられる．以降では，行列を用いた 3 通りの**連立 1 次方程式**の解法を紹介していく．ここでは，2 次あるいは 3 次の行列を用いる場合についてのみ触れるが，同様に考えれば n 次の場合についても解くことができる．

まず，連立 1 次方程式 $\begin{cases} ax + by = p \\ cx + dy = q \end{cases}$ は，正方行列 $A = \begin{pmatrix} a & b \\ c & d \end{pmatrix}$ と列ベク

トル $\boldsymbol{x} = \begin{pmatrix} x \\ y \end{pmatrix}$, $\boldsymbol{b} = \begin{pmatrix} p \\ q \end{pmatrix}$ により

$$\begin{pmatrix} a & b \\ c & d \end{pmatrix} \begin{pmatrix} x \\ y \end{pmatrix} = \begin{pmatrix} p \\ q \end{pmatrix} \quad \text{すなわち} \quad A\boldsymbol{x} = \boldsymbol{b}$$

と表すことができる．このように連立 1 次方程式を行列で表すことを，**行列表示**するという．ここで，A を**係数行列**という．この係数行列の逆行列を求めることで，次のように連立方程式を解くことができる．

逆行列による連立 1 次方程式の解法

連立方程式 $A\boldsymbol{x} = \boldsymbol{b}$ において，係数行列 A が逆行列をもつならば，両辺に A^{-1} を左から掛けることで

$$A^{-1}A\boldsymbol{x} = A^{-1}\boldsymbol{b} \quad \text{すなわち} \quad \boldsymbol{x} = A^{-1}\boldsymbol{b}$$

となり，この連立 1 次方程式を解くことができる．

例 3.1　連立 1 次方程式 $\begin{cases} 3x + 4y = 10 \\ x + 2y = 2 \end{cases}$ を行列表示すると，

$$\begin{pmatrix} 3 & 4 \\ 1 & 2 \end{pmatrix} \begin{pmatrix} x \\ y \end{pmatrix} = \begin{pmatrix} 10 \\ 2 \end{pmatrix} \tag{IV.3.1}$$

ここで，$\begin{vmatrix} 3 & 4 \\ 1 & 2 \end{vmatrix} = 6 - 4 = 2 \neq 0$ より，(IV.3.1) の両辺に左側からそれぞれ

$\begin{pmatrix} 3 & 4 \\ 1 & 2 \end{pmatrix}$ の逆行列を掛けると

$$\begin{pmatrix} x \\ y \end{pmatrix} = \begin{pmatrix} 3 & 4 \\ 1 & 2 \end{pmatrix}^{-1} \begin{pmatrix} 10 \\ 2 \end{pmatrix} = \frac{1}{6-4} \begin{pmatrix} 2 & -4 \\ -1 & 3 \end{pmatrix} \begin{pmatrix} 10 \\ 2 \end{pmatrix}$$

$$= \frac{1}{2} \begin{pmatrix} 12 \\ -4 \end{pmatrix} = \begin{pmatrix} 6 \\ -2 \end{pmatrix}$$

より $x = 6$, $y = -2$.

行列式による連立 1 次方程式の解法

連立 1 次方程式 $\begin{cases} a_1 x + b_1 y + c_1 z = p_1 \\ a_2 x + b_2 y + c_2 z = p_2 \\ a_3 x + b_3 y + c_3 z = p_3 \end{cases}$ において，係数行列 A について

$$\det A = \begin{vmatrix} a_1 & b_1 & c_1 \\ a_2 & b_2 & c_2 \\ a_3 & b_3 & c_3 \end{vmatrix} \neq 0 \text{ ならば,}$$

$$x = \frac{1}{\det A} \begin{vmatrix} p_1 & b_1 & c_1 \\ p_2 & b_2 & c_2 \\ p_3 & b_3 & c_3 \end{vmatrix}, \quad y = \frac{1}{\det A} \begin{vmatrix} a_1 & p_1 & c_1 \\ a_2 & p_2 & c_2 \\ a_3 & p_3 & c_3 \end{vmatrix},$$

$$z = \frac{1}{\det A} \begin{vmatrix} a_1 & b_1 & p_1 \\ a_2 & b_2 & p_2 \\ a_3 & b_3 & p_3 \end{vmatrix}$$

となる．このように，列を置き換えた行列式により解を求める方法を**クラーメル (Cramer) の公式**という．

例 3.2 　連立 1 次方程式 $\begin{cases} x + 2y + 3z = 2 \\ 3x + 4y + 8z = 1 \\ 2x + 3y + 6z = -1 \end{cases}$ において，$A = \begin{pmatrix} 1 & 2 & 3 \\ 3 & 4 & 8 \\ 2 & 3 & 6 \end{pmatrix}$

とおくと，$\det A = \begin{vmatrix} 1 & 2 & 3 \\ 3 & 4 & 8 \\ 2 & 3 & 6 \end{vmatrix} \overset{(1)}{=} \begin{vmatrix} 1 & 1 & 3 \\ 3 & 1 & 8 \\ 2 & 1 & 6 \end{vmatrix} \overset{(2)}{=} \begin{vmatrix} 1 & 1 & 3 \\ 2 & 0 & 5 \\ 1 & 0 & 3 \end{vmatrix} \overset{(3)}{=} - \begin{vmatrix} 2 & 5 \\ 1 & 3 \end{vmatrix}$

$= -(6 - 5) = -1$ であるから，

$$x = \frac{1}{-1} \begin{vmatrix} 2 & 2 & 3 \\ 1 & 4 & 8 \\ -1 & 3 & 6 \end{vmatrix} = 7, \quad y = \frac{1}{-1} \begin{vmatrix} 1 & 2 & 3 \\ 3 & 1 & 8 \\ 2 & -1 & 6 \end{vmatrix} = 5,$$

$$z = \frac{1}{-1} \begin{vmatrix} 1 & 2 & 2 \\ 3 & 4 & 1 \\ 2 & 3 & -1 \end{vmatrix} = -5.$$

ただし上の変形で，以下の式変形を行った．

(1)：　第 1 列の -1 倍を第 2 列に加える．

(2)：　第 1 行の -1 倍を第 2 行と第 3 行に加える．

(3)：　第 2 列に関して余因子展開を行う．

掃き出し法

連立 1 次方程式 $\begin{cases} ax + by = p \\ cx + dy = q \end{cases}$　の各係数と定数項を並べた行

列 $\begin{pmatrix} a & b & \bigm| & p \\ c & d & \bigm| & q \end{pmatrix}$ を**拡大係数行列**という．以下では，連立方程式

$\begin{cases} x + 2y = 2 \\ 3x + 4y = 10 \end{cases}$　を解くことで，どのように係数と定数項が変化して

いくかを拡大係数行列でを使ってあらわしてみよう．

$$\begin{cases} x + 2y = 2 & \cdots ① \\ 3x + 4y = 10 & \cdots ② \end{cases} \qquad \begin{pmatrix} 1 & 2 & \bigm| & 2 \\ 3 & 4 & \bigm| & 10 \end{pmatrix}$$

$② - ① \times 3$　　　　　　　　　(第 2 行) $-$ (第 1 行) $\times 3$

$$\begin{cases} x + 2y = 2 & \cdots ③ \\ -2y = 4 & \cdots ④ \end{cases} \qquad \begin{pmatrix} 1 & 2 & \bigm| & 2 \\ 0 & -2 & \bigm| & 4 \end{pmatrix}$$

$③ + ④$　　　　　　　　　　　　(第 1 行) $+$ (第 2 行)

$$\begin{cases} x = 6 & \cdots ⑤ \\ -2y = 4 & \cdots ⑥ \end{cases} \qquad \begin{pmatrix} 1 & 0 & \bigm| & 6 \\ 0 & -2 & \bigm| & 4 \end{pmatrix}$$

$⑥ \times \left(-\dfrac{1}{2} \right)$　　　　　　　(第 2 行) $\times \left(-\dfrac{1}{2} \right)$

$$\begin{cases} x = 6 \\ y = -2 \end{cases} \qquad \begin{pmatrix} 1 & 0 & \bigm| & 6 \\ 0 & 1 & \bigm| & -2 \end{pmatrix}$$

よって，解は $x = 6$, $y = -2$.　　　　よって，解は定数項を表す数ベク

　　　　　　　　　　　　　　　　　トルで与えられる．

拡大係数行列の変形で連立 1 次方程式を解く方法を**掃き出し法**
又は **Gauss の消去法**という．

上の例では連立 1 次方程式の解が一意的に求まる場合について説明したが，解がたくさん出てきてしまう場合について以下で簡単に触れておく．連立 1 次方程式の拡大係数行列が

$$\left(\begin{array}{ccc|c} 1 & -1 & -2 & 3 \\ -1 & 1 & 2 & -3 \\ -2 & 2 & 4 & -6 \end{array}\right)$$

になったとすると行基本変形 (2 行目に 1 行目を加える，3 行目に 1 行目の 2 倍したものを加える) で以下のように変形できる

$$\left(\begin{array}{ccc|c} 1 & -1 & -2 & 3 \\ -1 & 1 & 2 & -3 \\ -2 & 2 & 4 & -6 \end{array}\right) \longrightarrow \left(\begin{array}{ccc|c} 1 & -1 & -2 & 3 \\ 0 & 0 & 0 & 0 \\ 0 & 0 & 0 & 0 \end{array}\right).$$

これを連立 1 次方程式に書き直すと $x - y - 2z = 3$ となる．移項すると $x = 3 + y + 2z$ となりパラメータで $y = \alpha,\ z = \beta$ とあらわすことにすると**解空間** (解全体のなす集合のこと) を

$$\left\{ \left(\begin{array}{c} x \\ y \\ z \end{array}\right) = \left(\begin{array}{c} 3 \\ 0 \\ 0 \end{array}\right) + \alpha \left(\begin{array}{c} 1 \\ 1 \\ 0 \end{array}\right) + \beta \left(\begin{array}{c} 2 \\ 0 \\ 1 \end{array}\right) \ \middle|\ \alpha, \beta \in \mathbb{R} \right\}$$

と書き下せる．

さて，掃き出し法による拡大係数行列の変形について，以下の用語を導入する．

行基本変形

行列に施す次の 3 種類の操作を**行基本変形 (掃き出し)** という．

(1)　異なる i 行と j 行を交換する (記号で Q_{ij} と表す[※1]).

(2)　i 行に 0 でないスカラー k を掛ける (記号で $P_i(k)$ と表す).

(3)　i 行に j 行の k 倍を加える (記号で $R_{ij}(k)$ と表す).

[※1] Q_{ij} は単位行列の第 i 行と第 j 行を入れ換えた行列，$P_i(k)$ は単位行列の (i, i) 成分を k に変えた行列，$R_{ij}(k)$ は単位行列の (i, j) 成分を k にした行列である．これらを基本行列という．基本行列を与えられた行列の左側から掛けるとそれぞれ対応する行基本変形が得られる．またそれぞれの逆行列を左から掛けると逆の基本変形となる．したがって，行基本変形は可逆な操作 (元に戻せる操作) である．

3.3 掃き出し法と逆行列

正則行列 $A = \begin{pmatrix} a & b \\ c & d \end{pmatrix}$ の逆行列 $X = \begin{pmatrix} x & y \\ z & w \end{pmatrix}$ は，$AX = XA = E$ を満たす行列 X であり，

$$\begin{pmatrix} a & b \\ c & d \end{pmatrix} \begin{pmatrix} x & y \\ z & w \end{pmatrix} = \begin{pmatrix} 1 & 0 \\ 0 & 1 \end{pmatrix} \tag{IV.3.2}$$

を解くことで X の各成分 x, y, z, w が得られる．これは 2 つの連立 1 次方程式

$$\begin{pmatrix} a & b \\ c & d \end{pmatrix} \begin{pmatrix} x \\ z \end{pmatrix} = \begin{pmatrix} 1 \\ 0 \end{pmatrix}, \quad \begin{pmatrix} a & b \\ c & d \end{pmatrix} \begin{pmatrix} y \\ w \end{pmatrix} = \begin{pmatrix} 0 \\ 1 \end{pmatrix}$$

をそれぞれ解くことと同じである．これらの式は掃き出し法により解けるため，もとの式 (IV.3.2) も掃き出し法により求めることができる．すなわち，係数と定数項を並べた行列 $\begin{pmatrix} a & b & | & 1 & 0 \\ c & d & | & 0 & 1 \end{pmatrix}$ を行基本変形により $\begin{pmatrix} 1 & 0 & | & x & y \\ 0 & 1 & | & z & w \end{pmatrix}$ とすることで A の逆行列 X を得ることができる．以上をまとめて次が得られる．

掃き出し法と逆行列

行列 A が正則であるとき，単位行列 E を用いた行基本変形により，逆行列 A^{-1} を得ることができる[※2]．

$$\left(A \mid E \right) \longrightarrow \ \cdots \ \longrightarrow \left(E \mid A^{-1} \right)$$

例題 3.2 $A = \begin{pmatrix} 7 & 4 \\ 2 & 1 \end{pmatrix}$ の逆行列 A^{-1} を掃き出し法により求めよ．

解 $\left(A \mid E \right) = \begin{pmatrix} 7 & 4 & | & 1 & 0 \\ 2 & 1 & | & 0 & 1 \end{pmatrix} \xrightarrow{(1)} \begin{pmatrix} -1 & 0 & | & 1 & -4 \\ 2 & 1 & | & 0 & 1 \end{pmatrix}$

$\xrightarrow{(2)} \begin{pmatrix} 1 & 0 & | & -1 & 4 \\ 2 & 1 & | & 0 & 1 \end{pmatrix} \xrightarrow{(3)} \begin{pmatrix} 1 & 0 & | & -1 & 4 \\ 0 & 1 & | & 2 & -7 \end{pmatrix}$.

[※2] A が正則でないときはこの基本変形が途中で頓挫する．

よって, $A^{-1} = \begin{pmatrix} -1 & 4 \\ 2 & -7 \end{pmatrix}$.

(1): 第 2 行の -4 倍を第 1 行に加える.

(2): 第 1 行を -1 倍する.

(3): 第 1 行の -2 倍を第 2 行に加える.

例題 3.3 $B = \begin{pmatrix} 1 & 1 & 0 \\ 0 & 1 & 1 \\ 1 & 2 & 2 \end{pmatrix}$ の逆行列 B^{-1} を掃き出し法により求めよ.

解 $\left(B \mid E \right) = \begin{pmatrix} 1 & 1 & 0 & 1 & 0 & 0 \\ 0 & 1 & 1 & 0 & 1 & 0 \\ 1 & 2 & 2 & 0 & 0 & 1 \end{pmatrix}$

$\xrightarrow{(1)} \begin{pmatrix} 1 & 1 & 0 & 1 & 0 & 0 \\ 0 & 1 & 1 & 0 & 1 & 0 \\ 0 & 1 & 2 & -1 & 0 & 1 \end{pmatrix} \xrightarrow{(2)} \begin{pmatrix} 1 & 0 & -1 & 1 & -1 & 0 \\ 0 & 1 & 1 & 0 & 1 & 0 \\ 0 & 0 & 1 & -1 & -1 & 1 \end{pmatrix}$

$\xrightarrow{(3)} \begin{pmatrix} 1 & 0 & 0 & 0 & -2 & 1 \\ 0 & 1 & 0 & 1 & 2 & -1 \\ 0 & 0 & 1 & -1 & -1 & 1 \end{pmatrix}$. よって, $B^{-1} = \begin{pmatrix} 0 & -2 & 1 \\ 1 & 2 & -1 \\ -1 & -1 & 1 \end{pmatrix}$.

(1): 第 1 行の -1 倍を第 3 行に加える.

(2): 第 2 行の -1 倍を第 1 行と第 3 行に加える.

(3): 第 3 行を第 1 行に加えて, 第 3 行の -1 倍を第 2 行に加える.

演習問題

3.1 逆行列を用いて次の連立 1 次方程式を解け.

(1) $\begin{cases} 3x + 2y = 7 \\ 2x + 5y = 1 \end{cases}$
(2) $\begin{cases} x - 2y = 5 \\ 3x + 4y = 7 \end{cases}$

(3) $\begin{cases} 5x - y = -7 \\ 4x + 2y = -14 \end{cases}$

3.2   クラーメルの公式を用いて次の連立 1 次方程式を解け.

(1) $\begin{cases} 2x + 5y = -3 \\ 3x + 4y = 6 \end{cases}$ (2) $\begin{cases} 2x - 3y = -14 \\ 5x - 2y = 9 \end{cases}$

(3) $\begin{cases} 11x - y + 5z = 17 \\ 3x + y + 2z = 4 \\ x - y + z = 1 \end{cases}$

3.3   掃き出し法を用いて次の連立 1 次方程式を解け.

(1) $\begin{cases} 2x + 6y = 18 \\ x - 4y = -5 \end{cases}$ (2) $\begin{cases} 3x + 4y = -8 \\ 2x - 3y = 23 \end{cases}$

(3) $\begin{cases} x + 3y + 3z = 8 \\ 2x - y + z = 0 \\ 3x + y - 3z = 12 \end{cases}$

3.4   掃き出し法を用いて次の行列の逆行列を求めよ.

(1) $A = \begin{pmatrix} 1 & 3 \\ 2 & 5 \end{pmatrix}$ (2) $B = \begin{pmatrix} 7 & 5 \\ 3 & 2 \end{pmatrix}$ (3) $C = \begin{pmatrix} 1 & 1 & 0 \\ 1 & 1 & 1 \\ 0 & 1 & 1 \end{pmatrix}$

4 固有値，固有ベクトル，対角化

この章では，固有値，固有ベクトル，対角化について述べる．その準備として基礎となる概念を導入する．

4.1 線型空間，線型部分空間，線型独立性，生成系，基底

まず，線型空間，線型部分空間を以下のように定義する．

> **線型空間・線型部分空間**
>
> 縦 (列) ベクトル全体のなす集合 $\mathbb{R}^n$ にはベクトル同士の足し算 (和) やスカラー倍が定義されている．これらの演算を込めて考えるとき $\mathbb{R}^n$ を**線型空間 (ベクトル空間)** という．$\mathbb{R}^n$ の空でない部分集合 W が和とスカラー倍について閉じているとき，すなわち，
>
> $$\text{任意のベクトル } \boldsymbol{u}, \boldsymbol{v} \in W \implies \boldsymbol{u} + \boldsymbol{v} \in W$$
> $$\text{任意のベクトル } \boldsymbol{u} \in W, \ \text{任意のスカラー } \alpha \implies \alpha\boldsymbol{u} \in W$$
>
> を満たすときに W は $\mathbb{R}^n$ の **(線型) 部分空間**という．またこのとき成分がすべて 0 のベクトルを**零 (ゼロ) ベクトル**という．

例 4.1 **同次連立 1 次方程式**（右辺の定数部分がすべて 0 の連立 1 次方程式）の解全体として得られる $\mathbb{R}^2$ の部分集合

$$W = \left\{ \begin{pmatrix} x \\ y \end{pmatrix} \ \middle| \ 2x - 3y = 0 \right\} \tag{IV.4.1}$$

は $\mathbb{R}^2$ の線型部分空間である．これを証明するには，連立 1 次方程式を解いて解の集まり (これを以降，**解空間**と呼ぶことがある) を決定し，そこから任意にベクトルを選び足し合わせても再び解になること，解空間のベクトルをスカラー倍しても解になることを確認すればよい．また，零ベクトルは同次連立方程式の解であり，解空間は原点を通る．

　一方，(IV.4.1) の条件式の右辺を 0 以外の定数にすると部分空間ではない．

　次に，ベクトルの線型独立性と線型従属性の定義を与えたいが，その前に定義に必要な用語を準備しておく．

線型結合

有限個のベクトル $a_1, \ldots, a_k$ とスカラー $c_1, \ldots, c_k$ を用いて，

$$c_1 a_1 + \cdots + c_k a_k$$

のようにあらわされたベクトルを $a_1, \ldots, a_k$ の **線型結合** あるいは 1 次結合と呼ぶ．

　線型独立性と線型従属性の定義のためにすでに知っている用語について幾何学的なイメージとともに振り返っておく．「2 つのベクトル u, v が平行である」とは，「一方のベクトルがもう一方のベクトルのスカラー倍で表される」ということである．例えば，

$$1u = cv$$

ということである．これを移項すると

$$1u - cv = 0$$

である．これは x, y を未知数とする同次連立 1 次方程式

$$xu + yv = 0$$

が **非自明な解，すなわち零ベクトル以外の解がある**[1] ということである．また，基本ベクトル $\begin{pmatrix} 1 \\ 0 \end{pmatrix}, \begin{pmatrix} 0 \\ 1 \end{pmatrix}$ を用いた同次連立 1 次方程式

$$x \begin{pmatrix} 1 \\ 0 \end{pmatrix} + y \begin{pmatrix} 0 \\ 1 \end{pmatrix} = 0$$

を考えれば，自明な解しかもたないことが確かめられる．つまり，同次連立 1 次方程式はいつでも自明な解をもつが，非自明な解が存在するということは特殊な状況であることがわかる．この結果を基に，次のような定義を与える．

---

[1] 零ベクトルが解となることは明らかである．これを自明な解という．

— 線型独立性・線型従属性 —

(線型) 部分空間 V のベクトル $\boldsymbol{a}_1, \ldots, \boldsymbol{a}_r$ について $x_1, \ldots, x_r$ を未知数とする同次連立 1 次方程式

$$x_1 \boldsymbol{a}_1 + \cdots + x_r \boldsymbol{a}_r = 0$$

を考える．この方程式が自明な解のみをもつとき $\boldsymbol{a}_1, \ldots, \boldsymbol{a}_r$ は **線型独立 (1 次独立)** であるといい，そうでないとき，つまり非自明な解をもつとき $\boldsymbol{a}_1, \ldots, \boldsymbol{a}_r$ は **線型従属 (1 次従属)** であるという．

補足すると，「線型従属であるベクトルのなかには，他のベクトルの線型結合 (いくつかのスカラー倍されたベクトルの和) として表現できるベクトルが混ざっている」ということである．

例 4.2 $\mathbb{R}^3$ の基本ベクトル $\begin{pmatrix} 1 \\ 0 \\ 0 \end{pmatrix}, \begin{pmatrix} 0 \\ 1 \\ 0 \end{pmatrix}, \begin{pmatrix} 0 \\ 0 \\ 1 \end{pmatrix}$ は線型独立である[※2]．

次に生成系という用語を定義する．

— 生成系 —

(線形) 部分空間 W においてベクトル $\boldsymbol{a}_1, \ldots, \boldsymbol{a}_r$ が W の **生成系** であるとは，任意の $\boldsymbol{w} \in W$ に対して，連立 1 次方程式

$$x_1 \boldsymbol{a}_1 + \cdots + x_r \boldsymbol{a}_r = \boldsymbol{w}$$

がいつでも解をもつときをという．

線型独立性と生成系という概念を合わせて基底を導入する．

— 基底 —

$\boldsymbol{a}_1, \ldots, \boldsymbol{a}_r$ が **基底** であるとは，**線型独立** な **生成系** のときをいう．

何故この節で基底というものを導入したのか，以下でその理由を述べる．まず，$\mathbb{R}^2$ において最も簡単な基底の例は $\left\{ \begin{pmatrix} 1 \\ 0 \end{pmatrix}, \begin{pmatrix} 0 \\ 1 \end{pmatrix} \right\}$ である．特にこれを $\mathbb{R}^2$ の

[※2] これが何故なのか，前述の議論を参考にして考えてみるとよい．

標準基底という．これを用いると $\mathbb{R}^2$ の任意のベクトル $\begin{pmatrix} x \\ y \end{pmatrix}$ は

$$\begin{pmatrix} x \\ y \end{pmatrix} = x \begin{pmatrix} 1 \\ 0 \end{pmatrix} + y \begin{pmatrix} 0 \\ 1 \end{pmatrix}$$

のように線型結合で一意的に表すことができる．しかし，例えば，$\mathbb{R}^2$ の部分空間 $\left\{ \begin{pmatrix} x \\ y \end{pmatrix} \middle| x - y = 0 \right\}$ に $\left\{ \begin{pmatrix} 1 \\ 0 \end{pmatrix}, \begin{pmatrix} 0 \\ 1 \end{pmatrix} \right\}$ は属していないため，これらはこの部分空間の要素とは考えられない．そこでやや抽象的ではあるが，**線型空間における基底**という概念を導入してベクトルを線型結合で一意的に表す方法を考える．

4.2 固有値・固有空間

一般に零ベクトルではない縦ベクトルの左から行列を掛けると，多くの場合はもとの縦ベクトルとは向きの異なるベクトルになることは，行列の積の計算に慣れていればその経験から明らかである．そこで，掛け算を行っても向きが変わらないという特別な条件を満たすベクトルについて，「そもそもそのようなベクトルが存在するのか，存在するとするばどれくらいあるのか」などについて考える．行列を掛けても向きが変わらないという様子を連立 1 次方程式を用いて表せば，$A = \begin{pmatrix} a & b \\ c & d \end{pmatrix}$，$\boldsymbol{x} = \begin{pmatrix} x \\ y \end{pmatrix}$，$t \in \mathbb{R}$（または $\mathbb{C}$）とするとき，

$$x \begin{pmatrix} a \\ c \end{pmatrix} + y \begin{pmatrix} b \\ d \end{pmatrix} = t \begin{pmatrix} x \\ y \end{pmatrix}$$

であり，これは

$$A\boldsymbol{x} = t\boldsymbol{x}$$

を表す．左辺を右辺に移項すれば，以下のような連立方程式になる．

$$t\boldsymbol{x} - A\boldsymbol{x} = t \begin{pmatrix} x \\ y \end{pmatrix} - \begin{pmatrix} a & b \\ c & d \end{pmatrix} \begin{pmatrix} x \\ y \end{pmatrix} = \begin{pmatrix} t-a & -b \\ -c & t-d \end{pmatrix} \begin{pmatrix} x \\ y \end{pmatrix} = 0$$

この方程式に非自明な解が存在すれば，(上の式変形を逆にたどれば) 行列を左から掛けても向きを変えないベクトル $\boldsymbol{x}\,(\neq \boldsymbol{0})$ を得たことになる．ここで，行列

$\begin{pmatrix} t-a & -b \\ -c & t-d \end{pmatrix}$ の行列式が 0 でない場合，つまり逆行列をもつとき，これを係数行列とする連立 1 次方程式の解は零ベクトルのみであり，条件を満たすベクトルは得られない．したがって，

$$\begin{vmatrix} t-a & -b \\ -c & t-d \end{vmatrix} = 0$$

が重要な条件式であることがわかる．(行列やベクトルの次数が大きくなっても上記の議論をそのまま適用することができる．)

固有方程式と固有値

$A = \begin{pmatrix} a & b \\ c & d \end{pmatrix}$, $\boldsymbol{x} = \begin{pmatrix} x \\ y \end{pmatrix}$, $t \in \mathbb{R}$ (または $\mathbb{C}$) のとき，方程式 $A\boldsymbol{x} = t\boldsymbol{x}$

が非自明な解をもつための条件式

$$\begin{vmatrix} t-a & -b \\ -c & t-d \end{vmatrix} = t^2 - (a+d)t + (ad-bc) = 0$$

を行列 A の**固有方程式 (特性方程式)** といい，その解を**固有値**という[※3].

ここで，固有方程式の解の 1 つを t_1 とおく．そのとき，x, y を変数とする同次連立 1 次方程式

$$\begin{pmatrix} t_1-a & -b \\ -c & t_1-d \end{pmatrix} \begin{pmatrix} x \\ y \end{pmatrix} = 0$$

は非自明な解 (ノンゼロベクトル) をもつ．

固有ベクトル，固有空間

同次連立 1 次方程式

$$\begin{pmatrix} t_1-a & -b \\ -c & t_1-d \end{pmatrix} \begin{pmatrix} x \\ y \end{pmatrix} = 0$$

の非自明な解を，t_1 に付随する (あるいは属する)，または行列 A の固有

[※3] 解の存在性に関係するため，$\mathbb{R}$ や $\mathbb{C}$ など，どの範囲で考えているか明確にさせておく必要がある．

値 t_1 に付随する**固有ベクトル**という．固有値 t_1 に付随する固有ベクトル全体[※4]に零ベクトルを加えた部分空間を t_1 に付随する**固有空間**といい，$W(t_1)$ などで表す．

さて，固有方程式の解 t_1, t_2 の固有ベクトル (線型独立な縦ベクトル) が求められたとして，それをそれぞれ $\boldsymbol{v}_1, \boldsymbol{v}_2$ とおく．

行列の対角化

行列 A の固有値 t_1, t_2 に付随する固有ベクトルをそれぞれ $\boldsymbol{v}_1, \boldsymbol{v}_2$ とする．このとき，行列 P を

$$P = \begin{pmatrix} \boldsymbol{v}_1 & \boldsymbol{v}_2 \end{pmatrix}$$

で定めると

$$P^{-1}AP = \begin{pmatrix} t_1 & 0 \\ 0 & t_2 \end{pmatrix}$$

という対角行列が得られる．このような操作を**対角化**という．

例 4.3　$A = \begin{pmatrix} 3 & -1 \\ -1 & 3 \end{pmatrix}$ の固有値と固有ベクトルを求め，A を対角化する．

まず，固有方程式は

$$\begin{vmatrix} t-3 & 1 \\ 1 & t-3 \end{vmatrix} = (t-2)(t-4) = 0$$

より固有値は $t_1 = 2$, $t_2 = 4$. 次に固有ベクトルを計算する．$t_1 = 2$ に付随する固有ベクトルは

$$\begin{pmatrix} t_1-3 & 1 \\ 1 & t_1-3 \end{pmatrix} \begin{pmatrix} x \\ y \end{pmatrix} = \begin{pmatrix} 0 \\ 0 \end{pmatrix}$$

の解であるから，掃き出し法により

$$W(2) = \left\{ \begin{pmatrix} x \\ y \end{pmatrix} \,\middle|\, \begin{pmatrix} x \\ y \end{pmatrix} = c \begin{pmatrix} 1 \\ 1 \end{pmatrix} \ \ (\exists c \in \mathbb{R}) \right\}$$

[※4] t_1 に付随する固有ベクトルに対してそれの定数倍 (ゼロ倍は除く) も固有ベクトルであるし，向きの違う固有ベクトルもあり得る．

※5が固有空間であり，上記の左辺を $\left\langle \begin{pmatrix} 1 \\ 1 \end{pmatrix} \right\rangle$ と表す．$W(2) = \left\langle \begin{pmatrix} 1 \\ 1 \end{pmatrix} \right\rangle$ から零ベクトルでないベクトルを 1 つ選ぶとそれが固有ベクトルである．例えば，$\begin{pmatrix} 1 \\ 1 \end{pmatrix}$ を選べば，これが固有ベクトルである．また，$t_2 = 4$ に付随する固有ベクトルは

$$\begin{pmatrix} t_2 - 3 & 1 \\ 1 & t_2 - 3 \end{pmatrix} \begin{pmatrix} x \\ y \end{pmatrix} = \begin{pmatrix} 0 \\ 0 \end{pmatrix}$$

の解であるから，掃き出し法により

$$W(4) = \left\{ \begin{pmatrix} x \\ y \end{pmatrix} \ \middle| \ \begin{pmatrix} x \\ y \end{pmatrix} = c \begin{pmatrix} 1 \\ -1 \end{pmatrix} \ \ (\exists c \in \mathbb{R}) \right\} = \left\langle \begin{pmatrix} 1 \\ -1 \end{pmatrix} \right\rangle$$

が固有空間となり，例えば $\begin{pmatrix} 1 \\ -1 \end{pmatrix}$ を選べば，それが固有ベクトルである．さらにそれぞれ選んだ 2 つの固有ベクトルを横に並べると

$$P = \begin{pmatrix} 1 & 1 \\ 1 & -1 \end{pmatrix}, \quad P^{-1} = \frac{-1}{2} \begin{pmatrix} -1 & -1 \\ -1 & 1 \end{pmatrix}$$

という行列が得られる．よって，A を対角化すると

$$P^{-1}AP = \begin{pmatrix} 2 & 0 \\ 0 & 4 \end{pmatrix}$$

となる．

4.3　実対称行列の対角化

　次数を上げて**実対称行列 (正方行列 A が ${}^t A = A$ を満たすとき対称行列という) の直交行列による対角化**を行う．ここでは次の具体的な行列に対して対角化を行うが，これまでに扱った行列に関する内容をすべて用いるため，詳しく計算していく※6．

※5 $\exists c$ で「c が存在する」と読む．

※6 とは言っても紙数の関係で要点はおさえるが細かい計算は省略する．各自適宜行間を埋めながら読むことを勧める．

例 4.4　3×3 行列 $A = \begin{pmatrix} 3 & 1 & 2 \\ 1 & 3 & -2 \\ 2 & -2 & 0 \end{pmatrix}$ を対角化するために，次のような手

続きで計算を行う．

(1)　固有値を求める．

(2)　求めたそれぞれの固有値について固有ベクトルを計算する．

(3)　求めた固有ベクトルの長さや直交性を調整 (グラム・シュミットの直交化) す
ることで得られたベクトルを適宜配置して**直交行列**[※7]P を構成する．

(4)　$P^{-1}AP$ を計算する．

以上の計算の結果，各固有値が対角成分に並んだ実対称行列が得られる．

(1) 固有値を求める (固有方程式を解く)．

$$|tE - A| = \begin{vmatrix} t-3 & -1 & -2 \\ -1 & t-3 & 2 \\ -2 & 2 & t \end{vmatrix} = (t-4)^2(t+2) = 0$$

より固有値 $t = 4$ (重複度 2)，-2 を得る．

(2) 固有値 $t = 4$ の固有ベクトル (固有空間を生成するベクトルたち) を求める．
同次連立 1 次方程式 (の拡大係数行列) $(4E - A \mid 0)$ を行基本変形して，

$$(4E - A \mid 0) = \left(\begin{array}{ccc|c} 1 & -1 & -2 & 0 \\ -1 & 1 & 2 & 0 \\ -2 & 2 & 4 & 0 \end{array} \right) \longrightarrow \left(\begin{array}{ccc|c} 1 & -1 & -2 & 0 \\ 0 & 0 & 0 & 0 \\ 0 & 0 & 0 & 0 \end{array} \right),$$

$$W(4) = \left\langle \begin{pmatrix} 1 \\ 1 \\ 0 \end{pmatrix}, \begin{pmatrix} 2 \\ 0 \\ 1 \end{pmatrix} \right\rangle.$$

同様に，固有値 $t = -2$ の固有ベクトル (固有空間) を求めると

$$W(-2) = \left\langle \begin{pmatrix} \dfrac{1}{2} \\ -\dfrac{1}{2} \\ -1 \end{pmatrix} \right\rangle = \left\langle \begin{pmatrix} 1 \\ -1 \\ -2 \end{pmatrix} \right\rangle.$$

[※7] P が n 次直交行列であるとは ${}^tPP = E_n$ を満たすときをいう．正方行列 P について「P が直交行列であること」と「P の各列を並べたものは正規直交基底をなしていること」とは (直交行列の定義の仕方から) 同値である．

(3) $W(4)$ の線型独立なベクトルを 2 つを並べて

$$B = \begin{pmatrix} 1 & 2 \\ 1 & 0 \\ 0 & 1 \end{pmatrix}$$

とおく．$({}^tBB \mid {}^tB)$ に**掃き出し法 (正確には $R_{ij}(k)$ $(i > j)$ という基本行列に対応する行基本変形だけ，つまり下の行に上の行の何倍かしたものを加えるという操作だけ)** を用いて，グラム行列 ${}^tBB$ の部分を上三角化[※8]する．そうすれば 2 つのベクトルを互いに直交するようにとることができる．またその結果，元々のグラム行列部分を変形した後の対角成分は ${}^tB$ の部分を変形した後の各行ベクトルの長さの 2 乗を意味するから，グラム行列を上三角化した行列の対角成分のルートを取り，変形後の ${}^tB$ の対応する各行を割れば長さが 1 に調節されたことになる．次の行基本変形で $R_{ij}(k)$ は「i 行に j 行の k 倍を加える」，$P_i(k)$ は「i 行を k 倍する」という変形を意味する．

$$\left(\begin{pmatrix} 1 & 1 & 0 \\ 2 & 0 & 1 \end{pmatrix} \begin{pmatrix} 1 & 2 \\ 1 & 0 \\ 0 & 1 \end{pmatrix} \,\middle|\, \begin{pmatrix} 1 & 1 & 0 \\ 2 & 0 & 1 \end{pmatrix} \right) = \left(\begin{pmatrix} 2 & 2 \\ 2 & 5 \end{pmatrix} \,\middle|\, \begin{pmatrix} 1 & 1 & 0 \\ 2 & 0 & 1 \end{pmatrix} \right)$$

$$\xrightarrow{R_{21}(-1)} \left(\begin{pmatrix} 2 & 2 \\ 0 & 3 \end{pmatrix} \,\middle|\, \begin{pmatrix} 1 & 1 & 0 \\ 1 & -1 & 1 \end{pmatrix} \right)$$

$$\xrightarrow[P_2(1/\sqrt{3})]{P_1(1/\sqrt{2})} \left(\begin{pmatrix} \sqrt{2} & \sqrt{2} \\ 0 & \sqrt{3} \end{pmatrix} \,\middle|\, \begin{pmatrix} 1/\sqrt{2} & 1/\sqrt{2} & 0 \\ 1/\sqrt{3} & -1/\sqrt{3} & 1/\sqrt{3} \end{pmatrix} \right)$$

これより，$\begin{pmatrix} 1/\sqrt{2} & 1/\sqrt{2} & 0 \\ 1/\sqrt{3} & -1/\sqrt{3} & 1/\sqrt{3} \end{pmatrix}$ を転置して得られる行列の第 1 列と第 2 列の縦ベクトルが $W(4)$ の**正規直交基底**[※9]となる．この方法を**グラム・シュミットの直交化法**という．

[※8] $i > j$ のとき $a_{ij} = 0$ となる正方行列 $A = (a_{ij})$ を上三角行列という．同じように $i < j$ のとき $a_{ij} = 0$ となる正方行列 $A = (a_{ij})$ を下三角行列という．行列 B を列ベクトルを横に並べたものとみなすと ${}^tBB$ は B で並んでいる列ベクトルの内積のデータを束ねた行列であることがわかる．この行列を**グラム行列**という．グラム行列はリーマン幾何学などで誘導計量と呼ばれるテンソル，更には統計学やファイナンスなどで分散共分散行列を導入する際に用いられる．藤岡 [59] を参照のこと．

[※9] 長さが 1 で互いに直交しているようなベクトルの組で**基底 (空間に属する任意のベクトルを線型結合で表せる必要最低限度のベクトルの組)** になっているもの．

$t = -2$ に対応する固有ベクトルは長さだけ調節すればよい. [「**定理：実対称行列の固有値はすべて実数である. また, 異なる固有値に属する固有ベクトルは互いに直交する (つまり内積を計算すると 0)**」. 実際, T を対称行列, $\alpha \in \mathbb{C}$ を T の固有値として, これに属する固有ベクトル (縦ベクトル) を $\boldsymbol{u}$ とすると[10]

$$\alpha {}^t\boldsymbol{u}\overline{\boldsymbol{u}} = {}^t(T\boldsymbol{u})\overline{\boldsymbol{u}} = {}^t\boldsymbol{u}({}^tT\overline{\boldsymbol{u}}) = {}^t\boldsymbol{u}(T\overline{\boldsymbol{u}}) = {}^t\boldsymbol{u}(\overline{T\boldsymbol{u}}) = {}^t\boldsymbol{u}\overline{\alpha}\overline{\boldsymbol{u}}$$

より $(\alpha - \overline{\alpha}) {}^t\boldsymbol{u}\overline{\boldsymbol{u}} = 0$ となり α は実数である. 次に α, β を異なる固有値として, それぞれに属する固有ベクトルを $\boldsymbol{u}, \boldsymbol{v}$ とすると, $\alpha {}^t\boldsymbol{u}\boldsymbol{v} = {}^t(T\boldsymbol{u})\boldsymbol{v} = {}^t\boldsymbol{u}(T\boldsymbol{v}) = \beta {}^t\boldsymbol{u}\boldsymbol{v}$ より $(\alpha - \beta) {}^t\boldsymbol{u}\boldsymbol{v} = 0$ となり $\alpha - \beta \neq 0$ より ${}^t\boldsymbol{u}\boldsymbol{v} = 0$ である.]

以上により, $W(4), W(-2)$ 全体の正規直交基底

$$W(4) = \left\langle \begin{pmatrix} 1/\sqrt{2} \\ 1/\sqrt{2} \\ 0 \end{pmatrix}, \begin{pmatrix} 1/\sqrt{3} \\ -1/\sqrt{3} \\ 1/\sqrt{3} \end{pmatrix} \right\rangle, \quad W(-2) = \left\langle \begin{pmatrix} 1/\sqrt{6} \\ -1/\sqrt{6} \\ -2/\sqrt{6} \end{pmatrix} \right\rangle$$

を合わせて全体の正規直交基底が得られる. この正規直交基底により

$$P = \begin{pmatrix} 1/\sqrt{2} & 1/\sqrt{3} & 1/\sqrt{6} \\ 1/\sqrt{2} & -1/\sqrt{3} & -1/\sqrt{6} \\ 0 & 1/\sqrt{3} & -2/\sqrt{6} \end{pmatrix}$$

とおくと P は直交行列である.

(4) 直交行列 P を用いて $P^{-1}AP$ を計算すると

$$P^{-1}AP = {}^tPAP = \begin{pmatrix} 4 & 0 & 0 \\ 0 & 4 & 0 \\ 0 & 0 & -2 \end{pmatrix}$$

が得られる.

このような対角化は, 正方行列 A の n 乗 A^n や指数関数 $e^A = \sum_{n=0}^{\infty} \dfrac{1}{n!}A^n$ (右辺は指数関数のマクローリン展開をした式に行列 A を代入したもの) を計算したり, 条件なし極値問題などを解く際に極めて効果的に用いられる. また, 解析学や物理学で線型常微分方程式を解いたり, 統計学で多次元ガウス分布 (正規分布) 等にかかわる計算を行う際にも対角化について知っていると極めて便利である.

---

[10] $\overline{\boldsymbol{u}}$ でベクトル $\boldsymbol{u}$ の各成分の複素共役をとったベクトルを表す. ${}^t\boldsymbol{u}$ はベクトル $\boldsymbol{u}$ の転置.

参 考 文 献

▨ 論理学・数学基礎論・基礎数学の参考文献 ▨

[1]　齊藤正彦 (2002)『数学の基礎』東京大学出版会

[2]　竹内外史・八杉満利子 (2010)　『復刊 証明論入門』共立出版

[3]　デデキント 著・渕野昌訳 (2013)　『数とは何かそして何であるべきか』ちくま学芸文庫

[4]　前原昭二 (2005)『新装版 記号論理入門』日本評論社

[5]　矢野健太郎・石原繁 編 (1989)『基礎からの数学 (改訂版)』裳華房

[6]　米田元・本間泰史・高橋大輔 (2010)『大学新入生のための基礎数学』 サイエンス社

▨ 微分積分学の参考文献 ▨

[7]　大森英樹 (1989)『多変数の微分積分』裳華房

[8]　笠原晧司 (1974)『微分積分学』サイエンス社

[9]　数見哲也・松本和子・吉冨賢太郎・渡辺孝 (2006)『理工系新課程 微分積分–基礎から応用まで』培風館

[10]　加藤文元 (2019)『大学教養微分積分（数研講座シリーズ』) 数研出版

[11]　小寺平治 (2003)『テキスト微分積分』共立出版

[12]　小宮英敏 (2015)『入門 経済学のための微分・積分—高校数学から経済数学へ』東洋経済新聞社

[13]　島和久 (1990)『一変数の微分積分学』近代科学社

[14]　島和久 (1991)『多変数の微分積分学』近代科学社

[15]　杉浦光夫 (1980)『解析入門Ⅰ(基礎数学 2)』東京大学出版会

[16]　杉浦光夫 (1985)『解析入門Ⅱ(基礎数学 3)』東京大学出版会

[17]　高木貞治 (2010)『定本 解析概論』改訂第 3 版 岩波書店

[18]　高桑昇一郎 (2019)『例題でわかる微分積分 三訂版』培風館

[19]　戸瀬信之 (1999)『経済学を学ぶための微分積分学』エコノミスト社

[20]　難波誠 (1996)『微分積分学』裳華房

[21]　野村隆昭 (2013)『微分積分学講義』共立出版

[22]　一松信 (2008)『解析学序説 上巻・下巻 新版』裳華房

[23]　藤岡敦 (2019)『手を動かしてまなぶ微分積分』裳華房

[24]　藤岡敦 (2021)『手を動かしてまなぶ ε–δ 論法』裳華房

[25]　宮岡悦良・永倉安次郎 (1996)『解析学 I』共立出版

[26]　三宅敏恒 (1992)『入門微分積分』培風館

[27]　矢野健太郎・石原繁 編 (1991)『微分積分 (改訂版)』裳華房

[28]　吉田 洋一 (2019)　『微分積分学』　ちくま学芸文庫

[29]　吉村善一・岩下弘一 (2006)『入門講義 微分積分』裳華房

線型代数学の参考文献

[28]　笠原晧司 (1982)『線形代数学』サイエンス社

[29]　加藤文元 (2019)『大学教養線形代数 (数研講座シリーズ)』数研出版

[30]　川原雄作・木村哲三・薮康彦・亀田真澄 (1994)『線形代数の基礎』共立出版

[31]　小林正典・寺尾宏明 (2014)『線形代数・講義と演習』培風館

[32]　齋藤正彦 (2015)『線型代数入門 (基礎数学 1)』東京大学出版会

[33]　齋藤正彦 (1985)『線型代数演習 (基礎数学 4)』東京大学出版会

[34]　佐武一郎 (2015)『線型代数学 (新装版)』裳華房

[35]　鈴木達夫・穴太 克則 (2016)『講義：線形代数』学術図書出版社

[36]　光道隆 (1998)『初学者のための線形代数入門』培風館

[37]　藤岡敦 (2015)『手を動かしてまなぶ線形代数』裳華房

[38]　三宅敏恒 (2008)『線形代数学—初歩からジョルダン標準形へ』培風館

線型代数学の応用の参考文献

[39]　井ノ口順一 (2017)『はじめて学ぶリー群・線型代数から始めよう』現代数学社

[40]　佐藤肇 (2000)『リー代数入門: 線形代数の続編として』裳華房

複素解析学の参考文献

[41]　笠原乾吉 (2016)『複素解析 1 変数解析関数』ちくま学芸文庫

[42]　木村俊房・高野恭一 (1991)『関数論』朝倉書店

[43]　高橋礼司 (1990)『新版 複素解析』東京大学出版会

[44]　野口潤次郎 (1993)『複素解析概論』裳華房

[45]　野村隆昭 (2016)『複素関数論講義』共立出版

[46]　一松信 (1979)『留数解析—留数による定積分と級数の計算 (数学ワンポイント双書 28)』共立出版

微分方程式論の参考文献

[47] 笠原 晧司 (1982)『微分方程式の基礎』朝倉書店

[48] 曽布川拓也・伊代野淳 (2004)『基本 微分方程式』サイエンス社

[49] 高野恭一 (2019) 『常微分方程式』朝倉書店

[50] 高橋陽一郎 (1988)『微分方程式入門』東京大学出版会

[51] 竹之内 脩 (2020)『常微分方程式』 ちくま学芸文庫

[52] 南部隆夫 (2017)『新版 微分方程式入門』朝倉書店

[53] 原岡喜重 (2016)『微分方程式 増補版』数学書房

[54] 福原満洲雄 (1980)『常微分方程式 第 2 版』岩波書店

[55] 吉田耕作 (2015)『微分方程式の解法　第 2 版』岩波書店

現代数学, 応用, その他

[52] 伊藤幹夫・戸瀬信之 (2008)『経済学とファイナンスのための基礎数学』
      共立出版

[53] 彌永昌吉・小平邦彦 (1961)『現代数学概説 I』岩波書店

[54] 上野健爾・工学系数学教材研究会 (2015)『応用数学』森北出版

[55] 河田敬義・三村征雄 (1965)『現代数学概説 II』岩波書店

[56] 多賀智哉 (2023)『読んで理解する経済数学』新世社

[57] チャート研究所編 (2022)『チャート式解法と演習数学 I + A, II + B』
      数研出版

[58] 寺澤寛一 (1983)『自然科学者のための数学概論 (増訂版)』岩波書店

[59] 藤岡敦 (2021)『入門情報幾何』共立出版

[60] 藤岡敦 (2022)『学んで解いて身につける 大学数学 入門教室』共立出版

[61] 元山斉・田中康平 (2022) 『経済学を学ぶための微分積分』実教出版

[62] 森田康夫 (1987)『代数概論』裳華房

索　引

初学者のための数学概論　第 2 版

2023 年 3 月 10 日　　第 1 版　第 1 刷　発行
2024 年 3 月 20 日　　第 2 版　第 1 刷　印刷
2024 年 3 月 30 日　　第 2 版　第 1 刷　発行

　　著　　者　　　竹　内　　司
　　　　　　　　　水　澤　篤　彦
　　　　　　　　　宮　崎　直　哉
　　発 行 者　　　発　田　和　子
　　発 行 所　　　株式
　　　　　　　　　会社　学術図書出版社

〒113−0033　　東京都文京区本郷 5 丁目 4 の 6
TEL 03−3811−0889　　振替　00110−4−28454
印刷　三松堂 (株)

定価は表紙に表示してあります.